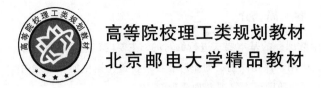

高等院校理工类规划教材

北京邮电大学精品教材

复变函数及其应用

李叶舟　刘文军　编著

北京邮电大学出版社

www.buptpress.com

内 容 简 介

　　本书是按照教育部最新审订的关于复变函数课程的基本要求进行编写的，主要内容包括复数、解析函数、复变函数的积分、复级数、留数及其应用、保角映射、傅里叶变换、拉普拉斯变换、希尔伯特变换等. 每章的最后都有小结和课后习题，可以帮助读者复习并加深理解.

　　本书可以作为高等院校工科或其他非数学专业的教材，也可以作为科学技术人员、工程技术人员的参考书籍.

图书在版编目(CIP) 数据

复变函数及其应用 / 李叶舟, 刘文军编著. -- 北京：北京邮电大学出版社，2020.6 (2021.9 重印)
ISBN 978-7-5635-5955-8

Ⅰ. ①复…　Ⅱ. ①李…　②刘…　Ⅲ. ①复变函数—高等学校—教材　Ⅳ. ①O174.5

中国版本图书馆 CIP 数据核字（2020）第 007549 号

策 划 编 辑：彭　楠　　**责 任 编 辑**：徐振华　米文秋　　**封 面 设 计**：七星博纳

出 版 发 行：北京邮电大学出版社
社　　　址：北京市海淀区西土城路 10 号
邮 政 编 码：100876
发 行 部：电话：010-62282185　传真：010-62283578
E-mail: publish@bupt.edu.cn
经　　　销：各地新华书店
印　　　刷：保定市中画美凯印刷有限公司
开　　　本：787 mm×1 092 mm　1/16
印　　　张：13.75
字　　　数：341 千字
版　　　次：2020 年 6 月第 1 版
印　　　次：2021 年 9 月第 2 次印刷

ISBN 978-7-5635-5955-8　　　　　　　　　　　　　　　　定价：35.00 元

· 如有印装质量问题，请与北京邮电大学出版社发行部联系 ·

前　　言

　　本书是针对高等院校非数学类专业的学生，按照教育部最新审订的关于"复变函数"课程的基本要求，结合我国新世纪高等教育迅速发展、高等人才培养对数学教育的要求不断提高的现状，利用作者多年从事"复变函数"课程教学工作的经验所编写的教材."复变函数"是工科数学的重要基础课程之一，作者在编写过程中考虑了不同专业的不同要求，对内容的筛选和深浅进行了适当平衡，全书系统地介绍了复变函数及相关的基本理论和方法，本书可以为具体工程实施提供参考.

　　本书包括复数、解析函数、复变函数的积分、复级数、留数及其应用、保角映射、傅里叶变换、拉普拉斯变换、希尔伯特变换等9章.作者对全书内容进行了仔细的筛选，使其尽量涵盖最基础、最重要的概念与定理等知识点；对结构进行了精心的编排，章节之间联系紧密、循序渐进，便于教学的进行；在文字表达上力求简明通俗，便于读者理解.除此之外，本书还在每章的最后提供了丰富且全面的练习题.在本书的编写过程中，作者始终坚持理论联系实际的原则，尽可能使本书成为读者学习过程中有力的工具.

　　在本书的编写和审阅过程中，作者得到了北京邮电大学在资源和专业知识等方面的大力支持，特别得到了牛少彰、刘吉佑两位教授的帮助和指导，他们丰富的教学经验提供了宝贵的材料.本书的编写和出版也得到了孙洪祥教授和闵祥伟教授的支持和帮助，在此一并表示感谢.

　　由于作者水平有限，书中难免有疏漏和错误之处，恳请读者批评指正.

作　者

2020 年 2 月

目　　录

第 1 章　复　　数

"高等数学"(微积分) 研究的对象是实变量函数，即定义在实数域上，取值为实数的函数．"复变函数"研究的对象是定义在复数域上，取值为复数的函数，特别是一类具有解析性质的函数．复变函数的许多概念和定理与高等数学相应的问题类似，是实变函数在复数域内的推广和发展，二者有许多相似之处，也有许多不同点，因此在学习中要善于对照和比较，掌握二者之间的区别和联系．

复变函数的理论和方法在数学的其他分支、自然科学和工程技术中有着广泛的应用，是解决诸如流体力学、电磁学、热学、弹性理论中平面问题的有力工具．

1.1　复数及其表示法

1.1.1　复数的概念

在中学阶段，我们已经学习过复数的概念，通常称形如 $z = x + \mathrm{i}y$ 的表达式为复数，其中 x 和 y 为任意实数，$\mathrm{i} = \sqrt{-1}$ 为**虚数单位**．实数 x 和 y 分别称作复数 z 的实部和虚部，记为

$$x = \operatorname{Re} z, \quad y = \operatorname{Im} z.$$

特别地，当 $x = 0, y \neq 0$ 时，称 $z = \mathrm{i}y$ 为纯虚数；当 $y = 0$ 时，称 $z = x + 0\mathrm{i} = x$ 为实数．

复数 $z = x + \mathrm{i}y = 0$，当且仅当它的实部 x 和虚部 y 同时为 0．

两个复数相等，当且仅当它们的实部和虚部分别相等，称复数 $x - \mathrm{i}y$ 为 $z = x + \mathrm{i}y$ 的**共轭复数**，记作 $\bar{z}$．

1.1.2　复数的表示

通常称 $z = x + \mathrm{i}y$ 为复数 z 的**代数形式**，除此之外，复数 z 还有多种表示形式，下面介绍复数的几种表示方法．

由于复数 $z = x + \mathrm{i}y$ 由一个有序实数对 (x, y) 唯一确定，因此在取定平面直角坐标系 xOy 时，实数对 (x, y) 可视为平面直角坐标系中的两个坐标组成的序对，这就建立了复数 z 与平面上的点的一一对应关系，于是对于任意一个复数 $z = x + \mathrm{i}y$，都对应于平面上的一点 $P(x, y)$，故可用实数对形式 (x, y) 表示复数．

由于所有实数与横坐标轴上的点一一对应，因此称横坐标轴为**实轴**；同样地，所有的纯虚数与除原点外的纵坐标轴上的点一一对应，因此称纵坐标轴为**虚轴**．相对应于横、纵坐标所在的平面，称实轴、虚轴所在的平面为**复平面**，或根据表示复数的字母 $z, w, \cdots$，称其为 z 平面，w 平面，$\cdots$．显然，当 $y \neq 0$ 时，复数 z 与 $\bar{z}$ 关于实轴对称．

由于任意一个复数 z 都与平面上的点 (x,y) 对应，因此复数 z 也可以与以原点为起点，以 $P(x,y)$ 为终点的向量 $\overrightarrow{OP}$ 对应，即复数 z 可用向量表示，如图 1-1 所示.

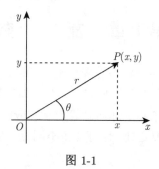

图 1-1

此时，x 和 y 分别是向量 $\overrightarrow{OP}$ 在实轴和虚轴上的投影. 向量 $\overrightarrow{OP}$ 的长度 $|\overrightarrow{OP}| = r$ 称为复数 $z = x + iy$ 的**模**或**绝对值**，记作

$$r = |z| = \sqrt{x^2 + y^2}.$$

当 $z \neq 0$ 时，以 x 轴的正方向为始边，以向量 $\overrightarrow{OP}$ 为终边的夹角 θ 称为复数 z 的**辐角**，记作 $\operatorname{Arg} z = \theta$. 由于以 x 轴的正方向为始边，以 $\overrightarrow{OP}$ 为终边的角有无限个，它们之间可以相差 2π 的整数倍，因此 $\operatorname{Arg} z$ 有无穷多个值，即若 θ_1 是复数 z 的任意一个辐角，则有

$$\operatorname{Arg} z = \theta_1 + 2k\pi \quad (k \in \mathbb{Z}).$$

在复数 z 的全部辐角中，我们把满足 $-\pi < \theta_0 \leqslant \pi$ 的辐角 θ_0 称为 $\operatorname{Arg} z$ 的**主值**，记作 $\theta_0 = \arg z$.

因此，对于任意非零复数 z，

$$\operatorname{Arg} z = \arg z + 2k\pi \quad (k \in \mathbb{Z}).$$

当 $z = x + iy \neq 0$ 时，辐角的主值可根据反正切 $\operatorname{Arctan} \dfrac{y}{x}$ 的主值 $\arctan \dfrac{y}{x}$ 确定：

$$\arg z = \begin{cases} \arctan \dfrac{y}{x}, & x > 0, \\ \arctan \dfrac{y}{x} + \pi, & x < 0, y \geqslant 0, \\ \arctan \dfrac{y}{x} - \pi, & x < 0, y < 0, \\ \dfrac{\pi}{2}, & x = 0, y > 0, \\ -\dfrac{\pi}{2}, & x = 0, y < 0. \end{cases}$$

注意：当 $z = 0$ 时，辐角无意义.

例 1.1.1　求 $\operatorname{Arg}(1 + i)$ 及 $\operatorname{Arg}(-2\sqrt{3} + 2i)$.

解　$\operatorname{Arg}(1 + i) = \arg(1 + i) + 2k\pi = \dfrac{\pi}{4} + 2k\pi$（$k$ 为整数）.

$$\mathrm{Arg}(-2\sqrt{3}+2\mathrm{i}) = \arg(-2\sqrt{3}+2\mathrm{i}) + 2k\pi = \frac{5\pi}{6} + 2k\pi \ (k \ 为整数).$$

设 r, θ 分别为非零复数 $z = x + \mathrm{i}y$ 的模和辐角, 由直角坐标与极坐标的关系:

$$x = r\cos\theta, y = r\sin\theta,$$

可把复数 z 表示成以下形式:

$$z = r(\cos\theta + \mathrm{i}\sin\theta),$$

称为复数 z 的**三角形式**.

利用欧拉 (Euler) 公式 $\mathrm{e}^{\mathrm{i}\theta} = \cos\theta + \mathrm{i}\sin\theta$, 又可以得到

$$z = r\mathrm{e}^{\mathrm{i}\theta},$$

称为复数 z 的**指数形式**.

复数的各种表示法可以相互转换, 以适应讨论不同问题时的需要.

例 1.1.2 将下列复数化为三角形式与指数形式.

(1) $z = -3\mathrm{i}$;   (2) $z = -1 - \mathrm{i}$;   (3) $z = \sin\dfrac{\pi}{3} + \mathrm{i}\cos\dfrac{\pi}{3}$.

解 (1) 显然, $r = |z| = 3, \arg z = -\dfrac{\pi}{2}$, 因此 z 的三角形式为

$$z = 3\left[\cos\left(-\frac{\pi}{2}\right) + \mathrm{i}\sin\left(-\frac{\pi}{2}\right)\right],$$

z 的指数形式为

$$z = 3\mathrm{e}^{-\frac{\pi}{2}\mathrm{i}}.$$

(2) 由 $r = |z| = \sqrt{2}, \arg z = -\dfrac{3\pi}{4}$ 知, z 的三角形式为

$$z = \sqrt{2}\left(\cos\frac{3\pi}{4} - \mathrm{i}\sin\frac{3\pi}{4}\right),$$

z 的指数形式为

$$z = \sqrt{2}\mathrm{e}^{\frac{-3\pi}{4}\mathrm{i}}.$$

(3) 易见 $r = 1$, $\tan z = \dfrac{\cos\dfrac{\pi}{3}}{\sin\dfrac{\pi}{3}} = \dfrac{\sqrt{3}}{3}$, 且 $\cos\dfrac{\pi}{3} > 0$, $\sin\dfrac{\pi}{3} > 0$, 所以

$$\arg z = \arctan\frac{\sqrt{3}}{3} = \frac{\pi}{6},$$

故 z 的三角形式为

$$z = \cos\frac{\pi}{6} + \mathrm{i}\sin\frac{\pi}{6},$$

z 的指数形式为

$$z = \mathrm{e}^{\frac{\pi}{6}\mathrm{i}}.$$

1.2　复数的运算

1.2.1　复数的加法和减法

和实数一样,复数也有加、减、乘、除四则运算. 设 $z_1 = x_1 + iy_1$ 和 $z_2 = x_2 + iy_2$ 是任意给定的两个复数,定义复数的加法和减法分别为

$$z_1 + z_2 = (x_1 + x_2) + i(y_1 + y_2),$$
$$z_1 - z_2 = (x_1 - x_2) + i(y_1 - y_2),$$

称复数 $z_1 + z_2$ 为复数 z_1 与 z_2 的和,称复数 $z_1 - z_2$ 为复数 z_1 与 z_2 的差.

引进复平面和复数的几何表示后,复数的加减运算与向量按照平行四边形法则的加减运算保持一致. 由图 1-2 和图 1-3 可以看出,若用向量 $\overrightarrow{OP_1}$ 和 $\overrightarrow{OP_2}$ 分别表示复数 z_1 和 z_2,则复数 $z_1 + z_2$ 所对应的向量 $\overrightarrow{OP}$ 即为复数 z_1 与 z_2 所对应向量的和向量,复数 $z_1 - z_2$ 所对应的向量 $\overrightarrow{P_2P_1}$ 或它平移后的向量 $\overrightarrow{OP}$ 即为复数 z_1 与 z_2 所对应向量的差向量.

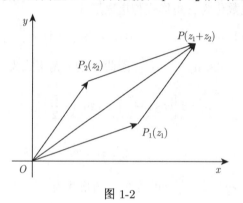

图 1-2

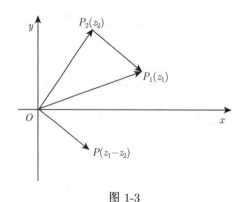

图 1-3

1.2.2　复数的乘法和除法

两个复数 $z_1 = x_1 + iy_1$ 和 $z_2 = x_2 + iy_2$ 的乘法定义为

$$z_1 z_2 = (x_1 + iy_1)(x_2 + iy_2) = (x_1 x_2 - y_1 y_2) + i(x_2 y_1 + x_1 y_2),$$

称 z_1z_2 为 z_1 与 z_2 的积. 两个复数作乘积时, 可按多项式的乘法法则进行, 注意结果中的 $i^2 = -1$. 特别地,

$$z\bar{z} = (x + iy)(x - iy) = x^2 + y^2 = |z|^2.$$

定义复数的除法时, 即要找到一个复数 $z = x + iy$ 使得 $zz_2 = z_1$, 其中 $z_2 \neq 0$, 我们称复数 $z = x + iy$ 为 z_1 除以 z_2 的商, 记作 $z = \dfrac{z_1}{z_2}$. 从定义可推出

$$z = \frac{z_1}{z_2} = \frac{x_1 + iy_1}{x_2 + iy_2} = \frac{(x_1 + iy_1)(x_2 - iy_2)}{(x_2 + iy_2)(x_2 - iy_2)} = \frac{(x_1x_2 + y_1y_2)}{x_2^2 + y_2^2} + i\frac{(y_1x_2 - x_1y_2)}{x_2^2 + y_2^2}.$$

利用复数的三角形式或指数形式讨论复数的乘除法, 可以进一步了解乘法、除法的几何意义, 而且在进行复数乘除运算时, 三角形式或指数形式常常要比代数形式方便.

设 $z_1 = r_1(\cos\theta_1 + i\sin\theta_1)$, $z_2 = r_2(\cos\theta_2 + i\sin\theta_2)$ 是两个非零复数, 由复数乘法的定义有

$$z_1z_2 = r_1r_2[(\cos\theta_1\cos\theta_2 - \sin\theta_1\sin\theta_2) + i(\cos\theta_1\sin\theta_2 + \sin\theta_1\cos\theta_2)]$$

$$= r_1r_2[\cos(\theta_1 + \theta_2) + i\sin(\theta_1 + \theta_2)],$$

这是复数乘积的三角形式, 最后一步用到了三角函数的和角公式, 相应的指数形式为

$$z_1z_2 = r_1r_2 e^{i(\theta_1+\theta_2)},$$

上式说明, z_1z_2 对应的向量是把 z_1 所对应的向量伸缩 $|z_2| = r_2$ 倍, 再旋转一个角度 $\theta_2 = \arg z_2$ 得到的, 则有

$$|z_1z_2| = r_1r_2,$$

$$\text{Arg}\,(z_1z_2) = \text{Arg}\,z_1 + \text{Arg}\,z_2,$$

第二个等式应该理解为两个集合的相等. 于是可以得到复数的乘法法则: 两个复数相乘, 乘积的模等于它们的模的乘积, 乘积的辐角等于它们的辐角的和. 当 $|z_2| = 1$ 时, 只需要旋转一个角度 $\arg z_2$. 特别地, iz 相当于将 z 所对应的向量沿**逆时针方向**[①]旋转 $\dfrac{\pi}{2}$.

用三角形式和指数形式表示除法时, 先假设 $z_2 \neq 0$, 而

$$\frac{z_1}{z_2} = \frac{r_1}{r_2}[\cos(\theta_1 - \theta_2) + i\sin(\theta_1 - \theta_2)],$$

这是复数商的三角形式, 相应的指数形式为

$$\frac{z_1}{z_2} = \frac{r_1}{r_2} e^{i(\theta_1-\theta_2)}.$$

同样地, $\dfrac{z_1}{z_2}$ 对应的向量是把 z_1 所对应的向量伸缩 $\dfrac{1}{|z_2|} = \dfrac{1}{r_2}$ 倍, 再顺时针旋转一个角度 $\theta_2 = \arg z_2$ 得到的, 则有

$$\left|\frac{z_1}{z_2}\right| = \frac{r_1}{r_2}, \text{Arg}\left(\frac{z_1}{z_2}\right) = \text{Arg}\,z_1 - \text{Arg}\,z_2.$$

---

① 逆时针方向: 在复平面上, 一直线绕其上一点旋转, 可有两种旋转方向, 一种是"逆时针", 另一种是"顺时针", 一般地, 我们规定逆时针方向旋转的角度为正, 顺时针方向旋转的角度为负.

于是可得复数的除法法则: 两个复数相除, 商的模等于分子的模与分母的模的商, 商的辐角等于分子的辐角与分母的辐角的差.

例 1.2.1 设 $z_1 = \dfrac{1}{2}(1 - \sqrt{3}\mathrm{i}), z_2 = \sin\dfrac{\pi}{3} - \mathrm{i}\cos\dfrac{\pi}{3}$, 求 $z_1 z_2$ 和 $\dfrac{z_1}{z_2}$.

解 z_1, z_2 的三种表达形式为

$$z_1 = \frac{1}{2}(1 - \sqrt{3}\mathrm{i}) = \cos\left(-\frac{\pi}{3}\right) + \mathrm{i}\sin\left(-\frac{\pi}{3}\right) = \mathrm{e}^{-\mathrm{i}\frac{\pi}{3}},$$

$$z_2 = \sin\frac{\pi}{3} - \mathrm{i}\cos\frac{\pi}{3} = \cos\left(-\frac{\pi}{6}\right) + \mathrm{i}\sin\left(-\frac{\pi}{6}\right) = \frac{\sqrt{3}}{2} - \frac{1}{2}\mathrm{i} = \mathrm{e}^{-\mathrm{i}\frac{\pi}{6}}.$$

由复数代数形式的乘法和除法公式得

$$z_1 z_2 = \frac{1}{2}(1 - \sqrt{3}\mathrm{i})\left(\frac{\sqrt{3}}{2} - \frac{1}{2}\mathrm{i}\right) = -\mathrm{i},$$

$$\frac{z_1}{z_2} = \frac{\dfrac{1}{2}(1 - \sqrt{3}\mathrm{i})}{\dfrac{\sqrt{3}}{2} - \dfrac{1}{2}\mathrm{i}} = \frac{\sqrt{3} - \mathrm{i}}{2}.$$

由三角形式、指数形式的运算得

$$z_1 z_2 = \left[\cos\left(-\frac{\pi}{3}\right) + \mathrm{i}\sin\left(-\frac{\pi}{3}\right)\right]\left[\cos\left(-\frac{\pi}{6}\right) + \mathrm{i}\sin\left(-\frac{\pi}{6}\right)\right]$$

$$= \cos\left(-\frac{\pi}{2}\right) + \mathrm{i}\sin\left(-\frac{\pi}{2}\right) = -\mathrm{i},$$

$$\frac{z_1}{z_2} = \frac{\cos\left(-\dfrac{\pi}{3}\right) + \mathrm{i}\sin\left(-\dfrac{\pi}{3}\right)}{\cos\left(-\dfrac{\pi}{6}\right) + \mathrm{i}\sin\left(-\dfrac{\pi}{6}\right)} = \frac{\sqrt{3} - \mathrm{i}}{2}$$

或

$$z_1 z_2 = \mathrm{e}^{-\mathrm{i}\frac{\pi}{3}}\mathrm{e}^{-\mathrm{i}\frac{\pi}{6}} = \mathrm{e}^{-\mathrm{i}\frac{\pi}{2}} = -\mathrm{i},$$

$$\frac{z_1}{z_2} = \frac{\mathrm{e}^{-\mathrm{i}\frac{\pi}{3}}}{\mathrm{e}^{-\mathrm{i}\frac{\pi}{6}}} = \mathrm{e}^{-\mathrm{i}\frac{\pi}{6}} = \frac{\sqrt{3} - \mathrm{i}}{2}.$$

不难证明, 复数的加法和乘法同样遵循下列运算规律.

① 加法交换律: $z_1 + z_2 = z_2 + z_1$.

② 加法结合律: $(z_1 + z_2) + z_3 = z_1 + (z_2 + z_3)$.

③ 乘法交换律: $z_1 z_2 = z_2 z_1$.

④ 乘法结合律: $(z_1 z_2)z_3 = z_1(z_2 z_3)$.

⑤ 乘法对于加法的分配率: $(z_1 + z_2)z_3 = z_1 z_3 + z_2 z_3$.

1.2.3 复数的 n 次幂与 n 次方根

设 $z_1 = r_1\mathrm{e}^{\mathrm{i}\theta_1}, z_2 = r_2\mathrm{e}^{\mathrm{i}\theta_2}, \cdots, z_n = r_n\mathrm{e}^{\mathrm{i}\theta_n}$ 是 n 个非零复数, 用数学归纳法可以得到这 n 个复数的乘积为

$$z_1 z_2 \cdots z_n = r_1 r_2 \cdots r_n \mathrm{e}^{\mathrm{i}(\theta_1 + \theta_2 + \cdots + \theta_n)},$$

特别地，我们把 n 个相同的复数 z 的乘积称为 z 的 n **次幂**，记作 z^n. 设 $z = re^{i\theta}$，则

$$z^n = r^n e^{in\theta} = r^n(\cos n\theta + i \sin n\theta).$$

当 $r = 1$ 时，$z = \cos\theta + i\sin\theta$，有

$$(\cos\theta + i\sin\theta)^n = \cos n\theta + i\sin n\theta,$$

这就是著名的**棣莫弗 (De Moivre) 公式**.

对于任意非零复数 z，若有复数 w，使得 $w^n = z$，则称 w 为 z 的 n **次方根**，记作 $w = \sqrt[n]{z}$. 下面来求根 w 的具体形式. 设 $z = r(\cos\theta + i\sin\theta) \neq 0, w = \rho(\cos\varphi + i\sin\varphi)$，根据棣莫弗公式，

$$\rho^n(\cos n\varphi + i\sin n\varphi) = r(\cos\theta + i\sin\theta),$$

再由正弦函数、余弦函数的周期性，可得

$$\rho^n = r, \cos n\varphi = \cos\theta = \cos(\theta + 2k\pi), \sin n\varphi = \sin\theta = \sin(\theta + 2k\pi),$$

其中 k 为整数. 于是 $\rho = \sqrt[n]{r}, \varphi = \dfrac{\theta + 2k\pi}{n}$，这样就得到了 z 的取 n 个不同值的 n 次方根

$$w = \sqrt[n]{|z|}\left(\cos\frac{\theta + 2k\pi}{n} + i\sin\frac{\theta + 2k\pi}{n}\right) \quad (k = 0, 1, 2, \cdots, n-1).$$

不难验证，k 取其他整数时，上述 n 个值会重复出现，故 z 的 n 次方根只取上述 n 个值. 由于复数 $\sqrt[n]{z}$ 的 n 个不同值的模都为 $\sqrt[n]{r} = \sqrt[n]{|z|}$，且对应相邻的两个 k 的方根的辐角均相差 $\dfrac{2\pi}{n}$，因此在几何上，复平面上 $\sqrt[n]{z}$ 的 n 个不同值对应的 n 个点是以原点为中心，以 $\sqrt[n]{|z|}$ 为半径的圆的内接正 n 边形的 n 个顶点. 特别是 $z = 1$ 时，若令 $w = \cos\dfrac{2\pi}{n} + i\sin\dfrac{2\pi}{n}$，则 1 的 n 次方根为 $1, w, w^2, \cdots, w^{n-1}$.

例 1.2.2 求 $\sqrt[4]{1+i}$.

解 因为 $1 + i = \sqrt{2}\left(\cos\dfrac{\pi}{4} + i\sin\dfrac{\pi}{4}\right)$，由 n 次方根公式得

$$\sqrt[4]{1+i} = \sqrt[8]{2}\left(\cos\frac{\dfrac{\pi}{4} + 2k\pi}{4} + i\sin\frac{\dfrac{\pi}{4} + 2k\pi}{4}\right) \quad (k = 0, 1, 2, 3).$$

可得 4 个根分别为

$$w_0 = \sqrt[8]{2}\left(\cos\frac{\pi}{16} + i\sin\frac{\pi}{16}\right), \quad w_1 = \sqrt[8]{2}\left(\cos\frac{9\pi}{16} + i\sin\frac{9\pi}{16}\right),$$

$$w_2 = \sqrt[8]{2}\left(\cos\frac{17\pi}{16} + i\sin\frac{17\pi}{16}\right), \quad w_3 = \sqrt[8]{2}\left(\cos\frac{25\pi}{16} + i\sin\frac{25\pi}{16}\right).$$

这 4 个根对应于在复平面上内接于以原点为中心，以 $\sqrt[8]{2}$ 为半径的圆的正方形的 4 个顶点，如图 1-4 所示.

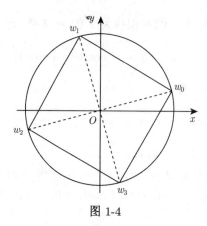

图 1-4

例 1.2.3 试用 $\sin\theta$ 和 $\cos\theta$ 表示 $\cos 3\theta$ 和 $\sin 3\theta$.

解 由棣莫弗公式,

$$\cos 3\theta + \mathrm{i}\sin 3\theta = (\cos\theta + \mathrm{i}\sin\theta)^3$$
$$= \cos^3\theta + 3\mathrm{i}\cos^2\theta\sin\theta - 3\cos\theta\sin^2\theta - \mathrm{i}\sin^3\theta$$
$$= \cos^3\theta - 3\cos\theta\sin^2\theta + \mathrm{i}(3\cos^2\theta\sin\theta - \sin^3\theta),$$

于是

$$\cos 3\theta = \cos^3\theta - 3\cos\theta\sin^2\theta = 4\cos^3\theta - 3\cos\theta,$$
$$\sin 3\theta = 3\cos^2\theta\sin\theta - \sin^3\theta = 3\sin\theta - 4\sin^3\theta.$$

1.2.4 复数的运算性质

以上介绍了复数的共轭复数、复数的模以及四则运算,下面列出这些运算所具有的性质,这些性质很容易由定义、几何意义及运算法则得出.

① 设 $z = x + \mathrm{i}y$,由图 1-1 有不等式

$$|x| \leqslant |z|, |y| \leqslant |z|, |z| \leqslant |x| + |y|,$$

$$-|z| \leqslant \operatorname{Re} z \leqslant |z|, -|z| \leqslant \operatorname{Im} z \leqslant |z|.$$

② 根据三角形两边之和大于第三边 (见图 1-2),可推出复数的三角不等式:

$$|z_1 + z_2| \leqslant |z_1| + |z_2|.$$

由于 $|z_1 - z_2|$ 表示点 z_1 与点 z_2 之间的距离,又三角形两边之差小于第三边 (见图 1-3),则有

$$||z_1| - |z_2|| \leqslant |z_1 - z_2|.$$

③ $|z_1 z_2| = |z_1||z_2|, \left|\dfrac{z_1}{z_2}\right| = \dfrac{|z_1|}{|z_2|}.$

④ $|z| = |\bar{z}|.$

⑤ $\overline{\overline{z}} = z$.

⑥ $z\overline{z} = |z|^2 = |\mathrm{Re}\, z|^2 + |\mathrm{Im}\, z|^2, |z|^2 = |z^2|$.

⑦ $\overline{z_1 \pm z_2} = \overline{z_1} \pm \overline{z_2}, \overline{z_1 z_2} = \overline{z_1} \cdot \overline{z_2}, \overline{\left(\dfrac{z_1}{z_2}\right)} = \dfrac{\overline{z_1}}{\overline{z_2}} \ (z_2 \neq 0)$.

⑧ $z + \overline{z} = 2\mathrm{Re}\, z = 2x, z - \overline{z} = 2\mathrm{i}\mathrm{Im}\, z = 2\mathrm{i}y$.

例 1.2.4 求复数 $z = -\dfrac{1}{\mathrm{i}} - \dfrac{3\mathrm{i}}{1 - \mathrm{i}}$ 的模.

解 因为

$$z = -\frac{1}{\mathrm{i}} - \frac{3\mathrm{i}}{1 - \mathrm{i}} = \frac{\mathrm{i}}{\mathrm{i}(-\mathrm{i})} - \frac{3\mathrm{i}(1 + \mathrm{i})}{(1 - \mathrm{i})(1 + \mathrm{i})} = \mathrm{i} - \left(-\frac{3}{2} + \frac{3}{2}\mathrm{i}\right) = \frac{3}{2} - \frac{1}{2}\mathrm{i},$$

所以

$$|z| = \sqrt{\left(\frac{3}{2}\right)^2 + \left(-\frac{1}{2}\right)^2} = \frac{\sqrt{10}}{2}.$$

例 1.2.5 若 z 为非零复数, 证明: $|z^2 - \overline{z}^2| \leqslant 2z\overline{z}$.

证明 由于 $|z| = |\overline{z}|, 2z\overline{z} = 2|z|^2$, 由和、差的模的不等式可得

$$|z^2 - \overline{z}^2| \leqslant |z^2| + |\overline{z}^2| = |z|^2 + |\overline{z}|^2 = 2|z|^2 = 2z\overline{z}.$$

例 1.2.6 设 $z = x + \mathrm{i}y, w = \dfrac{z - 1}{z + 1}$, 求 w 的实部和虚部.

解

$$\mathrm{Re}\, w = \frac{w + \overline{w}}{2} = \frac{1}{2}\left(\frac{z - 1}{z + 1} + \frac{\overline{z} - 1}{\overline{z} + 1}\right) = \frac{1}{2}\frac{2|z|^2 - 2}{(z + 1)(\overline{z} + 1)}$$
$$= \frac{|z|^2 - 1}{|z|^2 + 2x + 1} = \frac{x^2 + y^2 - 1}{(x + 1)^2 + y^2},$$

$$\mathrm{Im}\, w = \frac{w - \overline{w}}{2\mathrm{i}} = \frac{1}{2\mathrm{i}}\left(\frac{z - 1}{z + 1} - \frac{\overline{z} - 1}{\overline{z} + 1}\right) = \frac{1}{\mathrm{i}}\frac{z - \overline{z}}{|z|^2 + 2x + 1}$$
$$= \frac{2y}{|z|^2 + 2x + 1} = \frac{2y}{(x + 1)^2 + y^2}.$$

1.3 复平面上的曲线和区域

由 1.1 节可知, 复平面上的点集与实直角坐标系平面上的点集存在一一对应关系.

1.3.1 复平面上的曲线方程

实平面上的曲线有直角坐标方程和参数方程两种形式, 复平面上的曲线也有直角坐标方程和参数方程两种复数形式.

1. 直角坐标方程

设 $z = x + \mathrm{i}y$，若平面曲线 C 的直角坐标方程为

$$F(x, y) = 0,$$

由 $x = \dfrac{z + \overline{z}}{2}, y = \dfrac{z - \overline{z}}{2\mathrm{i}}$，可得平面曲线 C 在复平面上复数形式的方程

$$F\left(\frac{z + \overline{z}}{2}, \frac{z - \overline{z}}{2\mathrm{i}}\right) = 0.$$

例 1.3.1　把直线方程 $3x + 2y = 1$ 化为复数形式.

解　将 $x = \dfrac{z + \overline{z}}{2}, y = \dfrac{z - \overline{z}}{2\mathrm{i}}$ 代入方程，得

$$3(z + \overline{z}) - \mathrm{i}[2(z - \overline{z})] = 2$$

为所给直线方程的复数形式.

2. 参数方程

令 $z = x + \mathrm{i}y$，若平面曲线 C 的参数方程为

$$x = x(t), y = y(t) \quad (\alpha \leqslant t \leqslant \beta),$$

则曲线 C 的参数方程的复数形式为

$$z(t) = x(t) + \mathrm{i}y(t) \ \text{或} \ z = z(t) \quad (\alpha \leqslant t \leqslant \beta).$$

例如，经过 z_1, z_2 两点的直线的参数方程为

$$z = z_1 + t(z_2 - z_1) \quad (-\infty < t < +\infty),$$

由此可知，三点 z_1, z_2, z_3 共线的充要条件为

$$\frac{z_3 - z_1}{z_2 - z_1} = t,$$

其中，t 为一非零实数，或者

$$\mathrm{Im}\frac{z_3 - z_1}{z_2 - z_1} = 0.$$

又如，以点 (x_0, y_0) 为中心，以 R 为半径的圆的参数方程为

$$x = x_0 + R\cos t, y = y_0 + R\sin t \quad (0 \leqslant t \leqslant 2\pi),$$

所以，该圆的参数方程的复数形式为

$$z = x_0 + R\cos t + \mathrm{i}(y_0 + R\sin t)$$
$$= x_0 + \mathrm{i}y_0 + R(\cos t + \mathrm{i}\sin t) \quad (0 \leqslant t \leqslant 2\pi)$$

或

$$z = z_0 + R(\cos t + \mathrm{i}\sin t) \quad (0 \leqslant t \leqslant 2\pi,\ z_0 = x_0 + \mathrm{i}y_0)$$

或

$$z = z_0 + R\mathrm{e}^{\mathrm{i}t} \quad (0 \leqslant t \leqslant 2\pi).$$

由于 $|z - z_0|$ 表示的是 z 到 z_0 的距离, 因此圆的方程也可以写成 $|z - z_0| = R$. 由此可以看出, 有时用复数、复数运算或复数模的几何意义来确定平面曲线 C 的方程, 或讨论一个给定的方程表示的是什么样的曲线, 可能会方便一些.

例 1.3.2　求下列方程所表示的曲线.

(1) $|z + \mathrm{i}| = 2$;

(2) $|z - z_1| + |z - z_2| = 2a\ (|z_1 - z_2| < 2a)$;

(3) $\mathrm{Im}(\mathrm{i} + \overline{z}) = 4$;

(4) $z = (1 + \mathrm{i})t + z_0\ (t > 0)$.

解　(1) 将 $z = x + \mathrm{i}y$ 代入方程, 可得 $|x + (y + 1)\mathrm{i}| = 2$, 即 $x^2 + (y + 1)^2 = 4$. 从几何上不难看出, 所求曲线是以 $-\mathrm{i}$ 为中心, 以 2 为半径的圆.

(2) 由几何意义, 曲线是到 z_1 和 z_2 距离的和等于 $2a$ 的点的轨迹, 即以 z_1 和 z_2 为焦点, 过 z_1 和 z_2 的轴长为 $2a$ 的椭圆.

(3) 设 $z = x + \mathrm{i}y$, 则 $\mathrm{i} + \overline{z} = x + (1 - y)\mathrm{i}$, 所以 $\mathrm{Im}(\mathrm{i} + \overline{z}) = 1 - y$, 从而可得所求曲线的方程为 $y = -3$, 这是一条平行于 x 轴的直线.

(4) 将 $z = x + \mathrm{i}y$, $z_0 = x_0 + \mathrm{i}y_0$ 代入方程得 $x = x_0 + t$, $y = y_0 + t$. 由于 $t > 0$, 因此 z 还满足 $\arg(z - z_0) = \arg[(1 + \mathrm{i})t] = \dfrac{\pi}{4}$, 它表示从点 z_0 出发倾角为 $\arg(1 + \mathrm{i}) = \dfrac{\pi}{4}$ 的射线 (不包含点 z_0).

1.3.2　简单曲线与光滑曲线

设复平面上的曲线 C 由参数方程 $z = x(t) + \mathrm{i}y(t)(\alpha \leqslant t \leqslant \beta)$ 给出, $x(t), y(t)$ 是区间 $[\alpha, \beta]$ 上的两个实变量连续函数, 则称曲线 C 为复平面上的一条连续曲线.

定义 1.3.1　设曲线 $C: z = z(t)$ 是 $[\alpha, \beta]$ 上的连续曲线, 且对 $[\alpha, \beta]$ 上任意两个不同的点 t_1 与 t_2 (t_1, t_2 不同时为 $[\alpha, \beta]$ 的端点), 总有 $z(t_1) \neq z(t_2)$, 则称曲线 C 为**简单曲线**或**若尔当曲线**; $z(\alpha)$ 和 $z(\beta)$ 分别称作 C 的**起点**和**终点**, 若简单曲线的起点与终点重合, 则称其为**简单闭曲线**.

定义 1.3.2　设曲线 C 的方程为 $z = z(t)(\alpha \leqslant t \leqslant \beta)$, $x'(t), y'(t)$ 在 $[\alpha, \beta]$ 上连续, 且不全为零 (即 $z'(t) \neq 0$), 则称曲线 $C: z = x(t) + \mathrm{i}y(t)(\alpha \leqslant t \leqslant \beta)$ 为**光滑曲线**, 由有限条光滑曲线依次首尾连接而成的曲线称为**分段光滑曲线**.

直线、圆、椭圆等都是光滑曲线, 而由有限条直线段连接而成的折线是分段光滑的.

1.3.3　平面点集

复平面上的直线、圆周等曲线都是复平面上的点集, 以下介绍平面点集的几个基本概念.

1. 邻域

定义 1.3.3 设 z_0 是复平面上的一点，δ 是任意的正数，则称以 z_0 为中心，以 δ 为半径的圆内部的点集 $\{z||z-z_0|<\delta\}$ 为 z_0 的一个 δ**邻域**，记作 $U(z_0;\delta)$. 若不强调半径大小，可简称为 z_0 的邻域，简记为 $U(z_0)$；称满足不等式 $0<|z-z_0|<\delta$ 的点集为 z_0 的一个**去心邻域**，简记为 $\mathring{U}(z_0)$.

2. 点与点集的关系

定义 1.3.4 设 E 为平面上的一个点集，z_0 为 E 内一点，若存在 z_0 的邻域 $U(z_0)$，使得 $U(z_0)\subset E$，则称 z_0 为 E 的**内点**. 若存在 z_0 的邻域 $U(z_0)$，使得 $U(z_0)\cap E=\varnothing$，则称 z_0 为 E 的**外点**. 若 z_0 既不是 E 的内点，也不是 E 的外点，则称 z_0 为 E 的**界点**或**边界点**. E 的所有边界点组成 E 的**边界**，记作 ∂E.

显然，若 z_0 是 E 的一个内点，则 $z_0\in E$，反之则不一定成立；若 z_0 是 E 的一个外点，则 $z_0\notin E$，反之，若 $z_0\notin E$，则 z_0 必不是 E 的内点，但 z_0 未必是 E 的外点，z_0 可能为 E 的边界点，边界点 z_0 可以属于集合 E，也可以不属于集合 E.

为更好地理解内点、外点、边界点的定义，下面给出一个例子.

例 1.3.3 设 $E=\{z|z=x+\mathrm{i}y,0<x<1,0\leqslant y\leqslant 1\}$，这是一个包含上、下两条边，而不包含左、右两条边的正方形，可知满足 $0<x<1,0<y<1$ 的点 $z=x+\mathrm{i}y$ 为 E 的内点；正方形的每一条边 (无论是否属于 E) 都是 E 的界点；除 E 的内点与界点以外的点都是 E 的外点.

3. 开集、连通集及区域

定义 1.3.5 若点集 E 中的每个点都是它的内点，则称 E 为**开集**.

定义 1.3.6 设 E 为平面上的一个点集，z_0 为平面上的任意一点，若对于任意的 $\delta>0$，点 z_0 的去心邻域 $\mathring{U}(z_0)$ 内总有 E 中的点，则称 z_0 为 E 的一个**聚点**. E 的全体聚点组成的集合记作 E'. 若 $z_0\in E$，但不是 E 的聚点，则称 z_0 为 E 的一个**孤立点**.

定义 1.3.7 若点集 E 的聚点的集合包含于 E，即 $E'\subset E$，则称 E 为**闭集**.

例如，单位圆 $\{z||z|<1\}$ 是开集，带边的单位圆 $\{z||z|\leqslant 1\}$ 是一个闭集，对于后者，单位圆周 $\{z||z|=1\}$ 上的点不是它的内点.

在解析函数论中，最常用的集合是区域.

定义 1.3.8 若点集 E 中的任意两点都可以用一条完全属于 E 的折线连起来，则称 E 为**连通集**.

定义 1.3.9 若点集 E 是连通开集，则称点集 E 为**区域**，称区域 E 与它的边界所构成的点集为**闭区域**，记作 $\overline{E}$.

区域的边界通常由平面上一条或几条光滑曲线和一些孤立点组成，所围的部分 (不包括这些曲线) 是区域，所围部分的外部 (不包括这些曲线) 也是区域. 一个圆的内部或外部都是区域. 一条直线把平面分为两部分，其中的每一部分 (不包括直线) 都是区域. 在一个区域内挖掉有限个点后剩下的部分是区域.

4. 有界集与无界集

定义 1.3.10　若点集 E 能完全包含在以原点为中心，以某一个正数 R 为半径的圆域内，则称 E 是**有界集**，不是有界集的集合称为**无界集**.

例如，单位圆 $\{z||z|<1\}$ 是有界集，上半平面 $\{z|\operatorname{Im} z>0\}$、角域 $\{z|0<\arg z<\varphi\}$ 等都是无界集.

5. 单连通域与多连通域

一条简单闭曲线 C 可把整个复平面分为三个互不相交的点集，曲线 C 是其中一个点集，它们以 C 为边界，除去曲线 C 以外，一个是有界区域，称为 C 的**内部**，另一个是无界区域，称为 C 的**外部**. 环域 $\{z|r<|z|<R\}(r>0)$ 从直观上看，它的内部有一个"洞"，为了严格刻画这种区域，引入单连通域与多连通域的概念.

定义 1.3.11　设 E 是平面上的一个区域，若属于 E 的任何简单闭曲线的内部总完全属于 E，则称 E 为**单连通域**，非单连通域称为**多连通域**.

圆域是单连通域，圆域内挖掉有限个点，余下的部分是多连通域. 圆环的内部是多连通域.

例 1.3.4　下列点集是否为区域？是否有界？是否单连通？

(1) $|z-1|<|z+3|$；

(2) $-1<\arg z<-1+\pi$；

(3) $0<\arg(z-1)<\dfrac{\pi}{4}$，且 $\operatorname{Re} z<3$；

(4) $2\leqslant|z|\leqslant 3$；

(5) $\operatorname{Im} z\leqslant 2$；

(6) $|3z+\mathrm{i}|<3$；

(7) $|z+2|+|z-2|\leqslant 6$；

(8) $1<|z-\mathrm{i}|<3$.

解　(1) 是无界单连通区域；(2) 是无界单连通区域；(3) 是有界单连通区域；(4) 是有界多连通闭区域；(5) 是无界单连通闭区域；(6) 是有界单连通区域；(7) 是有界闭区域，不是区域；(8) 是有界多连通区域.

1.4　复球面与扩充复平面

由 1.1 节可知，复数与平面内的点或向量建立了一一对应关系，所以本书对复数、平面内的点和向量不加以区别. 除此之外，复数也可与球面上的点一一对应，并用球面上的点来表示，具体做法如下所述.

取一个球面，使之与复平面 z 相切于原点，球面上的一点 S 与原点重合，如图 1-5 所示. 通过点 S 作一条垂直于复平面的直线，与球面交于另一点 N，则称 N 为**北极**，称 S 为**南极**.

对于复平面内任何一点 z，现用直线段将点 z 与北极 N 连接起来，则该直线段一定与球面相交于异于 N 的一点 P. 反过来，对于球面上任何异于 N 的点 P，用一直线段把 P 与 N 连接起来，这条直线段的延长线就与复平面相交于一点 z. 这就说明，球面上的点 (除北极 N 外) 与复平面内的点之间存在着一一对应的关系，于是球面上的点，除北极 N 外也与复数一一对应，因此可以用这个球面上的点表示复数.

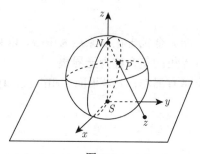

图 1-5

但是, 复平面内没有一个点与球面上的北极 N 对应. 从图 1-5 可以看到, 当点 z 无限远离原点时, 或者说, 当 z 的模 $|z|$ 无限变大时, 点 P 就无限接近于 N. 为了使复平面与球面上的点无一例外地都能一一对应起来, 我们规定: 复平面上有唯一的 "无穷远点", 它与球面上的北极 N 相对应. 相应地, 我们又规定: 复数中有唯一的 "无穷大" 与复平面上的 "无穷远点" 相对应, 并把它记作 ∞, 因而球面上的北极 N 就是复数 ∞ 的几何表示. 这样一来, 球面上的每一点就有唯一的复数与其对应, 称这样的球面为**复球面**.

我们把包括无穷远点在内的复平面称为**扩充复平面**或**黎曼球面**, 记作 $\overline{\mathbb{C}}$. 不包括无穷远点在内的复平面称为有限复平面, 或者就称复平面, 用 $\mathbb{C}$ 表示. 在本书中, 如无特殊声明, 复平面都指有限复平面, 复数 z 都指有限复数. 对于复数 ∞, 实部、虚部与辐角的概念均无意义, 但它的模规定为正无穷大, 即 $|\infty| = +\infty$. 对于其他的每一个复数, 则有 $|z| < +\infty$.

"无穷远点" 作为一个新的数引入复数域, 我们对它的运算作如下规定:

① 当 $z \neq \infty$ 时, $\infty \pm z = \infty, z \pm \infty = \infty$;

② 当 $z \neq 0$ 时, $\infty \cdot z = \infty, z \cdot \infty = \infty$;

③ 当 $z \neq \infty$ 时, $\dfrac{z}{\infty} = 0, \dfrac{\infty}{z} = \infty$;

④ 当 $z \neq 0$ 时, $\dfrac{z}{0} = \infty$.

此外, 下列运算是没有确定意义的:

$$\infty \pm \infty, 0 \cdot \infty, \frac{\infty}{\infty}.$$

1.5 小 结

本章学习了复数的概念、表示及复数的运算, 这些内容是全书的基础, 为今后研究的问题提供了前提条件. 本书所研究的问题均是在复数范围内, 所以需要了解并掌握复数的运算和性质. 由于复数与复平面上的点集建立了一一对应关系, 有些问题在平面上考虑起来较为简便.

本章的主要内容如下.

① 熟练掌握复数的各种表示方法及它们之间的转化, 正确理解辐角的多值性, 给出一个复数 z, 可以熟练计算它的辐角和辐角主值.

② 在复数集合上定义了运算，包括代数运算 (加、减、乘、除运算)，乘幂、开方运算，以及求模、求共轭等运算，读者应熟练掌握这些运算. 对于复数的代数运算，由运算的定义可以看出，两个复数的和、差、积、商 (分母不为零) 仍为复数，即复数对四则运算封闭.

③ 由于复数可以用平面上的向量和点来表示，因此复数的方程 (不等式) 对应了平面的图形和点集，这种方法可以解决平面上的几何问题.

④ 本书主要在有限复平面上讨论问题，但扩充复平面与无穷远点的引进，在一些问题的讨论中能够带来方便与和谐.

习　题　1

1. 设 $D = \{z \mid |z + 2\mathrm{i}| > 1\}$，则 D 为_____.

(A) 有界多连通区域   (B) 无界多连通区域

(C) 有界单连通区域   (D) 无界单连通区域

2. $\mathrm{Im}(\mathrm{i}z) = $ _____.

(A) $-\mathrm{Re}(\mathrm{i}z)$ (B) $-\mathrm{Im}(\mathrm{i}z)$ (C) $-\mathrm{Re}(z)$ (D) $\mathrm{Re}(z)$

3. 当 $|z| \leqslant 1$ 时，$|z^n + a|$ 的最大值为_____.

(A) $1 + a$ (B) $a - 1$ (C) $1 - a$ (D) 不存在

4. 使得 $z = \bar{z}$ 成立的复数 z 是_____.

(A) 不存在的   (B) 唯一的   (C) 纯虚数   (D) 实数

5. 下列式子中正确的是_____.

(A) $-2 + 5\mathrm{i} > \sqrt{3} + 2\mathrm{i}$ (B) $\mathrm{Im}(-2 + 5\mathrm{i}) > \mathrm{Re}(\sqrt{3} + 2\mathrm{i})$

(C) $\arg(-2 + 5\mathrm{i}) > \arg(\sqrt{3} + 2\mathrm{i})$ (D) $\arg\left(-\sin\dfrac{\pi}{3} - \mathrm{i}\cos\dfrac{\pi}{3}\right) = -\dfrac{\pi}{3}$

6. 下列命题中正确的是_____.

(A) 0 的辐角为 0   (B) 仅有一个数 z，使得 $z = -\dfrac{1}{z}$

(C) $|z_1 + z_2| = |z_1| + |z_2|$ (D) $\dfrac{1}{\mathrm{i}}\bar{z} = \overline{\mathrm{i}z}$

7. 当 $|a| > 1, |b| < 1$ 时，$\left|\dfrac{a - b}{1 - \bar{a}b}\right|$ 的值_____.

(A) 大于 1   (B) 等于 1   (C) 小于 1   (D) 为无穷大

8. $\mathrm{i}^8 - 4\mathrm{i}^{21} + \mathrm{i} = $ _____.

(A) i (B) $1 - 3\mathrm{i}$ (C) 1 (D) -1

9. 设 $z = t + \dfrac{\mathrm{i}}{t}$ (t 为实参数)，则它表示的曲线是_____.

(A) 双曲线   (B) 圆   (C) 椭圆   (D) 抛物线

10. 方程 $|z + 2| - |z - 2| = 3$ 所表示的曲线是_____.

(A) 双曲线   (B) 圆   (C) 椭圆   (D) 抛物线

11. 不等式 $0 < \arg(z - \mathrm{i}) < \dfrac{\pi}{4}$ 所表示的区域是_____.

12. 设 $z = \left(\dfrac{1+\sqrt{3}\mathrm{i}}{2}\right)^2$，则 $\arg z = $ _____.

13. 设 $x_n + \mathrm{i}y_n = (1-\sqrt{3}\mathrm{i})^n$，则 $x_n y_{n-1} - x_{n-1} y_n = $ _____.

14. $\dfrac{1+\mathrm{i}}{1-\mathrm{i}}$ 的指数形式为_____.

15. $1 + \sin\theta + \mathrm{i}\cos\theta \left(0 \leqslant \theta \leqslant \dfrac{\pi}{2}\right)$ 的三角形式为_____.

16. 求下列复数的实部、虚部、模、辐角及共轭复数.

(1) $\dfrac{3}{(\sqrt{3}-\mathrm{i})^2}$;

(2) $3\mathrm{i}(\sqrt{3}-\mathrm{i})(1+\sqrt{3}\mathrm{i})$;

(3) $(1+\mathrm{i})^{100} + (1-\mathrm{i})^{100}$;

(4) $\dfrac{(\cos 5\varphi + \mathrm{i}\sin 5\varphi)^2}{(\cos 3\varphi - \mathrm{i}\sin 3\varphi)^3}$.

17. 求下列复数的值.

(1) $\dfrac{-2+\mathrm{i}}{3+2\mathrm{i}}$;

(2) $\dfrac{(3+4\mathrm{i})(2-5\mathrm{i})}{3\mathrm{i}}$;

(3) $(\sqrt{3}-\mathrm{i})^{12}$;

(4) $\sqrt[3]{2-2\mathrm{i}}$;

(5) $\sqrt[6]{-1}$;

(6) $(1-\mathrm{i})\sin^2\dfrac{\theta}{2} + \mathrm{i}\sin^2\dfrac{\theta}{2} + \mathrm{i}\sin\theta\,(0 < \theta < 2\pi)$.

18. 若 $(1+\mathrm{i})^n = (1-\mathrm{i})^n$，试求 n 的值.

19. 试求下列方程表示的曲线.

(1) $z = t(1+\mathrm{i})$;

(2) $z = 4\mathrm{e}^{\mathrm{i}t} - 3$;

(3) $z = t^2 + \dfrac{\mathrm{i}}{t^2}$ (t 为实参数);

(4) $\mathrm{Re}(\mathrm{i}\bar{z}) = 3$;

(5) $\arg\dfrac{z-\mathrm{i}}{z+\mathrm{i}} = \dfrac{\pi}{4}$;

(6) $\left|\dfrac{z-z_1}{z-z_2}\right| = 2$.

20. 试求下列不等式表示的区域，并作图.

(1) $2 \leqslant |z+\mathrm{i}| \leqslant 3$;

(2) $-\dfrac{\pi}{4} < \arg(z-1) < 0$;

(3) $|3z+\mathrm{i}| < 3$;

(4) $|z| + \mathrm{Re}\, z \leqslant 1$.

21. 设 z_1, z_2, z_3 三点适合条件：$z_1 + z_2 + z_3 = 0, |z_1| = |z_2| = |z_3| = 1$. 证明：$z_1, z_2, z_3$ 是内接于单位圆 $|z| = 1$ 的一个正三角形的顶点.

22. 证明：复平面上圆的一般方程可写为

$$z\bar{z} + \bar{a}z + a\bar{z} + c = 0,$$

其中 a 为复常数, c 为实常数.

第2章 解析函数

解析函数是复变函数的主要研究对象,它在理论和实际问题中有着广泛的应用.本章首先给出复变函数及其导数的定义和求导法则,然后引入解析函数的概念以及判别方法,最后介绍一些初等函数,并说明它们的解析性.

2.1 复 变 函 数

2.1.1 复变函数的概念

复变函数的定义在形式上与一元实函数的一样,只是将自变量和因变量都推广到了复数域.

定义 2.1.1 设 D 为复平面上的非空集合[①],若有一个确定的法则存在,按照这一法则,对于 D 内的每一个复数 $z = x + iy$,都有确定的复数 $w = u + iv$ 与之对应,则称复变数 w 是 z 的复变函数,记作

$$w = f(z),$$

其中 z 为**自变量**,w 为**因变量**,集合 D 称为 $w = f(z)$ 的**定义域**,与 D 中所有复数 z 对应的 w 值的集合 G 称为 $w = f(z)$ 的**值域**,集合 G 为 $\mathbb{C}$ 的子集.

若对于 D 中的每个值 z,都有 G 中唯一确定的复数 w 与之对应,则称 $f(z)$ 为**单值函数**;若 D 中的每个值 z,对应着 G 中的几个或无穷多个值,则称 $f(z)$ 为**多值函数**.

例如,函数 $w = \bar{z}, w = z^2$ 等都是 z 的单值函数;而 $w^2 = z, w = \text{Arg} z (z \neq 0)$ 是 z 的多值函数.若无特别声明,一般所讨论的复变函数都是指单值复变函数.

和实变函数一样,复变函数也有反函数的概念.

定义 2.1.2 设 $w = f(z)$ 是定义在 z 平面点集 D 上的函数,G 是该函数所有函数值的集合,即对于任意的 $z \in D$,在 G 内都有确定的 w 与之对应.反过来,对于 G 中的任一点 w,按照 $w = f(z)$ 的对应规则,在 D 中总有确定的 z 与之对应.由函数的定义可知,此时 z 与 w 之间具有函数的对应关系,记作 $z = f^{-1}(w)$ 或 $z = g(w)$,称 $z = f^{-1}(w)$ 为函数 $w = f(z)$ 的**反函数**.

例如,$w = \dfrac{az + b}{cz + d} (ad - bc \neq 0)$ 的反函数为 $z = -\dfrac{dw - b}{cw - a}$,其中 a, b, c, d 为复常数.另外,一个单值函数的反函数可能是多值的,例如,函数 $w = z^3$ 是单值函数,但它的反函数 $z = \sqrt[3]{w}$ 是多值函数.

由反函数的定义可知,对于点集 G 中的任一点 w,有 $w = f[f^{-1}(w)]$;且当反函数也是单值函数时,对于 D 中的任一点 z,有 $z = f^{-1}[f(z)]$.

[①] 一般称为平面点集.

对复变函数需要指出，一个复变函数可以用两个二元实函数表出. 因为对于任意一个给定的复数 $z = x + \mathrm{i}y$，通过对应法则 $w = f(z)$ 得到的仍然是一个复数，设实部为 u，虚部为 v，即 $w = u + \mathrm{i}v$，它们确定了 u 和 v 是以 x, y 为自变量的两个二元实变函数：

$$u = u(x, y), v = v(x, y),$$

函数可写为

$$w = f(z) = u(x, y) + \mathrm{i}v(x, y), z = x + \mathrm{i}y \in D.$$

反过来，如果给定两个二元实函数 $u = u(x, y), v = v(x, y)$，记 $z = x + \mathrm{i}y$，根据上式，这两个实函数就确定了一个复变函数. 例如，给定函数 $u(x, y) = x^2 - y^2 + 2, v(x, y) = 2xy$，便可得到一个复变函数

$$w = x^2 - y^2 + 2 + 2xy\mathrm{i} = z^2 + 2.$$

复变函数的几何表示. 在高等数学中，我们常把实变函数 (即自变量和因变量都是实变量的函数) 用几何图形在直角坐标系或空间坐标系中表示出来，如常见的一元和二元实变函数的几何图形分别是平面曲线和空间曲面. 借助这些几何图形，可以直观地理解和研究实变函数的一些性质. 但是对一个复变函数来说，它反映了两对变量 u, v 和 x, y 之间的对应关系，因而无法借助同一个平面或同一个三维空间中的几何图形表示出来. 复变函数中有 4 个变量，可通过四维空间来描述，但从直观上不易于理解，因此借助两个复平面来表示点集之间的对应关系. 如图 2-1 所示，取两张复平面，分别为 z 平面和 w 平面，若以 z 平面上的点集 D 表示自变量 z 的取值范围，以 w 平面上的点集 G 表示函数值 w 的取值范围，则 $w = f(z)$ 确定了点集 D 和点集 G 之间的一个对应关系.

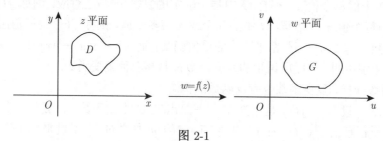

图 2-1

在几何上，复变函数 $w = f(z)$ 直观地给出了从 z 平面上的点集 D 到 w 平面上的点集 G 的一个对应关系，我们也称这两个复平面上的点集间的对应关系为点集 D 到 G 的一个**映射**或**变换**，这个映射通常简称为由函数 $w = f(z)$ 所构成的映射. 点集 D 中的点 z 通过 $w = f(z)$ 所对应的 G 中的点 w 称为 z 在映射下的象，而 z 称为 w 的原象.

今后，我们不再对函数、映射与变换加以区分. 例如，对于函数 $w = z + a(a$ 为复常数) 所构成的映射，根据复数加法的几何意义，它把复平面上任一点 z 沿着复数 a 所在的方向平移了大小为 $|a|$ 的距离，因此，它是 z 平面上的一个平移变换. 又如，对于函数 $w = az$ (a 为非零复常数)，当 $a > 0$ 且 a 是一个实数时，显然它是一个相似变换；当 $|a| = 1$ 且 a 的虚部不为 0 时，则相当于把 z 平面上的图形旋转一个大小为 a 的辐角，这是一个旋转变换；

而当 a 不是实数且 $|a| \neq 1$ 时, $w = az = |a| \dfrac{a}{|a|} z$, 它由一个旋转变换复合一个相似变换得到.

若把这两个映射看作从 z 平面到 w 平面的映射, 则它们都是双方单值映射.

例 2.1.1　试讨论函数 $w = z^2$ 所确定的映射.

解　利用复数的三角形式和棣莫弗公式, 令 $z = r(\cos\theta + \mathrm{i}\sin\theta)$, 则

$$w = z^2 = r^2(\cos 2\theta + \mathrm{i}\sin 2\theta),$$

所以, 函数 $w = z^2$ 把点 z 映射为点 w 时, w 的模是 z 的模的平方, w 的辐角比 z 的辐角增大一倍. 显然, z 平面上以原点为中心, 以 2 为半径的圆域 D 可通过该映射, 变为 w 平面上以原点为中心, 以 4 为半径的圆域 G, 即

$$D : |z| < 2 \xrightarrow{w = z^2} G : |w| < 4.$$

不难看出, D 到 G 的映射是单值的, 但不是双方单值的. 除点 $w = 0$ 以外, G 中的每一个点 w 都对应着 D 中关于原点对称的两个点, 因此 $w = z^2$ 的反函数 $z = \sqrt{w}$ 是一个多值函数.

若设 $z = x + \mathrm{i}y, w = u + \mathrm{i}v$, 通过计算, 映射 $w = z^2$ 对应着两个实函数:

$$u = x^2 - y^2, v = 2xy.$$

因此, 如图 2-2 所示, 它把 z 平面上的两族分别以直线 $y = \pm x$ 和坐标轴为渐近线的等轴双曲线

$$x^2 - y^2 = c_1, 2xy = c_2$$

分别映射为 w 平面上的两族平行线

$$u = c_1, v = c_2.$$

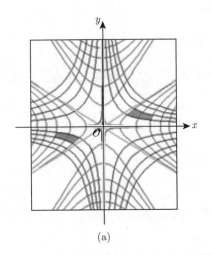

(a)

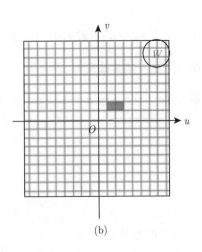

(b)

图 2-2

根据映射来确定曲线的象曲线的方法如下所述.

设 z 平面上的曲线 C 在映射 $w = f(z)$ 下的象为 w 平面上的曲线 Γ, 已知曲线 C 的方程时, 曲线 Γ 的方程的求法如下所示.

在直角坐标系中, 若曲线 C 的方程为 $F(x, y) = 0$, 则曲线 Γ 的方程可由方程组

$$\begin{cases} u = u(x, y), \\ v = v(x, y), \\ F(x, y) = 0 \end{cases}$$

直接消去 x 和 y 得到.

若曲线 C 的参数方程为

$$\begin{cases} x = x(t), \\ y = y(t) \quad (\alpha \leqslant t \leqslant \beta), \end{cases}$$

则由

$$\begin{cases} u = u(x, y), \\ v = v(x, y) \end{cases}$$

即可得到曲线 Γ 的参数方程

$$\begin{cases} u = u(x(t), y(t)) = \varphi(t), \\ v = v(x(t), y(t)) = \Phi(t) \quad (\alpha \leqslant t \leqslant \beta). \end{cases}$$

例 2.1.2 求在映射 $w = z^2$ 下, z 平面上的线段 $0 < r < 2, \theta = \dfrac{\pi}{4}$ 被映射成 w 平面上的曲线的方程.

解 设 $z = r\mathrm{e}^{\mathrm{i}\theta}, w = \rho\mathrm{e}^{\mathrm{i}\varphi}$, 则

$$\rho = r^2, \varphi = 2\theta,$$

故线段 $0 < r < 2, \theta = \dfrac{\pi}{4}$ 映射为 $0 < \rho < 4, \theta = \dfrac{\pi}{2}$, 也是线段.

例 2.1.3 试求函数 $w = z + \dfrac{1}{z}$ 将 z 平面上的圆周 $|z| = 2$ 映射成 w 平面上的象.

解 令 $z = x + \mathrm{i}y, w = u + \mathrm{i}v$, 由映射 $w = z + \dfrac{1}{z}$ 可得

$$u + \mathrm{i}v = x + \mathrm{i}y + \frac{1}{x + \mathrm{i}y},$$

于是

$$u = x + \frac{x}{x^2 + y^2}, \quad v = y - \frac{y}{x^2 + y^2},$$

圆周 $|z| = 2$ 的参数方程为

$$\begin{cases} x = 2\cos t, \\ y = 2\sin t \quad (0 \leqslant t < 2\pi), \end{cases}$$

所以象的参数方程为

$$\begin{cases} u = \dfrac{5}{2}\cos t, \\ v = \dfrac{3}{2}\sin t \quad (0 \leqslant t < 2\pi), \end{cases}$$

它表示 w 平面上的椭圆

$$\frac{u^2}{\left(\dfrac{5}{2}\right)^2} + \frac{v^2}{\left(\dfrac{3}{2}\right)^2} = 1.$$

2.1.2 复变函数的极限与连续性

复变函数和实变函数类似, 同样可以讨论函数的极限和连续性, 且形式基本上与实变函数一致. 现在介绍复变函数的极限概念.

定义 2.1.3 设函数 $w = f(z)$ 在点 z_0 的去心邻域: $0 < |z - z_0| < \rho$ 内有定义, 如果存在一个复常数 A, 使得对于任意给定的 $\varepsilon > 0$, 总存在一个实数 $\delta > 0(\delta < \rho)$, 当 $0 < |z - z_0| < \delta$ 时, 有

$$|f(z) - A| < \varepsilon,$$

则称 A 为当 z 趋于 z_0 时 $f(z)$ 的极限, 记作

$$\lim_{z \to z_0} f(z) = A \quad \text{或} \quad f(z) \to A \quad (z \to z_0).$$

复变函数极限的几何意义与一元实函数中的类似, 即当动点 z 进入 z_0 的充分小的 δ 去心邻域时, 它的象点 $f(z)$ 就会落入 A 的一个给定的 ε 邻域内. 值得注意的是, 这里的邻域是圆域, 且 $z \to z_0$, 意味着点 z 在邻域内趋于 z_0 的方向是任意的.

特别地, 下面给出复变函数的极限为无穷大的定义.

定义 2.1.4 设函数 $w = f(z)$ 在点 z_0 的去心邻域: $0 < |z - z_0| < \rho$ 内有定义, 如果对于任意正数 M, 相应地存在 $\delta > 0(\delta < \rho)$, 使得当 $0 < |z - z_0| < \delta$ 时, 有 $|f(z)| > M$, 则称当 z 趋于 z_0 时, $f(z)$ 的极限为无穷大, 记作

$$\lim_{z \to z_0} f(z) = \infty.$$

由于一个复变函数 $w = f(z)$ 可以用两个二元实变函数 $u = u(x,y)$ 和 $v = v(x,y)$ 表出, 因此求复变函数 $w = f(z) = u(x,y) + iv(x,y)$ 的极限问题可以转化为求两个二元实变函数 $u = u(x,y)$ 和 $v = v(x,y)$ 的极限问题. 关于极限的计算, 存在以下两个定理.

定理 2.1.1 设 $w = f(z) = u(x,y) + iv(x,y), A = u_0 + iv_0, z_0 = x_0 + iy_0$, 则

$$\lim_{z \to z_0} f(z) = A \Leftrightarrow \lim_{(x,y) \to (x_0,y_0)} u(x,y) = u_0, \quad \lim_{(x,y) \to (x_0,y_0)} v(x,y) = v_0.$$

证明 由不等式

$$|u(x,y) - u_0| \leqslant |f(z) - A| \leqslant |u(x,y) - u_0| + |v(x,y) - v_0|$$

及

$$|v(x,y) - v_0| \leqslant |f(z) - A| \leqslant |u(x,y) - u_0| + |v(x,y) - v_0|$$

可以导出此定理的结论.

定理 2.1.2 设复变函数 $f(z)$ 与 $g(z)$ 当 $z \to z_0$ 时的极限分别为 A 和 B，即

$$\lim_{z \to z_0} f(z) = A, \lim_{z \to z_0} g(z) = B,$$

则

① $\lim\limits_{z \to z_0} [f(z) + g(z)] = A + B$；

② $\lim\limits_{z \to z_0} [f(z)g(z)] = AB$；

③ $\lim\limits_{z \to z_0} \dfrac{f(z)}{g(z)} = \dfrac{A}{B} (B \neq 0)$.

利用复变函数的极限的定义可证定理 2.1.2，请读者自行证明.

例 2.1.4 试证：函数 $f(z) = \dfrac{\operatorname{Re} z}{|z|}$ 当 $z \to 0$ 时的极限不存在.

解 令 $z = x + \mathrm{i}y$，则

$$f(z) = \frac{\operatorname{Re} z}{|z|} = \frac{x}{\sqrt{x^2 + y^2}},$$

由此得 $u(x,y) = \dfrac{x}{\sqrt{x^2 + y^2}}, v(x,y) = 0$. 选取 $z \to 0$ 的路径为 $y = kx$，则有

$$\lim_{x \to 0, y = kx} u(x,y) = \lim_{x \to 0, y = kx} \frac{x}{\sqrt{x^2 + y^2}} = \lim_{x \to 0} \frac{x}{\sqrt{(1 + k^2)x^2}} = \pm \frac{1}{\sqrt{1 + k^2}},$$

显然，当 k 变化时，极限值也会不同，所以 $\lim\limits_{x \to 0, y \to 0} u(x,y)$ 不存在，$\lim\limits_{x \to 0, y \to 0} v(x,y) = 0$，根据定理 2.1.1，$\lim\limits_{z \to 0} f(z)$ 不存在.

定义 2.1.5 设 $w = f(z)$ 在点 z_0 的某一邻域：$|z - z_0| < \delta$ 内有定义，若 $\lim\limits_{z \to z_0} f(z) = f(z_0)$，则称 $w = f(z)$ **在点 z_0 处连续**. 如果 $w = f(z)$ 在区域 D 内每一点处都连续，则称 $w = f(z)$ 在 **D 内连续**.

由定义 2.1.5 及定理 2.1.1，易得以下定理.

定理 2.1.3 函数 $w = f(z) = u(x,y) + \mathrm{i}v(x,y)$ 在点 $z_0 = x_0 + \mathrm{i}y_0$ 处连续的充要条件是实部函数 $u(x,y)$ 与虚部函数 $v(x,y)$ 都在点 (x_0, y_0) 处连续.

与高等数学中实变函数的连续函数的和、差、积、商 (这时假设分母不为零) 的定理以及连续函数的复合函数的定理类似，同样可以得到对应的复变函数的定理.

定理 2.1.4 ① 若函数 $f(z)$ 和 $g(z)$ 都在点 z_0 处连续，则 $f(z) \pm g(z), f(z)g(z)$ 及 $\dfrac{f(z)}{g(z)} (g(z_0) \neq 0)$ 均在点 z_0 处连续；

② 若函数 $h = g(z)$ 在点 z_0 处连续，函数 $w = f(h)$ 在点 $h_0 = g(z_0)$ 处连续，则复合函数 $w = f(g(z))$ 在点 z_0 处连续.

在高等数学中，若函数 $f(z)$ 在有界闭区域 $\overline{D}$ 上连续，则可取到最大值和最小值，类似地，在复变函数中有相同的结论.

定理 2.1.5 如果 $w = f(z)$ 在有界闭区域 $\overline{D}$ 上连续,则 $f(z)$ 在 $\overline{D}$ 上可取到它的最大模和最小模,即存在 $z_1, z_2 \in \overline{D}$,使得对于任意的 $z \in \overline{D}$,都有 $|f(z_1)| \geqslant |f(z)|, |f(z_2)| \leqslant |f(z)|$.

由定理 2.1.5,以下推论自然成立.

推论 如果 $w = f(z)$ 在有界闭区域 $\overline{D}$ 上连续,则 $w = f(z)$ 在 $\overline{D}$ 上有界,即存在一个正数 M 使得对于任意的 $z \in \overline{D}$,$|f(z)| \leqslant M$.

还应指出,函数 $w = f(z)$ 在曲线 C 上点 z_0 处连续是指

$$\lim_{z \to z_0} f(z) = f(z_0) \quad (z \in C).$$

在闭曲线或包含曲线端点在内的曲线段 C 上连续的函数 $w = f(z)$ 在曲线上是有界的,即存在一个正数 M 使得对于任意的 $z \in C$,$|f(z)| \leqslant M$.

2.2 解 析 函 数

在复变函数中,主要的研究对象是解析函数,它有许多重要性质,且在理论和实际中有着广泛的应用. 本节首先介绍复变函数导数的概念及求导法则,然后重点介绍解析函数的概念和运算性质.

2.2.1 复变函数的导数

复变函数导数的定义在形式上与一元实变函数中的一致.

定义 2.2.1 设函数 $w = f(z)$ 在点 z_0 的某个邻域内有定义,且 $z_0 + \Delta z$ 是该邻域中的点,如果极限

$$\lim_{\Delta z \to 0} \frac{f(z_0 + \Delta z) - f(z_0)}{\Delta z}$$

存在,则称 $f(z)$ 在点 z_0 处**可导**(或**可微**),并称此极限值为 $f(z)$ 在点 z_0 处的导数,记作

$$f'(z_0) \quad \text{或} \quad \left. \frac{\mathrm{d}w}{\mathrm{d}z} \right|_{z=z_0}.$$

若函数 $w = f(z)$ 在点 z_0 处可导,导数为 $f'(z_0)$,则对于任意给定的 $\varepsilon > 0$,相应地存在 $\delta(\varepsilon) > 0$,使得当 $0 < |\Delta z| < \delta$ 时,有

$$\left| \frac{f(z_0 + \Delta z) - f(z_0)}{\Delta z} - f'(z_0) \right| < \varepsilon.$$

若函数 $w = f(z)$ 在区域 D 内处处可导,则称 $f(z)$ 在 D 内可导.

例 2.2.1 证明:函数 $f(z) = |z|^2$ 除去 $z = 0$ 处外,处处不可导.

证明 当 $z_0 = 0$ 时,

$$\lim_{z \to z_0} \frac{f(z + z_0) - f(z_0)}{z - z_0} = \lim_{z \to 0} \frac{|z|^2}{z} = \lim_{z \to 0} \overline{z} = 0,$$

即 $f(z)$ 在 $z = 0$ 处可导.

但当 $z_0 \neq 0$ 时 $f(z)$ 是不可导的, 证明如下.

设 $z_0 = x_0 + \mathrm{i}y_0$, 若取 $z = x + \mathrm{i}y_0$, 则

$$\lim_{z \to z_0} \frac{f(z) - f(z_0)}{z - z_0} = \lim_{x \to x_0} \frac{x^2 + y_0^2 - x_0^2 - y_0^2}{x + \mathrm{i}y_0 - x_0 - \mathrm{i}y_0} = \lim_{x \to x_0} x + x_0 = 2x_0;$$

若取 $z = x_0 + \mathrm{i}y$, 则

$$\lim_{z \to z_0} \frac{f(z) - f(z_0)}{z - z_0} = \lim_{y \to y_0} \frac{x_0^2 + y^2 - x_0^2 - y_0^2}{x_0 + \mathrm{i}y - x_0 - \mathrm{i}y_0} = \lim_{y \to y_0} -\mathrm{i}(y + y_0) = -2\mathrm{i}y_0.$$

由于 x_0, y_0 不能同时为 0, 因此当 z 分别沿平行于 x 轴和 y 轴的两个方向趋于 z_0 时, $\dfrac{f(z + z_0) - f(z_0)}{z - z_0}$ 趋于不同的极限值, 即 $f(z)$ 在 $z \neq 0$ 时不可导.

例 2.2.2　若函数 $w = f(z)$ 在 z_0 点可导, 试证 $f(z)$ 在 z_0 点连续.

证明　由于

$$\begin{aligned}
\lim_{\Delta z \to 0} f(\Delta z + z_0) - f(z_0) &= \lim_{\Delta z \to 0} \Delta z \frac{f(\Delta z + z_0) - f(z_0)}{\Delta z} \\
&= \lim_{\Delta z \to 0} \Delta z \cdot \lim_{\Delta z \to 0} \frac{f(\Delta z + z_0) - f(z_0)}{\Delta z} \\
&= 0 \cdot f'(z_0) = 0,
\end{aligned}$$

因此 $f(z)$ 在 z_0 点连续.

由例 2.2.2 易知函数可导与连续性的关系: 若函数 $w = f(z)$ 在点 z_0 处可导, 则 $w = f(z)$ 在点 z_0 处必连续. 但函数在一点连续, 未必在该点可导. 在复变函数中, 容易举出处处连续但处处不可导的例子, 而在实变函数中举出这种例子是不容易的.

例 2.2.3　函数 $f(z) = \mathrm{Re}\, z$ 在整个复平面内是处处连续的, 但在任何一点均不可导.

解　设 $z = x + \mathrm{i}y, \Delta z = \Delta x + \mathrm{i}\Delta y$, 则 $f(z) = \mathrm{Re}\, z = x$, 显然 $f(z)$ 是整个复平面上的连续函数.

另一方面,

$$\frac{f(z + \Delta z) - f(z)}{\Delta z} = \frac{\mathrm{Re}(z + \Delta z) - \mathrm{Re}\, z}{\Delta z} = \frac{\Delta x}{\Delta x + \mathrm{i}\Delta y},$$

当 $\Delta z \to 0$ 时, 上式极限不存在. 因为当 $\Delta z = \Delta x + \mathrm{i}0 \to 0$ 时, 上式极限为 1; 当 $\Delta z = 0 + \mathrm{i}\Delta y \to 0$ 时, 上式极限为 0. 由此可知函数 $f(z) = \mathrm{Re}\, z$ 处处不可导.

例 2.2.4　试证: $f(z) = z^n$ (n 为正整数) 在 z 平面上处处可导, 且

$$f'(z) = (z^n)' = nz^{n-1}.$$

证明　设 z 是 z 平面内任意固定的点, 于是

$$\begin{aligned}
f'(z) &= \lim_{\Delta z \to 0} \frac{f(z + \Delta z) - f(z)}{\Delta z} = \lim_{\Delta z \to 0} \frac{(z + \Delta z)^n - z^n}{\Delta z} \\
&= \lim_{\Delta z \to 0} [nz^{n-1} + \frac{n(n-1)}{2} z^{n-2} \Delta z + \cdots + (\Delta z)^{n-1}] = nz^{n-1}.
\end{aligned}$$

由于复变函数中导数的定义和极限运算法则与一元实变函数中的完全相同，因此实变函数中的求导法则完全可以推广到复变函数中，且证法相同，这些求导法则如下所示：

① $(c)' = 0$，其中 c 为任意复常数.

② $(z^n)' = nz^{n-1}$，其中 n 为正整数.

③ $[f(z) \pm g(z)]' = f'(z) \pm g'(z)$.

④ $[f(z)g(z)]' = f'(z)g(z) + f(z)g'(z)$.

⑤ $\left(\dfrac{f(z)}{g(z)} \right)' = \dfrac{f'(z)g(z) - f(z)g'(z)}{g^2(z)}$ $(g(z) \neq 0)$.

⑥ $[f(g(z))]' = f'(w)g'(z)$，其中 $w = g(z)$.

⑦ $[f(z)]' = \dfrac{1}{\varphi'(w)}$，其中 $w = f(z)$ 与 $z = \varphi(w)$ 是两个互为反函数的单值函数，且 $\varphi'(w) \neq 0$.

复变函数的微分概念在形式上与一元实变函数的微分完全一样.

若函数 $w = f(z)$ 在点 z_0 处可导，由导数的定义知

$$\Delta w = f(z_0 + \Delta z) - f(z_0) = f'(z_0)\Delta z + \rho(\Delta z)\Delta z,$$

其中，$f'(z_0)\Delta z$ 是函数改变量 Δw 的线性主部，$\lim\limits_{\Delta z \to 0} \rho(\Delta z) = 0$，因此 $|\rho(\Delta z)\Delta z|$ 是 $|\Delta z|$ 的高阶无穷小量，于是称 $f'(z_0)\Delta z$ 为函数 $w = f(z)$ 在点 z_0 处的微分，记作

$$\mathrm{d}w|_{z=z_0} = f'(z_0)\Delta z.$$

若函数在点 z_0 处的微分存在，则称函数 $f(z)$ 在点 z_0 处可微.

若函数 $w = f(z)$ 在区域 D 内处处可微，则称 $f(z)$ 在 D **内可微**. 特别地，函数 $f(z)$ 在点 z_0 处可导与可微是等价的.

2.2.2　解析函数的概念

解析函数是指在某个区域内可导的函数，它在理论和实际问题中应用广泛，具体定义如下所述.

定义 2.2.2　若函数 $f(z)$ 在点 z_0 的某个邻域内 (包含点 z_0) 处处可导，则称 $f(z)$ 在点 z_0 处**解析**，也称它在点 z_0 处**全纯**或**正则**，并称 z_0 是 $f(z)$ 的解析点，若函数 $f(z)$ 在点 z_0 处不解析，则称点 z_0 是 $f(z)$ 的**奇点**；若函数 $f(z)$ 在区域 D 内的每一点都解析，则称函数 $f(z)$ 在区域 D 内解析，或称 $f(z)$ 是区域 D 内的解析函数. 函数 $f(z)$ 在闭域 $\overline{D}$ 内解析，是指 $f(z)$ 在包含 $\overline{D}$ 的某区域内解析.

根据定义 2.2.2 可知，函数在区域内解析与在区域内可导是等价的，而由函数在一点处解析可知函数在一点处可导，反之则不成立. 由函数在闭区域上解析可推出函数在闭区域上可导，反之则不成立.

例 2.2.5　研究函数 $f(z) = z\mathrm{Re}\,z$ 的可导性与解析性.

解　在点 $z = 0$ 处，有

$$\lim_{\Delta z \to 0} \frac{f(0 + \Delta z) - f(0)}{\Delta z} = \lim_{\Delta z \to 0} \mathrm{Re}\,\Delta z = 0,$$

故 $f(z) = z\operatorname{Re}z$ 在 $z = 0$ 处可导.

当 $z \neq 0$ 时, 有

$$\frac{f(z + \Delta z) - f(z)}{\Delta z} = \frac{(z + \Delta z)\operatorname{Re}(z + \Delta z) - z\operatorname{Re}z}{\Delta z}$$
$$= \frac{z}{\Delta z}[\operatorname{Re}(z + \Delta z) - \operatorname{Re}z] + \operatorname{Re}(z + \Delta z).$$

令 $\Delta z = \Delta x + \mathrm{i}\Delta y$, 则有

$$\frac{f(z + \Delta z) - f(z)}{\Delta z} = z\frac{\Delta x}{\Delta x + \mathrm{i}\Delta y} + x + \Delta x,$$

因为

$$\lim_{\Delta x = 0, \Delta y \to 0} \frac{f(z + \Delta z) - f(z)}{\Delta z} = x,$$

$$\lim_{\Delta y = 0, \Delta x \to 0} \frac{f(z + \Delta z) - f(z)}{\Delta z} = z + x,$$

所以 $\dfrac{f(z + \Delta z) - f(z)}{\Delta z}(\Delta z \to 0)$ 的极限不存在, 即当 $z \neq 0$ 时, $f(z)$ 不可导. 因此, $f(z)$ 仅在 $z = 0$ 处可导, 而在其他点都不可导, 根据定义, $f(z)$ 在复平面内处处不解析.

根据复变函数的求导法则, 容易得到以下关于解析函数运算性质的定理.

定理 2.2.1 ① 设函数 $f(z)$ 与 $g(z)$ 在区域 D 内解析, 则它们的和、差、积、商 (除去分母为零的点) 都在 D 内解析.

② 设函数 $h = g(z)$ 在 z 平面上的区域 D 内解析, 函数 $w = f(h)$ 在 h 平面上的区域 G 内解析, 如果对 D 内的每一个 z, 函数 $g(z)$ 的值 h 都属于 G, 则复合函数 $w = f(g(z))$ 在 D 内解析.

2.3 柯西–黎曼条件

从 2.2 节可以看出, 并不是每一个函数在定义域或给定的区域内都是解析的, 我们可以根据解析的定义来判断函数是否解析, 但这对于大多数函数都是相当困难的. 本节从函数的实部和虚部出发, 当它们之间满足某种特别关系时, 函数 $w = f(z)$ 是解析的. 以下定理给出了这种特别关系, 即**柯西–黎曼条件 (C-R 条件)**, 也给出了判别函数 $w = f(z)$ 可微及解析的方法.

定理 2.3.1 设复变函数 $f(z) = u(x, y) + \mathrm{i}v(x, y)$ 在区域 D 内有定义, 则 $f(z)$ 在 D 内解析的充分必要条件是: 二元实函数 $u(x, y)$ 与 $v(x, y)$ 在 D 内任意一点 $z = x + \mathrm{i}y$ 处可微, 且满足柯西–黎曼条件

$$\begin{cases} \dfrac{\partial u}{\partial x} = \dfrac{\partial v}{\partial y}, \\ \dfrac{\partial u}{\partial y} = -\dfrac{\partial v}{\partial x}. \end{cases}$$

证明 必要性. 设点 $z = x + \mathrm{i}y$ 为 D 内任意一点, 令

$$\Delta z = \Delta x + \mathrm{i}\Delta y, \Delta w = \Delta u + \mathrm{i}\Delta v, f'(z) = a + \mathrm{i}b.$$

因为 $f(z)$ 在 D 内解析, 则 $f(z)$ 在点 $z = x + \mathrm{i}y$ 处可导, 由微分的定义可知, 对充分小的 $|\Delta z| > 0$, 有

$$\Delta w = f(z + \Delta z) - f(z) = f'(z)\Delta z + \rho(\Delta z)\Delta z,$$

其中, $\lim\limits_{\Delta z \to 0} \rho(\Delta z) = 0$, 代入得

$$\Delta u + \mathrm{i}\Delta v = (a + \mathrm{i}b)(\Delta x + \mathrm{i}\Delta y) + \rho(\Delta z)\Delta z = a\Delta x - b\Delta y + \mathrm{i}(b\Delta x + a\Delta y) + \rho(\Delta z)\Delta z,$$

从而有

$$\Delta u = a\Delta x - b\Delta y + \mathrm{Re}(\rho(\Delta z)\Delta z), \Delta v = b\Delta x + a\Delta y + \mathrm{Im}(\rho(\Delta z)\Delta z).$$

又 $\lim\limits_{\Delta z \to 0} \rho(\Delta z) = 0$, $\mathrm{Re}(\rho(\Delta z)\Delta z)$ 与 $\mathrm{Im}(\rho(\Delta z)\Delta z)$ 均是 $|\Delta z|$ 的高阶无穷小, 故由二元实函数微分的定义可知, $u(x, y)$ 与 $v(x, y)$ 在点 (x, y) 处可微, 且在该点处有

$$a = \frac{\partial u}{\partial x} = \frac{\partial v}{\partial y}, -b = \frac{\partial u}{\partial y} = -\frac{\partial v}{\partial x}.$$

充分性. 由于 $u(x, y)$ 与 $v(x, y)$ 在 D 内任意一点 $z = x + \mathrm{i}y$ 处可微, 有

$$\Delta u = \frac{\partial u}{\partial x}\Delta x + \frac{\partial u}{\partial y}\Delta y + \varepsilon_1, \Delta v = \frac{\partial v}{\partial x}\Delta x + \frac{\partial v}{\partial y}\Delta y + \varepsilon_2,$$

此处 $\lim\limits_{\Delta z \to 0} \dfrac{\varepsilon_j}{\sqrt{(\Delta x)^2 + (\Delta y)^2}} = 0 (j = 1, 2)$.

由柯西–黎曼条件, 令

$$a = \frac{\partial u}{\partial x} = \frac{\partial v}{\partial y}, -b = \frac{\partial u}{\partial y} = -\frac{\partial v}{\partial x},$$

则

$$\Delta w = \Delta u + \mathrm{i}\Delta v = a\Delta x - b\Delta y + \varepsilon_1 + \mathrm{i}(b\Delta x + a\Delta y + \varepsilon_2) = (a + \mathrm{i}b)(\Delta x + \mathrm{i}\Delta y) + \varepsilon_1 + \mathrm{i}\varepsilon_2,$$

即

$$\frac{\Delta w}{\Delta z} = a + \mathrm{i}b + \frac{\varepsilon_1 + \mathrm{i}\varepsilon_2}{\Delta x + \mathrm{i}\Delta y}.$$

由于 $\left| \dfrac{\varepsilon_1 + \mathrm{i}\varepsilon_2}{\Delta x + \mathrm{i}\Delta y} \right| \leqslant \dfrac{|\varepsilon_1| + |\varepsilon_2|}{|\Delta x + \mathrm{i}\Delta y|}$, 当 $\Delta z \to 0$ 时, $\dfrac{\varepsilon_1 + \mathrm{i}\varepsilon_2}{\Delta x + \mathrm{i}\Delta y} \to 0$, 从而

$$\lim\limits_{\Delta z \to 0} \frac{\Delta w}{\Delta z} = a + \mathrm{i}b,$$

即 $f(z)$ 在 D 内任一点都可导, 且

$$f'(z) = \lim\limits_{\Delta z \to 0} \frac{f(z + \Delta z) - f(z)}{\Delta z} = \frac{\partial u}{\partial x} + \mathrm{i}\frac{\partial v}{\partial x},$$

因而 $f(z)$ 在 D 内解析.

定理 2.3.1 不但提供了判断函数 $f(z)$ 在某点是否可导、在区域内是否解析的常用方法, 而且给出了一个简洁的求导公式. 这里需要特别指出的是, 判断函数解析必须同时满足 $u(x,y), v(x,y)$ 在 D 内可微与柯西–黎曼条件, 两者缺一不可.

例 2.3.1 试利用 C-R 条件, 证明函数 $f(z) = z^2$ 在复平面上解析.

证明 设 $z = x + \mathrm{i}y$, 则

$$z^2 = x^2 - y^2 + \mathrm{i}2xy,$$

$$u(x,y) = x^2 - y^2, v(x,y) = 2xy.$$

在复平面上,

$$\frac{\partial u}{\partial x} = \frac{\partial v}{\partial y} = 2x, \frac{\partial u}{\partial y} = -\frac{\partial v}{\partial x} = -2y,$$

显然偏导数均连续, 因此 $u(x,y) = x^2 - y^2, v(x,y) = 2xy$ 可微且满足 C-R 条件, 故 z^2 在复平面上解析.

例 2.3.2 设 $f(z) = \mathrm{e}^x(\cos y + \mathrm{i}\sin y)$, 试证明: 函数 $f(z)$ 处处可微, 且有 $f'(z) = f(z)$.

证明 由 $u(x,y) = \mathrm{e}^x \cos y, v(x,y) = \mathrm{e}^x \sin y$ 得

$$\frac{\partial u}{\partial x} = \mathrm{e}^x \cos y = \frac{\partial v}{\partial y}, \frac{\partial u}{\partial y} = -\mathrm{e}^x \sin y = -\frac{\partial v}{\partial x},$$

其中 4 个偏导数处处连续, 从而 $u(x,y)$ 与 $v(x,y)$ 处处可微, 且它们处处满足 C-R 方程, 于是由定理 2.3.1 可知, 函数 $f(z)$ 处处可微, 且有

$$f'(z) = \frac{\partial u}{\partial x} + \mathrm{i}\frac{\partial v}{\partial x} = \mathrm{e}^x(\cos y + \mathrm{i}\sin y) = f(z).$$

例 2.3.3 假设

$$f(z) = \begin{cases} \dfrac{x^3(1+\mathrm{i}) - y^3(1-\mathrm{i})}{x^2 + y^2}, & z \neq 0, \\ 0, & z = 0, \end{cases}$$

试证明: 函数 $f(z)$ 在 $z = 0$ 处满足 C-R 条件, 但不可导.

证明 考虑极限

$$\lim_{z \to 0} \frac{f(z) - f(0)}{z},$$

沿虚轴的极限

$$\lim_{y \to 0} \frac{f(\mathrm{i}y) - f(0)}{\mathrm{i}y} = \lim_{y \to 0} \frac{-y^3(1-\mathrm{i})}{\mathrm{i}y^3} = 1 + \mathrm{i} = \frac{\partial u}{\partial x} + \mathrm{i}\frac{\partial v}{\partial x}\bigg|_{(0,0)},$$

沿实轴的极限

$$\lim_{x \to 0} \frac{f(x) - f(0)}{x} = \lim_{x \to 0} \frac{x^3(1+\mathrm{i})}{x^3} = 1 + \mathrm{i} = \frac{\partial v}{\partial y} - \mathrm{i}\frac{\partial u}{\partial y}\bigg|_{(0,0)},$$

由此, 在 $z = 0$ 处有

$$\frac{\partial u}{\partial x} = \frac{\partial v}{\partial y} = 1, \quad \frac{\partial v}{\partial x} = -\frac{\partial u}{\partial y} = 1,$$

所以满足 C-R 条件. 但若考虑沿直线 $y = x$ 的极限, 则有

$$\lim_{y=x\to 0} \frac{f(x+\mathrm{i}x) - f(0)}{x+\mathrm{i}x} = \lim_{x\to 0} \frac{x^3(1+\mathrm{i}) - x^3(1-\mathrm{i})}{x(1+\mathrm{i})2x^2} = \frac{\mathrm{i}}{1+\mathrm{i}},$$

故极限 $\lim\limits_{z\to 0} \dfrac{f(z) - f(0)}{z}$ 不存在, 即函数 $f(z)$ 在 $z = 0$ 处不可导.

例 2.3.4   设 $f(z) = x^2 + axy + by^2 + \mathrm{i}(cx^2 + dxy + y^2)$, 常数 a, b, c, d 取何值时, $f(z)$ 在复平面内处处解析? 并求出 $f(z)$ 的导数.

解   由 $u(x, y) = x^2 + axy + by^2, v(x, y) = cx^2 + dxy + y^2$ 得

$$\frac{\partial u}{\partial x} = 2x + ay, \frac{\partial u}{\partial y} = ax + 2by,$$

$$\frac{\partial v}{\partial x} = 2cx + dy, \frac{\partial v}{\partial y} = dx + 2y,$$

这 4 个偏导数都处处连续, 所以 $u(x, y)$ 与 $v(x, y)$ 都处处可微, 要使得 $f(z)$ 解析, 只需 $u(x, y), v(x, y)$ 满足 C-R 条件, 即

$$\frac{\partial u}{\partial x} = \frac{\partial v}{\partial y}, \frac{\partial u}{\partial y} = -\frac{\partial v}{\partial x}$$

成立, 即

$$2x + ay = dx + 2y, 2cx + dy = -ax - 2by,$$

因此, 当 $a = 2, b = -1, c = -1, d = 2$ 时, $f(z)$ 在复平面内处处解析. $f(z)$ 的导数为

$$f'(z) = \frac{\partial u}{\partial x} + \mathrm{i}\frac{\partial v}{\partial x} = 2(x+y) + 2\mathrm{i}(-x+y) = 2(x+\mathrm{i}y) - 2\mathrm{i}(x+\mathrm{i}y) = 2(1-\mathrm{i})z.$$

2.4 初 等 函 数

在高等数学中, 我们已学习过实变量的初等函数及其性质, 本节将讨论复变量的初等函数的解析性, 它是实变初等函数在复数域内的推广.

2.4.1 指数函数

由例 2.3.2 可知, $f(z) = \mathrm{e}^x(\cos y + \mathrm{i}\sin y)$ 在整个复平面上解析, 且 $f'(z) = f(z)$, 容易验证 $f(z_1 + z_2) = f(z_1) + f(z_2)$, 据此给出复变指数函数的定义.

定义 2.4.1   对任意的复数 $z = x + \mathrm{i}y$, 定义指数函数为

$$w = \mathrm{e}^x(\cos y + \mathrm{i}\sin y),$$

记作 e^z.

显然, $|\mathrm{e}^z| = \mathrm{e}^x > 0$, 而 $\mathrm{Arg}(\mathrm{e}^z) = y + 2k\pi$ (k 为整数), 从而 $\mathrm{e}^z \neq 0$. 当 z 取实数, 即 $y = 0, z = x$ 时, $\mathrm{e}^z = \mathrm{e}^x$, 此时它与实变量指数函数 e^x 一致. 当 z 取纯虚数, 即 $x = 0, z = \mathrm{i}y$ 时, 得到欧拉公式

$$\mathrm{e}^z = \mathrm{e}^{\mathrm{i}y} = \cos y + \mathrm{i}\sin y.$$

由定义 2.4.1, 容易验证指数函数 e^z 具有下列性质.

① 复变指数函数 e^z 在整个复平面内都有定义, 且在整个复平面内解析, 有

$$\frac{\mathrm{d}w}{\mathrm{d}z} = (e^z)' = e^z.$$

② 对任意的 z_1, z_2, 有

$$e^{z_1+z_2} = e^{z_1} \cdot e^{z_2}, \frac{e^{z_1}}{e^{z_2}} = e^{z_1-z_2}.$$

事实上, 设 $z_1 = x_1 + iy_1, z_2 = x_2 + iy_2$, 则

$$\begin{aligned}
e^{z_1+z_2} &= e^{(x_1+x_2)+i(y_1+y_2)} = e^{x_1+x_2}[\cos(y_1+y_2) + i\sin(y_1+y_2)] \\
&= e^{x_1}(\cos y_1 + i\sin y_1) \cdot e^{x_2}(\cos y_2 + i\sin y_2) \\
&= e^{x_1+iy_1} \cdot e^{x_2+iy_2} = e^{z_1} \cdot e^{z_2}.
\end{aligned}$$

$\frac{e^{z_1}}{e^{z_2}} = e^{z_1-z_2}$ 同理可证, 但 $(e^{z_1})^{z_2} = e^{z_1 z_2}$ 一般不成立.

③ 由加法运算, 可推出 e^z 的周期性: 对任意整数 k, 都有

$$e^{z+2k\pi i} = e^z,$$

因为

$$e^{z+2k\pi i} = e^z \cdot e^{2k\pi i} = e^z(\cos 2k\pi + i\sin 2k\pi) = e^z.$$

一般地, 对任意整数 k, 都有

$$e^{z+2k\pi i} = e^z \cdot e^{2\pi i} = e^z,$$

$2\pi i$ 是 e^z 的周期且模最小, 称 $2\pi i$ 是 e^z 的基本周期. 因此, 我们常说 e^z 是以 $2\pi i$ 为周期的周期函数.

④ $\lim\limits_{z \to \infty} e^z$ 不存在.

例 2.4.1 设 $z = x + iy$, 求 $|e^{i-2z}|, |e^{z^2}|, \mathrm{Re}(e^{\frac{1}{z}})$.

解 因为

$$e^z = e^{x+iy} = e^x(\cos y + i\sin y),$$

所以 $|e^z| = e^x, \mathrm{Re}(e^z) = e^x\cos y$.

$$e^{i-2z} = e^{i-2(x+iy)} = e^{-2x+i(1-2y)},$$

$$|e^{i-2z}| = e^{-2x}.$$

$$e^{z^2} = e^{(x+iy)^2} = e^{x^2-y^2+2xyi},$$

$$|e^{z^2}| = e^{x^2-y^2}.$$

$$e^{\frac{1}{z}} = e^{\frac{1}{x+iy}} = e^{\frac{x}{x^2+y^2}+i\frac{-y}{x^2+y^2}},$$

$$\mathrm{Re}(e^{\frac{1}{z}}) = e^{\frac{x}{x^2+y^2}}\cos\frac{y}{x^2+y^2}.$$

2.4.2 对数函数

定义 2.4.2 我们称复指数函数 $z = e^w (z \neq 0)$ 的反函数为对数函数，记作

$$w = \text{Ln}\, z.$$

为导出其计算公式，设 $w = u + iv, \theta = \arg z, z = re^{i\theta}$，则由 $z = e^w$ 得

$$e^{u+iv} = re^{i\theta},$$

比较等式两边得

$$u = \ln r, \quad v = \theta + 2k\pi \quad (k \in \mathbb{Z}),$$

则复数 z 的对数的所有值为

$$w = \text{Ln}\, z = \ln r + i(\theta + 2k\pi) \quad (k \in \mathbb{Z}).$$

由于 $\text{Arg}\, z = \arg z + 2k\pi$ (k 为整数) 是无穷多值的，可见对数函数 $w = \text{Ln}\, z$ 是一个多值函数，当 k 取不同值时，可得它的不同的单值分支，并且每两个单值分支都相差 $2\pi i$ 的整数倍. 通常只讨论 $k = 0$ 所对应的单值分支，当 $k = 0$ 时，称 $w = \ln r + i \arg z$ 为 $w = \text{Ln}\, z$ 的**主值**. 也就是说，对应于 z 的辐角主值的对数值，称为复数 z 的对数的主值，记作 $\ln z$，它是单值函数，即

$$\ln z = \ln r + i \arg z \quad (-\pi < \arg z \leqslant \pi),$$

从而有

$$\text{Ln}\, z = \ln z + 2k\pi i \quad (k \in \mathbb{Z}).$$

式中，$\ln r$ 是正实数的对数，当 $z = x > 0$ 时，$\ln r = \ln x, \arg z = 0$，这说明主值对数是正实数对数在复数域内的推广.

对应于每一个固定的 k，可以得到一个单值函数，称为 $w = \text{Ln}\, z$ 的一个分支. 例如，固定整数为 k_0 时，对应的单值分支可表示为

$$w = \ln z + 2k_0\pi i.$$

另外，实变数对数函数的运算性质对于复变数对数函数仍然成立.
设 $z_2 \neq 0$，则

$$\begin{aligned}
\text{Ln}(z_1 z_2) &= \ln |z_1 z_2| + i\text{Arg}(z_1 z_2) \\
&= \ln |z_1| + \ln |z_2| + i(\text{Arg}\, z_1 + \text{Arg}\, z_2) \\
&= \text{Ln}\, z_1 + \text{Ln}\, z_2,
\end{aligned}$$

$$\begin{aligned}
\text{Ln}\frac{z_1}{z_2} &= \ln \left|\frac{z_1}{z_2}\right| + i\text{Arg}\left(\frac{z_1}{z_2}\right) \\
&= \ln |z_1| - \ln |z_2| + i(\text{Arg}\, z_1 - \text{Arg}\, z_2) \\
&= \text{Ln}\, z_1 - \text{Ln}\, z_2.
\end{aligned}$$

注意：以上两等式应理解为当每一式右端的对数取其一个分支所确定的值后，左端也一定有一个分支的值与之相等.

例 2.4.2 求 $\mathrm{Ln}(-2), \mathrm{Ln}\,\mathrm{i}, \mathrm{Ln}(1+\mathrm{i})$ 及其主值.

解 因为

$$\mathrm{Ln}(-2) = \ln|-2| + \mathrm{i}\arg(-2) + 2k\pi\mathrm{i} = \ln 2 + (2k+1)\pi\mathrm{i} \quad (k \in \mathbb{Z}),$$

所以 $\mathrm{Ln}(-2)$ 的主值为

$$\ln(-2) = \ln 2 + \pi\mathrm{i}.$$

$$\mathrm{Ln}\,\mathrm{i} = \ln|\mathrm{i}| + \mathrm{i}\arg(\mathrm{i}) + 2k\pi\mathrm{i} = \left(2k + \frac{1}{2}\right)\pi\mathrm{i} \quad (k \in \mathbb{Z}),$$

所以 $\mathrm{Ln}\,\mathrm{i}$ 的主值为

$$\ln \mathrm{i} = \ln|\mathrm{i}| + \mathrm{i}\arg(\mathrm{i}) = \frac{\pi}{2}\mathrm{i}.$$

$$\mathrm{Ln}(1+\mathrm{i}) = \ln|1+\mathrm{i}| + \mathrm{i}\mathrm{Arg}\,(1+\mathrm{i}) = \frac{1}{2}\ln 2 + \mathrm{i}\left(\frac{\pi}{4} + 2k\pi\right) \quad (k \in \mathbb{Z}),$$

所以 $\mathrm{Ln}(1+\mathrm{i})$ 的主值为

$$\ln(1+\mathrm{i}) = \ln|1+\mathrm{i}| + \mathrm{i}\arg(1+\mathrm{i}) = \frac{1}{2}\ln 2 + \frac{\pi}{4}\mathrm{i}.$$

例 2.4.3 设 $z_1 = -2, z_2 = 2\mathrm{i}$，试计算复数 $z_2, -z_2, z_1 z_2, -\dfrac{z_1}{z_2}$ 的对数的主值.

解

$$\ln z_2 = \ln|2\mathrm{i}| + \mathrm{i}\arg(2\mathrm{i}) = \ln 2 + \frac{\pi}{2}\mathrm{i},$$

$$\ln(-z_2) = \ln|-2\mathrm{i}| + \mathrm{i}\arg(-2\mathrm{i}) = \ln 2 - \frac{\pi}{2}\mathrm{i},$$

$$\ln(z_1 z_2) = \ln|-4\mathrm{i}| + \mathrm{i}\arg(-4\mathrm{i}) = \ln 4 - \frac{\pi}{2}\mathrm{i},$$

$$\ln\left(-\frac{z_1}{z_2}\right) = \ln|-\mathrm{i}| + \mathrm{i}\arg(-\mathrm{i}) = -\frac{\pi}{2}\mathrm{i}.$$

注 1 由例 2.4.3 可以看出，对任意的 z_1 和 z_2，$\ln(z_1 z_2) = \ln z_1 + \ln z_2, \ln\left(-\dfrac{z_1}{z_2}\right) = \ln z_1 - \ln(-z_2)$ 不一定成立. 因此，多值函数的运算性质对主值函数不一定成立.

注 2 实变数的对数函数与复变数的对数函数有两点差别：

① 实变数的对数函数的定义域是全体正实数的集合，而复变数的对数函数的定义域是全体非零复数的集合；

② 实变数的对数函数是单值函数，而复变数的对数函数是无穷多值的函数.

再来讨论对数函数的解析性. 对于主值 $\ln z = \ln|z| + \mathrm{i}\arg z, \ln|z|$ 除原点外处处连续，$\arg z$ 在原点及负实轴上都不连续. 设 $z = x + \mathrm{i}y$，则当 $x < 0$ 时，有

$$\lim_{y \to 0^-} \arg z = -\pi, \lim_{y \to 0^+} \arg z = \pi,$$

于是可知 $\ln z$ 在除去原点和负实轴的复平面内连续且单值. 因为 $z = \mathrm{e}^w$ 在区域 $-\pi < \arg z \leqslant \pi$ 内的反函数 $w = \ln z$ 是单值的, 由反函数的求导法则可知

$$(\ln z)' = \frac{1}{(\mathrm{e}^w)'} = \frac{1}{\mathrm{e}^w} = \frac{1}{z},$$

所以 $\ln z$ 在除去原点和负实轴的复平面内解析.

对于其他分支, 由于它们之间仅差 $2\pi\mathrm{i}$ 的整数倍, 因此其他分支在除去原点与负实轴的复平面内解析, 且有相同的导数, 即

$$(\operatorname{Ln} z)' = (\ln z + 2k\pi\mathrm{i})' = \frac{1}{z}.$$

2.4.3 幂函数

定义 2.4.3 设 α 是任意一个复数, 定义幂函数为

$$w = z^\alpha = \mathrm{e}^{\alpha \operatorname{Ln} z}, z \neq 0.$$

在 α 为正实数时, 对 $z = 0$ 的情况进行规定: $z^\alpha = 0$.

幂函数是指数函数与对数函数的复合函数, 根据对数函数的定义, 有

$$w = z^\alpha = \mathrm{e}^{\alpha \operatorname{Ln} z} = \mathrm{e}^{\alpha(\ln z + 2k\pi\mathrm{i})} = \mathrm{e}^{\alpha \ln z} \cdot \mathrm{e}^{2\alpha k\pi\mathrm{i}} \quad (k \in \mathbb{Z}),$$

由于 $\operatorname{Ln} z = \ln z + 2k\pi\mathrm{i}$ 是多值的, 因此 $w = z^\alpha$ 也是多值的, 且所取的不同数值的个数等于 $\mathrm{e}^{2\alpha k\pi\mathrm{i}}$ 所取的不同数值的个数. 当 α 取不同的值时, 幂函数有以下几种情形.

① 当 $\alpha = n$ (n 为正整数) 时, $w = z^\alpha = z^n$ 是单值函数.

② 当 $\alpha = -n$ (n 为正整数) 时, $w = z^\alpha = z^{-n} = \dfrac{1}{z^n}$ 也是单值函数.

③ 当 $\alpha = \dfrac{1}{n}$ (n 为正整数) 时, $w = z^\alpha = \sqrt[n]{z}$ 是根式函数, 且

$$\sqrt[n]{z} = \mathrm{e}^{\frac{1}{n}[\ln|z| + \mathrm{i}\arg z + 2k\pi\mathrm{i}]} = \mathrm{e}^{\frac{1}{n}\ln|z|}\mathrm{e}^{\frac{\mathrm{i}}{n}(\arg z + 2k\pi)} = |z|^{\frac{1}{n}}\mathrm{e}^{\frac{\mathrm{i}}{n}(\arg z + 2k\pi)},$$

它在 $k = 0, 1, \cdots, n-1$ 时取不同的值, 是具有 n 个分支的多值函数.

④ 当 $\alpha = \dfrac{m}{n}$ (m 和 n 为互质的整数, $n > 0$) 时, $z^\alpha = |z|^{\frac{m}{n}}\mathrm{e}^{\frac{\mathrm{i}m}{n}(\arg z + 2k\pi)}$, 它在 $k = 0, 1, \cdots, n-1$ 时取不同的值, 是具有 n 个分支的多值函数.

⑤ 当 α 是无理数或复数时, $w = z^\alpha$ 是无穷多值的, 且

$$z^\alpha = |z|^\alpha \mathrm{e}^{\mathrm{i}\alpha(\arg z + 2k\pi)}.$$

下面讨论幂函数的解析性. 由于对数函数 $\operatorname{Ln} z$ 的每个单值分支在除去原点与负实轴的 z 平面内是解析的, 因此幂函数 $w = z^\alpha$ 的每个单值分支在除去原点与负实轴的 z 平面内也是解析的, 并且

$$(z^\alpha)' = (\mathrm{e}^{\alpha \operatorname{Ln} z})' = \mathrm{e}^{\alpha \operatorname{Ln} z} \cdot (\alpha \operatorname{Ln} z)' = \mathrm{e}^{\alpha \operatorname{Ln} z} \cdot \alpha \cdot \frac{1}{z} = \alpha z^{\alpha - 1}.$$

例 2.4.4 计算 $(-3)^{\sqrt{5}}$ 和 $(1+\mathrm{i})^{\mathrm{i}}$ 的值.

解

$$
\begin{aligned}
(-3)^{\sqrt{5}} &= \mathrm{e}^{\sqrt{5}\mathrm{Ln}(-3)} = \mathrm{e}^{\sqrt{5}[\ln 3 + \mathrm{i}(2k+1)\pi]} \\
&= 3^{\sqrt{5}}[\cos\sqrt{5}(2k+1)\pi + \mathrm{i}\sin\sqrt{5}(2k+1)\pi] \quad (k = 0, \pm 1, \pm 2, \cdots).
\end{aligned}
$$

$$
\begin{aligned}
(1+\mathrm{i})^{\mathrm{i}} &= \mathrm{e}^{\mathrm{i}\mathrm{Ln}(1+\mathrm{i})} = \mathrm{e}^{\mathrm{i}[\ln|1+\mathrm{i}|+\mathrm{i}\mathrm{Arg}(1+\mathrm{i})]} \\
&= \mathrm{e}^{\mathrm{i}\left[\frac{1}{2}\ln 2 + \mathrm{i}\left(2k\pi + \frac{\pi}{4}\right)\right]} = \mathrm{e}^{-\left(2k\pi + \frac{\pi}{4}\right) + \mathrm{i}\frac{1}{2}\ln 2} \\
&= \mathrm{e}^{-\left(2k\pi + \frac{\pi}{4}\right)}\left[\cos\left(\frac{1}{2}\ln 2\right) + \mathrm{i}\sin\left(\frac{1}{2}\ln 2\right)\right] \quad (k = 0, \pm 1, \pm 2, \cdots).
\end{aligned}
$$

2.4.4　三角函数与双曲函数

由复变函数的指数形式和三角形式可知, 当 $x = 0$ 时,

$$
\mathrm{e}^{\mathrm{i}y} = \cos y + \mathrm{i}\sin y, \mathrm{e}^{-\mathrm{i}y} = \cos y - \mathrm{i}\sin y,
$$

将以上两式相加与相减, 分别得到

$$
\cos y = \frac{\mathrm{e}^{\mathrm{i}y} + \mathrm{e}^{-\mathrm{i}y}}{2}, \sin y = \frac{\mathrm{e}^{\mathrm{i}y} - \mathrm{e}^{-\mathrm{i}y}}{2\mathrm{i}},
$$

现在把实变量 y 推广到复变量 z 的情况, 则有如下定义.

定义 2.4.4 对任意的复数 z, 定义正弦函数与余弦函数分别为

$$
\sin z = \frac{\mathrm{e}^{\mathrm{i}z} - \mathrm{e}^{-\mathrm{i}z}}{2\mathrm{i}}, \cos z = \frac{\mathrm{e}^{\mathrm{i}z} + \mathrm{e}^{-\mathrm{i}z}}{2}.
$$

根据定义 2.4.4, 不难验证复变数的正弦函数与余弦函数具有下列性质.

① 由于 e^z 是以 $2\pi\mathrm{i}$ 为周期的周期函数, 因此 $\sin z$ 与 $\cos z$ 都是以 2π 为周期的周期函数, 即

$$
\sin(z + 2\pi) = \sin z, \cos(z + 2\pi) = \cos z.
$$

同时易知 $\sin z$ 是奇函数, $\cos z$ 是偶函数, 即

$$
\sin(-z) = -\sin z, \cos(-z) = \cos z.
$$

② 由指数函数的导数公式可以求得

$$
(\sin z)' = \cos z, (\cos z)' = -\sin z,
$$

所以 $\sin z$ 和 $\cos z$ 在整个复平面上解析.

③ 解方程 $\sin z = 0$ 可得 $z = k\pi(k = 0, \pm 1, \pm 2, \cdots)$, 所以 $\sin z$ 的零点为 $z = k\pi$. 同理可得 $\cos z$ 的零点为 $z = \left(k + \dfrac{1}{2}\right)\pi\,(k = 0, \pm 1, \pm 2, \cdots)$.

④ 用定义 2.4.4 可直接验证三角学中很多关于正弦函数和余弦函数的公式仍然成立, 例如:

$$\sin^2 z + \cos^2 z = 1,$$

$$\sin\left(z + \frac{\pi}{2}\right) = \cos z, \cos\left(z + \frac{\pi}{2}\right) = -\sin z,$$

$$\sin(z_1 + z_2) = \sin z_1 \cos z_2 + \cos z_1 \sin z_2,$$

$$\cos(z_1 + z_2) = \cos z_1 \cos z_2 - \sin z_1 \sin z_2.$$

⑤ 在复数域内 $|\sin z| \leqslant 1$ 和 $|\cos z| \leqslant 1$ 未必成立, 而当 $|z|$ 充分大时, $|\sin z|$ 和 $|\cos z|$ 都是无界的. 事实上, 令 $z = \mathrm{i}y \to \infty$, 有

$$\sin(\mathrm{i}y) = \frac{\mathrm{e}^{-y} - \mathrm{e}^y}{2\mathrm{i}} \to -\infty, \cos(\mathrm{i}y) = \frac{\mathrm{e}^{-y} + \mathrm{e}^y}{2} \to +\infty.$$

例 2.4.5　求 $\cos(1 + \mathrm{i})$ 的值.

解

$$\begin{aligned}
\cos(1 + \mathrm{i}) &= \frac{\mathrm{e}^{\mathrm{i}(1+\mathrm{i})} + \mathrm{e}^{-\mathrm{i}(1+\mathrm{i})}}{2} = \frac{\mathrm{e}^{-1+\mathrm{i}} + \mathrm{e}^{1-\mathrm{i}}}{2} \\
&= \frac{1}{2}[\mathrm{e}^{-1}(\cos 1 + \mathrm{i}\sin 1) + \mathrm{e}(\cos 1 - \mathrm{i}\sin 1)] \\
&= \frac{1}{2}(\mathrm{e}^{-1} + \mathrm{e})\cos 1 + \frac{1}{2}(\mathrm{e}^{-1} - \mathrm{e})\mathrm{i}\sin 1.
\end{aligned}$$

定义 2.4.5　对任意的复数 z, 定义

$$\tan z = \frac{\sin z}{\cos z}, \cot z = \frac{\cos z}{\sin z},$$

$$\sec z = \frac{1}{\cos z}, \csc z = \frac{1}{\sin z}$$

分别为 z 的正切、余切、正割及余割函数, 它们都在分母不为零的点处解析, 且有

$$(\tan z)' = \sec^2 z, (\cot z)' = -\csc^2 z,$$

$$(\sec z)' = \sec z \tan z, (\csc z)' = -\csc z \cot z.$$

定义 2.4.6　对任意的复数 z, 定义

$$\sinh z = \frac{\mathrm{e}^z - \mathrm{e}^{-z}}{2}, \cosh z = \frac{\mathrm{e}^z + \mathrm{e}^{-z}}{2},$$

$$\tanh z = \frac{\sinh z}{\cosh z}, \coth z = \frac{\cosh z}{\sinh z}$$

分别为 z 的双曲正弦、双曲余弦、双曲正切及双曲余切函数.

2.4.5 反三角函数和反双曲函数

三角函数的反函数称为反三角函数.

定义 2.4.7 设

$$z = \sin w,$$

称 w 为 z 的**反正弦函数**，记作

$$w = \mathrm{Arcsin}\, z.$$

由于

$$z = \sin w = \frac{\mathrm{e}^{\mathrm{i}w} - \mathrm{e}^{-\mathrm{i}w}}{2\mathrm{i}} = \frac{\mathrm{e}^{2\mathrm{i}w} - 1}{2\mathrm{i}\mathrm{e}^{\mathrm{i}w}},$$

可得

$$(\mathrm{e}^{\mathrm{i}w})^2 - 2\mathrm{i}z\mathrm{e}^{\mathrm{i}w} - 1 = 0,$$

解之得

$$\mathrm{e}^{\mathrm{i}w} = \mathrm{i}z + \sqrt{1 - z^2},$$

于是有

$$w = \mathrm{Arcsin}\, z = -\mathrm{i}\,\mathrm{Ln}(\mathrm{i}z + \sqrt{1 - z^2}).$$

类似地可定义反余弦函数、反正切函数和反余切函数：

$$w = \mathrm{Arccos}\, z = -\mathrm{i}\,\mathrm{Ln}(z + \sqrt{1 - z^2}),$$

$$w = \mathrm{Arctan}\, z = -\frac{\mathrm{i}}{2}\mathrm{Ln}\frac{1 + \mathrm{i}z}{1 - \mathrm{i}z} \quad (z \neq \pm\mathrm{i}),$$

$$w = \mathrm{Arccot}\, z = \frac{\mathrm{i}}{2}\mathrm{Ln}\frac{z - \mathrm{i}}{z + \mathrm{i}} \quad (z \neq \pm\mathrm{i}).$$

根式函数、对数函数都是多值函数，在相应地取了单值连续分支以后，由反函数的求导法则，可以得到

$$(\mathrm{Arcsin}\, z)' = \frac{1}{\sqrt{1 - z^2}}, \ (\mathrm{Arccos}\, z)' = -\frac{1}{\sqrt{1 - z^2}},$$

由对数函数的求导法则，可得

$$(\mathrm{Arctan}\, z)' = \frac{1}{1 + z^2}, \ (\mathrm{Arccot}\, z)' = -\frac{1}{1 + z^2}.$$

双曲函数的反函数称为反双曲函数，与反三角函数的推导过程类似，可推出各反三角函数的表达式.

反双曲正弦：$\mathrm{Arsh}\, z = \mathrm{Ln}(z + \sqrt{z^2 + 1})$.

反双曲余弦：$\mathrm{Arch}\, z = \mathrm{Ln}(z + \sqrt{z^2 - 1})$.

反双曲正切：$\mathrm{Arth}\, z = \frac{1}{2}\mathrm{Ln}\frac{1 + z}{1 - z}$.

例 2.4.6 解方程 $|\tanh z| = 1$.

解

$$\tanh z = \frac{e^z + e^{-z}}{e^z - e^{-z}} = \frac{e^{2z} + 1}{e^{2z} - 1}, |e^{2z} + 1| = |e^{2z} - 1|,$$

两边平方, 并令 $e^{2z} = u + iv,$

$$(u - 1)^2 + v^2 = (u + 1)^2 + v^2 \quad 或 \quad u = 0,$$

因为

$$u = \text{Re } e^{2z} = e^{2\text{Re } z} \cos(2\text{Im } z) = 0, \cos(2\text{Im } z) = 0,$$

计算得

$$\text{Im } z = \frac{\pi}{4} + \frac{k\pi}{2},$$

故 $|\tanh z| = 1$ 的解是满足 $\text{Im } z = \frac{\pi}{4} + \frac{k\pi}{2}$ 的所有复数 z.

2.5 小 结

解析函数是复变函数研究的主要对象, 本章主要介绍了复变函数的导数、解析函数等概念, 判别函数解析的充要条件以及定义在复数范围内的初等函数的定义和性质.

本章的重点内容如下所述.

① 复变函数的极限概念与一元实变函数极限的定义在形式上是相似的, 但二者有本质的差别. 当讨论一元实函数的极限 $\lim_{x \to x_0} f(x)$ 时, $x \to x_0$ 是指在 x_0 的邻域内 x 可以从 x_0 的左右两个方向趋于 x_0, 自然有左极限和右极限的概念; 而对于复变函数的极限 $\lim_{z \to z_0} f(z)$, z 趋于 z_0 的方式是任意的, 这使得两种极限有很大的差别.

② 理解与掌握复变函数的可导性与解析性之间的关系: 复变函数在一个区域内解析与在一个区域内可导是等价的, 但是在一点处解析比在一点处可导的要求要高得多, 因此解析函数有许多一般的一元实函数所没有的性质, 如解析函数的各阶导数仍为解析函数等.

③ 判别函数可导与解析的方法一般有两个: 一是利用可导与解析的定义; 二是利用可导与解析的充要条件. 2.3 节中的 C-R 条件是判别函数可微与解析的主要条件.

④ 要清楚地认识本章介绍的几个初等函数, 它们推广到复变函数后, 就与实变函数有了本质上的不同. 在学习过程中应熟练掌握其定义形式和性质, 特别要注意复变初等函数与对应的实初等函数的差异, 理解多值函数的单值解析区域.

习 题 2

1. 计算 $\cos(2i)$ 的结果为_____.

(A) $\sinh 2$ (B) $\cosh 2$ (C) $\tanh 2$ (D) $\coth 2$

2. 1^{-i} 的实部为_____.

(A) $e^{k\pi}$ (B) $e^{-k\pi}$ (C) $e^{2k\pi}$ (D) $e^{-2k\pi}$

3. 设 $f(z) = \dfrac{z+1}{z(z^2+1)}$，则 $f(z)$ 的奇点的个数为_____.

(A) 0   (B) 1   (C) 2   (D) 3

4. 函数 $f(z)$ 在 z_0 处连续的充要条件是_____.

(A) 可导   (B) $\lim\limits_{z \to z_0} f(z)$ 存在

(C) $\lim\limits_{z \to z_0} f(z) = f(z_0)$ (D) 解析

5. 下列式子中正确的是_____.

(A) $\ln z$ 的定义域为 $z > 0$ (B) $|\sin z| < 1$

(C) $\mathrm{e}^z \neq 0$ (D) z^{-3} 的定义域为全平面

6. 设 $\mathrm{e}^z = \mathrm{i}^{-\mathrm{i}}$，则 $\operatorname{Re} z = \underline{\hspace{3cm}}$.

7. 在复平面上，函数 $f(z) = \dfrac{1}{z^2+1}$ 在_____处不可导.

8. 设 $f(z) = my^3 + nx^2y + \mathrm{i}(x^3 + lxy^2)$ 为解析函数，则 $m = \underline{\hspace{1.5cm}}, n = \underline{\hspace{1.5cm}}, l = \underline{\hspace{1.5cm}}$.

9. 函数 $f(z) = \arg z$ 在_____上不连续.

10. 设 $f(z) = \sin z$，则 $f(2) = \underline{\hspace{2.5cm}}$.

11. 设 $f(z) = u(x,y) + \mathrm{i}v(x,y)$ 是解析函数，若 $u(x,y) = y$，则 $f'(z) = \underline{\hspace{2.5cm}}$.

12. $\operatorname{Ln}(-3 + 4\mathrm{i}) = \underline{\hspace{2.5cm}}$.

13. $1^{\sqrt{2}} = \underline{\hspace{2cm}}$.

14. 函数 $w = z^2$ 把 z 平面上的直线段 $\operatorname{Re} z = -1, -1 \leqslant \operatorname{Im} z \leqslant 1$ 变成 w 平面上的什么曲线？

15. 函数 $w = \dfrac{1}{z}$ 把 z 平面上的下列曲线变成 w 平面上的什么曲线？

(1) $x^2 + y^2 = 4$;   (2) $x = 1$;   (3) $y = x$;   (4) $(x-1)^2 + y^2 = 1$.

16. 已知函数 $w = z^3$，试求:

(1) $z_1 = \mathrm{i}, z_2 = 1 + \mathrm{i}, z_3 = \sqrt{3} + \mathrm{i}$ 在 w 平面上的象;

(2) 区域 $0 < \arg z < \dfrac{\pi}{3}$ 在 w 平面上的象.

17. 下列函数在何处可导？在何处解析？

(1) $f(z) = x^2 - \mathrm{i}y$;   (2) $f(z) = z^2 + 2\mathrm{i}z$;

(3) $f(z) = \dfrac{1}{z^2 - 1}$;   (4) $f(z) = \sin x \cosh y + \mathrm{i} \cos x \sinh y$.

18. 设 $f(z) = \dfrac{z-3}{(z+2)^2(z^2-1)}$，求 $f(z)$ 的奇点.

19. 求下列函数的导数并指明其解析区域.

(1) $f(z) = \sin z + 3\mathrm{i}z$;   (2) $f(z) = \dfrac{3z+2}{2z-3}$;

(3) $f(z) = |z^2|z$;   (4) $f(z) = z\operatorname{Im} z - \operatorname{Re} z$;

(5) $w = |z|^2 - \mathrm{i}\operatorname{Re} z^2$.

20. 设函数 $f(z)$ 在区域 D 内解析，试证: 若 $f(z)$ 满足下列条件之一，则 $f(z)$ 在 D 内是常数.

(1) $\operatorname{Re} f(z)$ 在 D 内为常数；　　　(2) $\overline{f(z)}$ 在 D 内解析；

(3) $|f(z)|$ 在 D 内为常数；　　　(4) $\arg f(z)$ 在 D 内为常数.

21. 试证明：

(1) $\overline{e^z} = e^{\bar{z}}$；　　　(2) $\overline{\sin z} = \sin \bar{z}$；　　　(3) $\overline{\tan z} = \tan \bar{z}$.

22. 设 $f(z)$ 是解析函数，试证明：

$$\left(\frac{\partial^2}{\partial x^2} + \frac{\partial^2}{\partial y^2} \right) |f(z)|^2 = 4|f'(z)|^2.$$

23. 求下列复数的值.

(1) $e^{1 - \frac{\pi}{2} i}$；　　　(2) $e^{\frac{1 + \pi i}{4}}$；　　　(3) $\sin(1 + i)$；

(4) $(1 + i)^i$；　　　(5) $\ln(3 + 4i)$；　　　(6) $\operatorname{Ln}(1 - i)$.

24. 解下列方程.

(1) $e^z + 1 = 0$；　　　(2) $\sin z + \cos z = 0$；

(3) $\ln z = \frac{\pi}{2} i$；　　　(4) $\sinh z = 0$.

第3章 复变函数的积分

积分法和微分法都是研究解析函数的重要方法,也是解决实际问题的有力工具.在本章中,首先引入复变函数积分的概念,给出解析函数的柯西积分定理和柯西积分公式,然后利用这一重要公式证明解析函数的导数仍是解析函数的重要结论,并得出高阶导数公式.这些定理和公式深刻地描述了解析函数所具有的独特性质,它们是以后常用到的基本定理和基本公式.

3.1 复变函数积分的概念

复变函数的积分 (简称复积分) 是一元函数的定积分在复平面上的推广.定积分的积分区间可看作实轴上的有向直线段,推广到复平面上,其积分路径通常是该平面内的一条有向曲线,因此复变函数的积分通常是指函数 $f(z)$ 沿复平面内某一条有向曲线的积分.

3.1.1 复积分的定义

设 C 为平面上给定的一条光滑 (或逐段光滑) 曲线,则沿曲线 C 有两个方向,若选定其中的一个方向作为正方向,则称曲线 C 为**有向曲线**.设曲线 C 有两个端点 A 与 B,若把从 A 到 B 的方向作为曲线 C 的正方向,则从 B 到 A 的方向就是 C 的负方向,记作 C^-.对于简单闭曲线,其正方向是指曲线上的点 P 沿此方向在该曲线上前进时,邻近点 P 的曲线内部始终位于点 P 的左方,与之相反的方向就是曲线的负方向,而当曲线 C 为圆周时,逆时针方向就是曲线的正方向,顺时针方向为曲线的负方向.

复积分与一元实函数的定积分在定义的叙述上非常类似.

定义 3.1.1 设函数 $w = f(z)$ 定义在区域 D 内,C 为区域 D 内起点为 A,终点为 B 的一条光滑的有向曲线,把曲线 C 任意分成 n 个弧段,记分点为

$$A = z_0, z_1, z_2, \cdots, z_n = B,$$

在每个弧段 $\widehat{z_{k-1}z_k}(k = 1, 2, \cdots, n)$ 上任意取一点 ζ_k,如图 3-1 所示,并作和式

$$S_n = \sum_{k=1}^{n} f(\zeta_k)(z_k - z_{k-1}) = \sum_{k=1}^{n} f(\zeta_k)\Delta z_k,$$

其中 $\Delta z_k = z_k - z_{k-1}$.记 Δs_k 为小弧段 $\widehat{z_{k-1}z_k}$ 的长度,$\lambda = \max\limits_{1 \leqslant k \leqslant n} \{\Delta s_k\}$.当 λ 趋于零时,如果对 C 的任意分法及 ζ_k 的任意取法,S_n 有唯一极限,则称此极限值为函数 $f(z)$ 沿曲线 C 的积分,记作

$$\int_C f(z)\mathrm{d}z = \lim_{\lambda \to 0} \sum_{k=1}^{n} f(\zeta_k)\Delta z_k. \tag{3.1.1}$$

若 C 为闭曲线, 则沿此闭曲线的积分记作 $\oint_C f(z)\mathrm{d}z$.

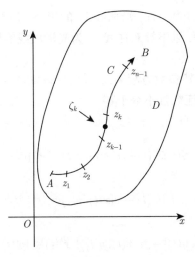

图 3-1

由定义 3.1.1 可以看出, 当 C 是 x 轴上的区间 $a \leqslant x \leqslant b$, 而 $f(z) = f(x)$ 时, 这个定义就是一元实变函数定积分的定义.

3.1.2 复积分存在的条件及计算公式

下面讨论积分式 (3.1.1) 存在的条件.

函数 $f(z) = u(x, y) + \mathrm{i}v(x, y)$ 在 D 内处处连续, 则 $u(x, y)$ 及 $v(x, y)$ 均为 D 内的连续函数. 设 $z_k = x_k + \mathrm{i}y_k$, $\Delta z_k = \Delta x_k + \mathrm{i}\Delta y_k$, $\zeta_k = \xi_k + \mathrm{i}\eta_k$, 则

$$
\begin{aligned}
S_n &= \sum_{k=1}^n f(\zeta_k)\Delta z_k = \sum_{k=1}^n [u(\xi_k, \eta_k) + \mathrm{i}v(\xi_k, \eta_k)](\Delta x_k + \mathrm{i}\Delta y_k) \\
&= \sum_{k=1}^n [u(\xi_k, \eta_k)\Delta x_k - v(\xi_k, \eta_k)\Delta y_k] + \mathrm{i}\sum_{k=1}^n [v(\xi_k, \eta_k)\Delta x_k + u(\xi_k, \eta_k)\Delta y_k].
\end{aligned}
$$

由于 u, v 都是连续函数, 根据线积分的存在定理可知, 当弧段长度的最大值趋于零时, 不论对 C 的分法如何, 点 (ξ_k, η_k) 的取法如何, 上式右端的两个和式的极限都是存在的, 因此有

$$
\int_C f(z)\mathrm{d}z = \int_C u(x, y)\mathrm{d}x - v(x, y)\mathrm{d}y + \mathrm{i}\int_C u(x, y)\mathrm{d}y + v(x, y)\mathrm{d}x. \tag{3.1.2}
$$

为便于记忆, 式 (3.1.2) 在形式上可以看作 $f(z) = u + \mathrm{i}v$ 与 $\mathrm{d}z = \mathrm{d}x + \mathrm{i}\mathrm{d}y$ 相乘后求积分得到, 即

$$
\begin{aligned}
\int_C f(z)\mathrm{d}z &= \int_C (u + \mathrm{i}v)(\mathrm{d}x + \mathrm{i}\mathrm{d}y) \\
&= \int_C u\mathrm{d}x + \mathrm{i}v\mathrm{d}x + \mathrm{i}u\mathrm{d}y - v\mathrm{d}y \\
&= \int_C u\mathrm{d}x - v\mathrm{d}y + \mathrm{i}\int_C u\mathrm{d}y + v\mathrm{d}x.
\end{aligned}
$$

定理 3.1.1 (复积分存在的充分条件) 若 C 为光滑或逐段光滑的有向曲线段, $f(z)$ 在 C 上处处连续, 则 $f(z)$ 沿 C 可积.

利用式 (3.1.2) 可以计算函数 $f(z)$ 沿曲线 C 的积分, 但是需要计算两个二元实函数对坐标的曲线积分, 通常很麻烦. 以下针对曲线 C 为光滑曲线的情形, 将该公式化为更简单的形式.

若 C 为有向光滑曲线, 其参数方程为 $z = z(t) = x(t) + iy(t)(\alpha \leqslant t \leqslant \beta)$, 则 $z'(t) = x'(t) + iy'(t)$ 在区间 $[\alpha, \beta]$ 上连续且不等于零.

根据线积分的计算方法, 有

$$\int_C f(z)\mathrm{d}z = \int_\alpha^\beta \{u[x(t), y(t)]x'(t) - v[x(t), y(t)]y'(t)\}\mathrm{d}t +$$

$$\mathrm{i}\int_\alpha^\beta \{u[x(t), y(t)]y'(t) + v[x(t), y(t)]x'(t)\}\mathrm{d}t$$

$$= \int_\alpha^\beta \{u[x(t), y(t)] + \mathrm{i}v[x(t), y(t)]\}[x'(t) + \mathrm{i}y'(t)]\mathrm{d}t = \int_\alpha^\beta f[z(t)]z'(t)\mathrm{d}t,$$

所以

$$\int_C f(z)\mathrm{d}z = \int_\alpha^\beta f[z(t)]z'(t)\mathrm{d}t. \tag{3.1.3}$$

用式 (3.1.3) 来计算复积分比较简便, 该式可看作一般复积分的计算公式.

例 3.1.1 设 C 为正向圆周 $|z - z_0| = r(r > 0)$, n 为正整数, 试证:

$$I_n = \oint_C \frac{\mathrm{d}z}{(z - z_0)^{n+1}} = \begin{cases} 2\pi\mathrm{i}, & n = 0, \\ 0, & n \neq 0. \end{cases} \tag{3.1.4}$$

证明 C 的方程写作 $z = z_0 + r\mathrm{e}^{\mathrm{i}\theta}(0 \leqslant \theta < 2\pi)$, 如图 3-2 所示, 所以

$$\oint_C \frac{1}{(z - z_0)^{n+1}}\mathrm{d}z = \int_0^{2\pi} \frac{\mathrm{i}r\mathrm{e}^{\mathrm{i}\theta}}{r^{n+1}\mathrm{e}^{\mathrm{i}(n+1)\theta}}\mathrm{d}\theta = \frac{\mathrm{i}}{r^n}\int_0^{2\pi} \mathrm{e}^{-\mathrm{i}n\theta}\mathrm{d}\theta = \begin{cases} 2\pi\mathrm{i}, & n = 0, \\ 0, & n \neq 0. \end{cases}$$

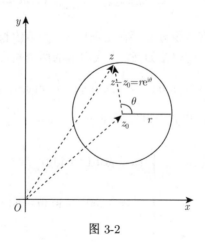

图 3-2

式 (3.1.4) 以后会经常用到, 可作为积分公式来使用, 它的特点是积分值与积分路线圆周的中心和半径无关.

3.1.3 复积分的基本性质

由复积分的定义, 可以推得复积分具有下列基本性质, 它们与实变函数中定积分的性质类似.

若复变函数 $f(z)$ 和 $g(z)$ 沿其积分路径 C 可积, 则有

① $f(z) \pm g(z)$ 沿 C 可积, 且有

$$\int_C [f(z) \pm g(z)]\mathrm{d}z = \int_C f(z)\mathrm{d}z \pm \int_C g(z)\mathrm{d}z;$$

② 对任意复数 $A = a + \mathrm{i}b$, 函数 $Af(z)$ 沿 C 可积, 有

$$\int_C Af(z)\mathrm{d}z = A\int_C f(z)\mathrm{d}z;$$

③ $f(z)$ 沿 C 的反向曲线 C^- 可积, 且有

$$\int_{C^-} f(z)\mathrm{d}z = -\int_C f(z)\mathrm{d}z;$$

④ (复积分对积分路径的可加性)若函数 $f(z)$ 沿曲线 $C_k(k=1,2,\cdots,n)$ 可积, 且 C 由 C_k 依次连接而成, 则 $f(z)$ 沿 C 可积, 且有

$$\int_C f(z)\mathrm{d}z = \sum_{k=1}^n \int_{C_k} f(z)\mathrm{d}z;$$

⑤ (积分的估值性质) 若曲线 C 的长为 L, $f(z)$ 沿 C 可积且在 C 上处处有 $|f(z)| \leqslant M$, 则有

$$\left| \int_C f(z)\mathrm{d}z \right| \leqslant \int_C |f(z)|\mathrm{d}s \leqslant ML.$$

证明 性质①~④可由复积分的定义直接证得, 下面证性质⑤.

事实上, Δz_k 是 z_k 与 z_{k-1} 两点之间的距离, Δs_k 为这两点之间的弧段长度, 所以

$$\left| \sum_{k=1}^n f(\zeta_k)\Delta z_k \right| \leqslant \sum_{k=1}^n |f(\zeta_k)\Delta z_k| \leqslant \sum_{k=1}^n |f(\zeta_k)|\Delta s_k,$$

两端取极限, 得

$$\left| \int_C f(z)\mathrm{d}z \right| \leqslant \int_C |f(z)|\mathrm{d}s \leqslant ML,$$

其中 $\int_C |f(z)|\mathrm{d}s$ 表示连续函数 $|f(z)|$(非负的) 沿 C 的实曲线积分.

虽然复积分与实变函数中的实积分有许多相似的性质, 但二者也有不同的性质, 例如, 实变函数中的积分中值定理在复积分中并不成立, 反例如下, 复积分

$$\int_0^{2\pi} \mathrm{e}^{\mathrm{i}\theta}\mathrm{d}\theta = \int_0^{2\pi} \cos\theta\mathrm{d}\theta + \mathrm{i}\int_0^{2\pi} \sin\theta\mathrm{d}\theta = 0,$$

而对任意的 $\zeta(0 < \zeta < 2\pi)$，均有 $\mathrm{e}^{\mathrm{i}\zeta}(2\pi - 0) \neq 0$，因此不存在 ζ，使得

$$\int_0^{2\pi} \mathrm{e}^{\mathrm{i}\theta}\mathrm{d}\theta = \mathrm{e}^{\mathrm{i}\zeta}(2\pi - 0)$$

成立.

例 3.1.2 试证:

$$\oint_{|z|=r} \left| \frac{\mathrm{d}z}{(z-a)(z+a)} \right| \leqslant \frac{2\pi r}{|r^2 - |a|^2|} \quad (r > 0, |a| \neq r).$$

证明 利用性质⑤，得

$$\oint_{|z|=r} \left| \frac{\mathrm{d}z}{(z-a)(z+a)} \right| \leqslant \oint_{|z|=r} \frac{|\mathrm{d}z|}{|z^2 - a^2|} \leqslant \oint_{|z|=r} \frac{\mathrm{d}s}{|r^2 - |a|^2|} = \frac{2\pi r}{|r^2 - |a|^2|}.$$

例 3.1.3 计算 $I = \displaystyle\int_C \overline{z}\mathrm{d}z$，其中 C 如图 3-3 所示，分别为

(1) 从原点到点 $z_0 = 1 + \mathrm{i}$ 的直线段 $C_1 : z = (1+\mathrm{i})t$ $(0 \leqslant t \leqslant 1)$;

(2) 从原点到点 $z_1 = 1$ 的直线段 $C_2 : z = t$ $(0 \leqslant t \leqslant 1)$ 与从 z_1 到 z_0 的直线段 $C_3 : z = 1 + \mathrm{i}t$ $(0 \leqslant t \leqslant 1)$ 所接成的折线.

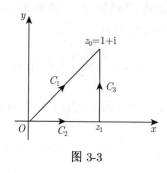

图 3-3

解 (1)

$$\int_C \overline{z}\mathrm{d}z = \int_0^1 (t - \mathrm{i}t)(1+\mathrm{i})\mathrm{d}t = \int_0^1 2t\mathrm{d}t = 1.$$

(2)

$$\begin{aligned}
\int_C \overline{z}\mathrm{d}z &= \int_{C_2} \overline{z}\mathrm{d}z + \int_{C_3} \overline{z}\mathrm{d}z = \int_0^1 t\mathrm{d}t + \int_0^1 \mathrm{i}(1 - \mathrm{i}t)\mathrm{d}t \\
&= \frac{1}{2} + \left(\frac{1}{2} + \mathrm{i} \right) \\
&= 1 + \mathrm{i}.
\end{aligned}$$

从例 3.1.3 可以看出，函数 $f(z) = \overline{z}$ 从原点到点 $z_0 = 1 + \mathrm{i}$ 的积分与所选取的积分路径有关. 在 3.2 节，我们将讨论在什么条件下复变函数的积分与路径无关.

3.2　柯西积分定理

被积函数 $f(z) = 1$ 在复平面内是处处解析的, 设 C 是复平面上从点 a 到点 b 的任意有向曲线, 则积分 $\int_C f(z)\mathrm{d}z = \int_C \mathrm{d}z = \lim_{\lambda \to 0}\sum_{k=1}^{n}(z_k - z_{k-1}) = b - a$, 积分与路径无关. 例 3.1.1 中, 当 $n = 0$ 时被积函数为 $\dfrac{1}{z - z_0}$, 它在以 z_0 为中心的圆周 C 的内部不是处处解析的, 因为它在 z_0 处不是解析的, 而此时积分 $\int_C \dfrac{1}{z - z_0}\mathrm{d}z = 2\pi\mathrm{i} \neq 0$. 再如例 3.1.3 中, 被积函数 $f(z) = \overline{z}$ 在整个复平面内处处不解析, 且积分 $\int_C \overline{z}\mathrm{d}z$ 的值与路径有关. 由此可见, 积分的值与路径无关或沿封闭曲线的积分值为零的条件, 可能与被积函数的解析性有关, 下面进行详细讨论.

3.2.1　柯西积分定理

由 3.1 节复积分与实积分的关系式 (3.1.2) 可以看出, 该复积分与路径无关的充要条件是其右端的两个对坐标的曲线积分都与路径无关, 而平面上的曲线积分与路径无关的充要条件如下所述.

若函数 $P(x, y)$ 和 $Q(x, y)$ 在单连通域 D 内具有一阶连续偏导数, L 为 D 内分段光滑的曲线, 则曲线积分 $\int_L P\mathrm{d}x + Q\mathrm{d}y$ 在 D 内与路径无关 (或沿 D 内任意闭曲线的曲线积分为零) 的充分必要条件是等式

$$\frac{\partial P}{\partial y} = \frac{\partial Q}{\partial x}$$

在 D 内恒成立.

对于式

$$\int_C f(z)\mathrm{d}z = \int_C u\mathrm{d}x - v\mathrm{d}y + \mathrm{i}\int_C v\mathrm{d}x + u\mathrm{d}y$$

右端的两个曲线积分, 上述条件等式应当分别为

$$u_y = -v_x, u_x = v_y \quad (x, y \in D), \tag{3.2.1}$$

这是函数 $f(z)$ 在单连通域 D 内解析的充要条件 (C-R 方程), 那么 $f(z)$ 在上述区域 D 内解析是否能保证它沿 D 内的任意简单闭路的积分为零呢? 答案是肯定的, 因为有以下定理.

定理 3.2.1 (柯西积分定理)　若函数 $f(z)$ 在简单闭曲线 C 上及其内部解析, 则一定有

$$\oint_C f(z)\mathrm{d}z = 0.$$

定理 3.2.1 的证明比较复杂, 限于篇幅, 证明略, 有兴趣的读者可参阅文献 [5]. 但若加上附加条件 "$f'(z)$ 在 D 内连续", 可简单证明如下.

令 $f(z) = u(x, y) + \mathrm{i}v(x, y)$，则有

$$\oint_C f(z)\mathrm{d}z = \oint_C u\mathrm{d}x - v\mathrm{d}y + \mathrm{i}\oint_C v\mathrm{d}x + u\mathrm{d}y.$$

由于 $f'(z)$ 在 D 内连续，因此 u_x, u_y, v_x, v_y 在 D 内连续，并且满足 C-R 方程

$$\frac{\partial u}{\partial x} = \frac{\partial v}{\partial y}, \frac{\partial u}{\partial y} = \frac{\partial(-v)}{\partial x}.$$

由于平面上曲线积分与路径无关的充要条件是等式 (3.2.1) 成立，从而有

$$\oint_C u\mathrm{d}x - v\mathrm{d}y = 0, \oint_C v\mathrm{d}x + u\mathrm{d}y = 0,$$

因此

$$\oint_C f(z)\mathrm{d}z = 0.$$

例 3.2.1　计算积分 $\oint_{|z|=1} \dfrac{1}{z^2 + 3z + 5}\mathrm{d}z$.

解　当 $|z| \leqslant 1$ 时，由于

$$|z^2 + 3z + 5| \geqslant 5 - |3z| - |z|^2 \geqslant 5 - 3 - 1 = 1 \neq 0,$$

因此，函数 $z^2 + 3z + 5$ 在单位圆周上及其内部无零点，从而被积函数在 $|z| = 1$ 上及其内部解析，由柯西积分定理得

$$\oint_{|z|=1} \frac{1}{z^2 + 3z + 5}\mathrm{d}z = 0.$$

3.2.2　柯西–古萨基本定理

柯西积分定理中要求曲线 C 是简单闭曲线，事实上，对任何闭曲线该结论都成立，这就是柯西–古萨 (Cauchy-Goursat) 基本定理.

定理 3.2.2 (柯西–古萨基本定理)　若函数 $f(z)$ 在单连通域 D 内解析，则对 D 内的任何闭曲线 C 有

$$\oint_C f(z)\mathrm{d}z = 0.$$

非简单闭曲线可看作由多个简单闭曲线组成，如图 3-4 所示，则由柯西积分定理可直接得到定理 3.2.2. 由定理 3.2.2 可以得到以下推论.

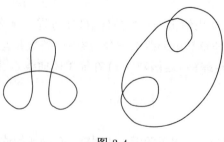

图 3-4

推论　若函数 $f(z)$ 在单连通区域 D 内解析，则它在 D 内从定点 z_1 到动点 z_2 的积分值与 D 内所取路径无关.

证明　设 C_1 和 C_2 为 z_1 到 z_2 的任意两条曲线，则 $C_1 + C_2^-$ 为一有向闭曲线，如图 3-5 所示，由定理 3.2.2 得

$$\oint_{C_1+C_2^-} f(z)\mathrm{d}z = 0.$$

又由于

$$\oint_{C_1+C_2^-} f(z)\mathrm{d}z = \int_{C_1} f(z)\mathrm{d}z + \int_{C_2^-} f(z)\mathrm{d}z,$$

因此

$$\int_{C_1} f(z)\mathrm{d}z = -\int_{C_2^-} f(z)\mathrm{d}z = \int_{C_2} f(z)\mathrm{d}z.$$

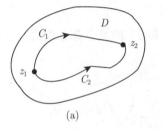 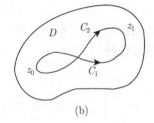

(a)　　　　　　　　(b)

图 3-5

由于积分只与 z_1，z_2 有关，不依赖于 D 内连接 z_1 到 z_2 的曲线，此时可将积分记作 $\displaystyle\int_{z_1}^{z_2} f(z)\mathrm{d}z.$

3.2.3　复合闭路定理

复合闭路是指一种特殊的有界多连通域 D 的边界曲线 Γ，它由几条简单闭曲线组成，可简记为 $\Gamma = C + C_1^- + C_2^- + \cdots + C_n^-$，其中简单闭路 C 取正向，简单闭路 $C_1^-, C_2^-, \cdots, C_n^-$ 取负向，它们都在 C 的内部且互不相交又互不包含，如图 3-6 所示. 上述 Γ 的方向称为多连通域 D 的边界曲线的正向.

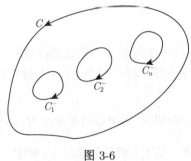

图 3-6

定理 3.2.3 (复合闭路定理) 设 D 是以复合闭路 $\Gamma = C + C_1^- + C_2^- + \cdots + C_n^-$ 为边界的多连通域，若函数 $f(z)$ 在 D 内及其边界 Γ 上解析，则 $f(z)$ 沿 Γ 的积分为零，这时有

$$\oint_C f(z)\mathrm{d}z = \sum_{k=1}^{n} \oint_{C_k} f(z)\mathrm{d}z. \tag{3.2.2}$$

证明 只需证 $n = 2$ 的情形. 在区域 D 内作割线段把 D 分成区域 D_1 和 D_2，如图 3-7 所示，设 D_1 和 D_2 的边界正向曲线分别为 Γ_1 和 Γ_2，由定理所给条件，$f(z)$ 在简单闭路 Γ_1 和 Γ_2 上及其内部解析，于是由定理 3.2.1 得

$$\left(\oint_{\Gamma_1} + \oint_{\Gamma_2} \right) f(z)\mathrm{d}z = 0.$$

由于 Γ_1 和 Γ_2 在上述割线段上重合且反向，Γ_1 和 Γ_2 的其余部分组成了 D 的边界 Γ 且与 Γ 同向，因此上式可化简为

$$\int_{\Gamma} f(z)\mathrm{d}z = \oint_C f(z)\mathrm{d}z - \sum_{k=1}^{2} \oint_{C_k} f(z)\mathrm{d}z = 0,$$

可得所证等式 (3.2.2) 成立.

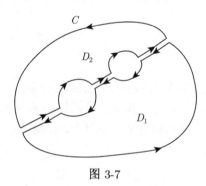

图 3-7

定理 3.2.3 说明，在区域内的一个解析函数沿闭曲线的积分不因闭曲线在区域内作连续变形而改变，只要在变形过程中曲线不经过函数 $f(z)$ 不解析的点，这一性质称为**闭路变形原理**.

例如，由例 3.1.1 可知，当 C 为以 z_0 为中心的正向圆周时，$\oint_C \dfrac{\mathrm{d}z}{z - z_0} = 2\pi\mathrm{i}$，所以，根据闭路变形原理，对于包含 z_0 的任何一条正向简单闭曲线 Γ，如图 3-8 所示，都有 $\oint_C \dfrac{\mathrm{d}z}{z - z_0} = 2\pi\mathrm{i}$.

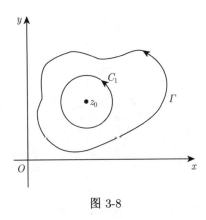

图 3-8

对于多连通区域，若一个函数在区域的边界和内部解析，根据闭路变形原理，可以把外边界上的积分转化为在所有边界上的积分.

例 3.2.2　设 C 为正向圆周 $|z| = 10$，计算积分

$$I = \oint_C \frac{2z}{z^2 + 9} \mathrm{d}z.$$

解　由于 $\dfrac{2z}{z^2 + 9} = \dfrac{1}{z - 3\mathrm{i}} + \dfrac{1}{z + 3\mathrm{i}}$，因此

$$I = \oint_C \frac{1}{z - 3\mathrm{i}} \mathrm{d}z + \oint_C \frac{1}{z + 3\mathrm{i}} \mathrm{d}z = 2\pi\mathrm{i} + 2\pi\mathrm{i} = 4\pi\mathrm{i}.$$

例 3.2.3　计算 $\oint_\Gamma \dfrac{2z - 1}{z^2 - z} \mathrm{d}z$ 的值，Γ 为包含圆周 $|z| = 2$ 在内的任何正向简单闭曲线.

解　函数 $\dfrac{2z - 1}{z^2 - z}$ 在复平面内除 $z = 0$ 和 $z = 1$ 两个奇点外处处解析. 由于 Γ 是包含圆周 $|z| = 2$ 在内的任何正向简单闭曲线，因此它包含这两个奇点. 在 Γ 内作两个互不包含也互不相交的正向圆周 C_1 和 C_2，C_1 只包含奇点 $z = 0$，C_2 只包含奇点 $z = 1$，如图 3-9 所示，则根据复合闭路定理得

$$
\begin{aligned}
\oint_\Gamma \frac{2z - 1}{z^2 - z} \mathrm{d}z &= \oint_{C_1} \frac{2z - 1}{z^2 - z} \mathrm{d}z + \oint_{C_2} \frac{2z - 1}{z^2 - z} \mathrm{d}z \\
&= \oint_{C_1} \frac{1}{z - 1} \mathrm{d}z + \oint_{C_1} \frac{1}{z} \mathrm{d}z + \oint_{C_2} \frac{1}{z - 1} \mathrm{d}z + \oint_{C_2} \frac{1}{z} \mathrm{d}z \\
&= 0 + 2\pi\mathrm{i} + 2\pi\mathrm{i} + 0 \\
&= 4\pi\mathrm{i}.
\end{aligned}
$$

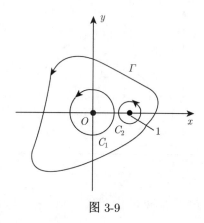

图 3-9

从例 3.2.3 可以看到：借助于复合闭路定理，有些比较复杂的函数的积分可以化为比较简单的函数的积分. 这是计算积分时常用的一种方法.

3.3　原函数与不定积分

由定理 3.2.2 的推论可知：若函数 $f(z)$ 在单连通区域 D 内处处解析，则积分 $\int_C f(z)\mathrm{d}z$ 与连接起点和终点的路线 C 无关.

设 $z_0, z_1 \in D$，解析函数在单连通域内的积分只与起点 z_0 及终点 z_1 有关，可记作 $\int_{z_0}^{z_1} f(z)\mathrm{d}z$，固定 z_0，让 z_1 在 D 内变动，并令 $z_1 = z$，则积分 $\int_{z_0}^{z} f(\zeta)\mathrm{d}\zeta$ 在 D 内确定了一个单值函数 $F(z)$，即

$$F(z) = \int_{z_0}^{z} f(\zeta)\mathrm{d}\zeta. \tag{3.3.1}$$

对于这个函数，有以下定理.

定理 3.3.1　若 $f(z)$ 在单连通域 D 内处处解析，则函数 $F(z)$ 必为 D 内的一个解析函数，并且 $F'(z) = f(z)$.

证明　设 $f(z) = u(x,y) + \mathrm{i}v(x,y)$，并且 $F(z) = \varphi(x,y) + \mathrm{i}\psi(x,y)$，则由式 (3.3.1) 和式 (3.1.2) 可得

$$\varphi(x,y) + \mathrm{i}\psi(x,y) = \int_{(x_0,y_0)}^{(x,y)} u\mathrm{d}x - v\mathrm{d}y + \mathrm{i}\int_{(x_0,y_0)}^{(x,y)} v\mathrm{d}x + u\mathrm{d}y,$$

即

$$\varphi(x,y) = \int_{(x_0,y_0)}^{(x,y)} u\mathrm{d}x - v\mathrm{d}y, \psi(x,y) = \int_{(x_0,y_0)}^{(x,y)} v\mathrm{d}x + u\mathrm{d}y.$$

由于在 D 内 $f(z)$ 的积分与路径无关，因此这两个二元实函数的曲线积分也与路径无关，从而 $\varphi(x,y)$ 和 $\psi(x,y)$ 在单连通域 D 内可微且有

$$\mathrm{d}\varphi = u\mathrm{d}x - v\mathrm{d}y, \mathrm{d}\psi = v\mathrm{d}x + u\mathrm{d}y,$$

其中 $u(x,y)$ 和 $v(x,y)$ 在 D 内可微，从而也必定连续，则有

$$\frac{\partial \varphi}{\partial x} = \frac{\partial \psi}{\partial y} = u, \frac{\partial \varphi}{\partial y} = -\frac{\partial \psi}{\partial x} = -v$$

在 D 内连续，因此根据定理 2.2.3，函数 $F(z)$ 在 D 内解析且有

$$F'(z) = \varphi_x + \mathrm{i}\psi_x = u + \mathrm{i}v = f(z).$$

定理 3.3.1 和微积分学中的对变上限积分的求导定理完全类似，在此基础上，也可以得出类似于微积分学中的基本定理和牛顿–莱布尼茨公式.

同一元实函数的情形一样，可定义其原函数.

定义 3.3.1　对于函数 $f(z)$，若存在函数 $W(z)$ 使得在区域 D 内恒有 $W'(z) = f(z)$，则称 $W(z)$ 为 $f(z)$ 在 D 内的一个原函数. 显然原函数 $W(z)$ 在 D 内一定解析.

定理 3.3.1 表明，$F(z) = \int_{z_0}^{z} f(\zeta)\mathrm{d}\zeta$ 是 $f(z)$ 的一个原函数.

容易证明，$f(z)$ 的任意两个原函数相差一个常数. 设 $G(x)$ 和 $H(x)$ 是 $f(z)$ 的任意两个原函数，则

$$[G(z) - H(z)]' = G'(z) - H'(z) = f(z) - f(z) \equiv 0,$$

所以 $G(z) - H(z) = c$(c 为任意常数).

由此可知，若函数 $f(z)$ 在区域 D 内有一个原函数 $F(z)$，则 $f(z)$ 在 D 内有无数个原函数，而且具有一般表达式 $F(z) + c$(c 为任意常数).

和微积分学中一样，定义 $f(z)$ 的原函数的一般表达式 $F(z) + c$(c 为任意常数) 为 $f(z)$ 的不定积分，则 $f(z)$ 在 D 内的任意一个原函数可以表示为

$$\int f(z)\mathrm{d}z + c = F(z) + c.$$

利用任意两个原函数之差为一常数这一性质，可以推得和牛顿–莱布尼茨公式类似的解析函数的积分计算公式.

定理 3.3.2　若 $f(z)$ 在单连通域 D 内解析，且 $W(z)$ 是函数 $f(z)$ 在 D 内的一个原函数，则对 D 内的任意两点 z_0, z_1，有

$$\int_{z_0}^{z_1} f(z)\mathrm{d}z = W(z)\bigg|_{z_0}^{z_1} = W(z_1) - W(z_0). \tag{3.3.2}$$

证明　因为 $\int_{z_0}^{z} f(z)\mathrm{d}z$ 也是 $f(z)$ 的一个原函数，所以

$$\int_{z_0}^{z} f(z)\mathrm{d}z = W(z) + c.$$

当 $z = z_0$ 时，根据柯西–古萨基本定理，得 $\int_{z_0}^{z_0} f(z)\mathrm{d}z = 0$，从而 $c = -W(z_0)$，因此，

$$\int_{z_0}^{z} f(z)\mathrm{d}z = W(z) - W(z_0)$$

或

$$\int_{z_0}^{z_1} f(z)\mathrm{d}z = W(z_1) - W(z_0).$$

有了原函数、不定积分和积分计算公式 (3.3.2)，单连通域上解析函数的积分就可以用和微积分学中类似的方法计算.

例 3.3.1 计算积分 $\int_0^{2+\mathrm{i}} (z-1)\mathrm{d}z$.

解 $\int_0^{2+\mathrm{i}} (z-1)\mathrm{d}z = \frac{1}{2}(z-1)^2\Big|_0^{2+\mathrm{i}} = -\frac{1}{2} + \mathrm{i}$.

例 3.3.2 计算积分 $\int_a^b (-z\cos z^2)\mathrm{d}z$.

解 因为函数 $-z\cos z^2$ 在 z 平面上解析，且它的一个原函数为 $-\frac{1}{2}\sin z^2$，所以

$$\int_a^b (-z\cos z^2)\mathrm{d}z = -\frac{1}{2}\sin z^2\Big|_a^b = \frac{1}{2}(\sin a^2 - \sin b^2).$$

例 3.3.3 试沿区域 $\operatorname{Im} z \geqslant 0, \operatorname{Re} z \geqslant 0$ 内的圆弧 $|z| = 1$，计算积分 $\int_1^{\mathrm{i}} \frac{\ln(z+\mathrm{i})}{z+\mathrm{i}}\mathrm{d}z$ 的值.

解 函数 $\frac{\ln(z+\mathrm{i})}{z+\mathrm{i}}$ 在所设区域内解析，它的一个原函数为 $\frac{1}{2}\ln^2(z+\mathrm{i})$，所以

$$\int_1^{\mathrm{i}} \frac{\ln(z+\mathrm{i})}{z+\mathrm{i}}\mathrm{d}z = \frac{1}{2}\ln^2(z+\mathrm{i})\Big|_1^{\mathrm{i}} = \frac{1}{2}[\ln^2(\mathrm{i}+\mathrm{i}) - \ln^2(1+\mathrm{i})]$$

$$= \frac{1}{2}\left[\ln^2 2\mathrm{i} - \left(\frac{1}{2}\ln 2 + \frac{\pi}{4}\mathrm{i}\right)^2\right]$$

$$= -\frac{3\pi^2}{16} + \frac{3}{4}\ln^2 2 + \frac{3\pi\ln 2}{4}\mathrm{i}.$$

3.4 柯西积分公式和高阶导数公式

3.4.1 柯西积分公式

设 D 为一单连通域，z_0 为 D 中的一点. 若 $f(z)$ 在 D 内解析，则函数 $\frac{f(z)}{z-z_0}$ 在 z_0 点不解析. 下面考虑 D 内围绕 z_0 的简单闭曲线 C 的积分 $\oint_C \frac{f(z)}{z-z_0}\mathrm{d}z$ 的计算. 根据闭路变形原理，该积分值等于沿任何一条围绕 z_0 的简单闭曲线的积分. 由于沿围绕 z_0 的任何简单闭曲线积分值都相同，因此取以 z_0 为中心，半径为 δ 的圆周 $|z-z_0|=\delta$(取其正向) 作为积分曲线 C. 由于 $f(z)$ 的连续性，在 C 上的函数 $f(z)$ 的值将随着 δ 的缩小而逐渐接近于它在圆心 z_0 处的值，从而猜想积分 $\oint_C \frac{f(z)}{z-z_0}\mathrm{d}z$ 的值也将随着 δ 的缩小而逐渐接近于

$$\oint_C \frac{f(z_0)}{z-z_0}\mathrm{d}z = f(z_0)\oint_C \frac{1}{z-z_0}\mathrm{d}z = 2\pi\mathrm{i}f(z_0),$$

即

$$\oint_C \frac{f(z)}{z - z_0} \mathrm{d}z = 2\pi \mathrm{i} f(z_0).$$

定理 3.4.1 (柯西积分公式) 若 $f(z)$ 在区域 D 内处处解析，C 为 D 内的任意一条正向简单闭曲线，它的内部完全含于 D，z_0 为 C 内的任意一点，则

$$f(z_0) = \frac{1}{2\pi \mathrm{i}} \oint_C \frac{f(z)}{z - z_0} \mathrm{d}z. \tag{3.4.1}$$

证明 取 ρ 充分小，在 D 内作正向圆周 $C_\rho : |z - z_0| = \rho$，使 C_ρ 及其内部完全位于 D 内，如图 3-10 所示，由于 $f(z)$ 在 z_0 处连续，任意给定 $\varepsilon > 0$，存在 $\delta > 0$，当 $|z - z_0| < \delta$ 时，有

$$|f(z) - f(z_0)| < \frac{\varepsilon}{2\pi},$$

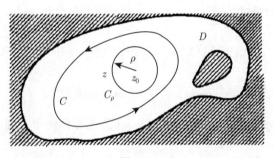

图 3-10

于是由式 (3.1.4) 和积分的估值定理得

$$
\begin{aligned}
\left| \oint_{C_\rho} \frac{f(z)}{z - z_0} \mathrm{d}z - 2\pi \mathrm{i} f(z_0) \right| &= \left| \oint_{C_\rho} \frac{f(z)}{z - z_0} \mathrm{d}z - f(z_0) \oint_{C_\rho} \frac{\mathrm{d}z}{z - z_0} \right| \\
&= \left| \oint_{C_\rho} \frac{f(z) - f(z_0)}{z - z_0} \mathrm{d}z \right| \\
&\leqslant \oint_{C_\rho} \frac{|f(z) - f(z_0)|}{|z - z_0|} |\mathrm{d}z| \\
&< \frac{\varepsilon}{2\pi} \cdot \frac{1}{\rho} \oint_{C_\rho} |\mathrm{d}z| = \varepsilon,
\end{aligned}
$$

从而有

$$\lim_{\rho \to 0} \oint_{C_\rho} \frac{f(z)}{z - z_0} \mathrm{d}z = 2\pi \mathrm{i} f(z_0).$$

根据闭路变形原理，该积分值与 ρ 无关，从而有

$$\oint_C \frac{f(z)}{z - z_0} \mathrm{d}z = \oint_{C_\rho} \frac{f(z)}{z - z_0} \mathrm{d}z = 2\pi \mathrm{i} f(z_0).$$

在定理 3.4.1 中，区域 D 是单连通域或多连通域均可，但积分曲线 C 及其内部必须完全位于 D 内，因此该定理也可叙述为，若 $f(z)$ 在简单闭曲线所围成的区域内及 C 上解析，则柯西积分公式 (3.4.1) 仍然成立.

公式 (3.4.1) 把一个函数在曲线 C 内部任一点的值用它在边界上的值来表示，也就是说，若 $f(z)$ 在区域边界上的值确定，则它在区域内部任一点处的值也就确定，这是解析函数的又一特征. 柯西积分公式不但提供了计算某些复变函数沿闭路积分的一种方法，而且给出了解析函数的一个积分表达式，是研究某些解析函数的有力工具.

若 C 是圆周 $z = z_0 + Re^{i\theta}$，则式 (3.4.1) 变为

$$f(z_0) = \frac{1}{2\pi}\int_0^{2\pi} f(z_0 + Re^{i\theta})d\theta. \tag{3.4.2}$$

这就是说，一个解析函数在圆心处的值等于它在圆周上的平均值.

例 3.4.1　计算积分 $\oint_C \dfrac{e^z}{z + \pi i}dz$，其中 C 为正向圆周 $|z| = 4$.

解　根据柯西积分公式，得

$$\oint_C \frac{e^z}{z + \pi i}dz = 2\pi i e^{-\pi i} = 2\pi i(\cos\pi - i\sin\pi) = -2\pi i.$$

例 3.4.2　计算积分 $\oint_C \dfrac{e^z}{z^2 + 1}dz$，其中 C 为正向圆周 $|z| = 3$.

解　如图 3-11 所示，分别以 $z = i$ 和 $z = -i$ 为圆心作两个小圆周 C_1 和 C_2，则

$$\oint_C \frac{e^z}{z^2 + 1}dz = \oint_{C_1} \frac{e^z}{z^2 + 1}dz + \oint_{C_2} \frac{e^z}{z^2 + 1}dz$$

$$= \oint_{C_1} \frac{\dfrac{e^z}{z + i}}{z - i}dz + \oint_{C_2} \frac{\dfrac{e^z}{z - i}}{z + i}dz$$

$$= 2\pi i \cdot \frac{e^i}{i + i} + 2\pi i \cdot \frac{e^{-i}}{-i - i}$$

$$= 2\pi i\frac{e^i - e^{-i}}{2i}$$

$$= 2\pi i\sin 1.$$

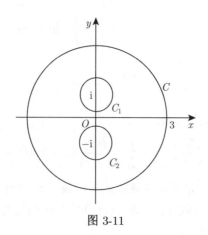

图 3-11

3.4.2 高阶导数公式

解析函数不但有一阶导数, 而且有各高阶导数, 各高阶导数的值也可以用函数在边界上的值通过积分来表示. 但是对一元实函数来说, 它在某一区间上可导, 其导数在此区域上是否连续也不一定, 更不要说它有高阶导数存在了.

关于解析函数的高阶导数, 有以下定理.

定理 3.4.2 解析函数 $f(z)$ 的导数仍为解析函数, 它的 n 阶导数为

$$f^{(n)}(z_0) = \frac{n!}{2\pi i} \oint_C \frac{f(z)}{(z-z_0)^{n+1}} \mathrm{d}z \quad (n = 1, 2, \cdots), \tag{3.4.3}$$

其中 C 为在函数 $f(z)$ 的解析区域 D 内围绕 z_0 的任意一条正向简单闭曲线, 而且它的内部全含于 D.

证明 设 z_0 为 D 内任意一点, 先证 $n = 1$ 的情形, 即

$$f'(z_0) = \frac{1}{2\pi i} \oint_C \frac{f(z)}{(z-z_0)^2} \mathrm{d}z.$$

根据定义

$$f'(z_0) = \lim_{\Delta z \to 0} \frac{f(z_0 + \Delta z) - f(z_0)}{\Delta z},$$

由柯西积分公式得

$$f(z_0) = \frac{1}{2\pi i} \oint_C \frac{f(z)}{z - z_0} \mathrm{d}z,$$

$$f(z_0 + \Delta z) = \frac{1}{2\pi i} \oint_C \frac{f(z)}{z - z_0 - \Delta z} \mathrm{d}z,$$

从而有

$$\begin{aligned} \frac{f(z_0 + \Delta z) - f(z_0)}{\Delta z} &= \frac{1}{2\pi i \Delta z} \left[\oint_C \frac{f(z)}{z - z_0 - \Delta z} \mathrm{d}z - \oint_C \frac{f(z)}{z - z_0} \mathrm{d}z \right] \\ &= \frac{1}{2\pi i} \oint_C \frac{f(z)}{(z - z_0 - \Delta z)(z - z_0)} \mathrm{d}z \\ &= \frac{1}{2\pi i} \oint_C \frac{f(z)}{(z - z_0)^2} \mathrm{d}z + \frac{1}{2\pi i} \oint_C \frac{\Delta z f(z)}{(z - z_0)^2 (z - z_0 - \Delta z)} \mathrm{d}z. \end{aligned}$$

因为 $f(z)$ 在 C 上是解析的, 所以在 C 上连续, 从而在 C 上是有界的, 即存在一个正数 M, 使得在 C 上有 $|f(z)| \leqslant M$. 设 d 为从 z_0 到曲线 C 上各点的最短距离, 如图 3-12 所示, 并取 $|\Delta z|$ 适当地小, 使其满足 $|\Delta z| < \frac{1}{2}d$, 则有

$$|z - z_0| \geqslant d, \frac{1}{|z - z_0|} \leqslant \frac{1}{d},$$

$$|z - z_0 - \Delta z| \geqslant |z - z_0| - |\Delta z| > \frac{d}{2}, \frac{1}{|z - z_0| - |\Delta z|} < \frac{2}{d},$$

于是

$$\left| \frac{f(z_0 + \Delta z) - f(z_0)}{\Delta z} - \frac{1}{2\pi i} \oint_C \frac{f(z)}{(z - z_0)^2} dz \right| = \left| \frac{1}{2\pi i} \oint_C \frac{\Delta z f(z)}{(z - z_0 - \Delta z)(z - z_0)} dz \right|$$

$$\leqslant \frac{1}{2\pi} M \cdot |\Delta z| \oint_C \frac{|dz|}{|z - z_0|^2 |z - z_0 - \Delta z|}$$

$$< \frac{1}{2\pi} M \cdot |\Delta z| \frac{2}{d^3} L = \frac{ML}{\pi d^3} |\Delta z| \to 0 \quad (\Delta z \to 0),$$

即

$$f'(z_0) = \lim_{\Delta z \to 0} \frac{f(z_0 + \Delta z) - f(z_0)}{\Delta z} = \frac{1}{2\pi i} \oint_C \frac{f(z)}{(z - z_0)^2} dz. \tag{3.4.4}$$

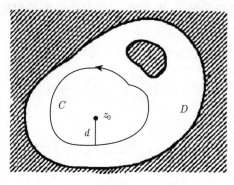

图 3-12

式 (3.4.4) 表明 $f(z)$ 在 z_0 处的导数可以由把式 (3.4.1) 的右端在积分号下对 z_0 求导而得.

假定当 $n = k(k > 1)$ 时公式成立, 即有

$$f^{(k)}(z_0) = \frac{k!}{2\pi i} \oint_C \frac{f(z)}{(z - z_0)^{k+1}} dz,$$

由此来推证当 $n = k + 1$ 时公式也成立, 为此考察

$$\frac{f^{(k)}(z_0 + \Delta z) - f^{(k)}(z_0)}{\Delta z}.$$

令 $\Delta z \to 0$, 取极限, 用类似于 $n = 1$ 时的推证方法可以证明

$$f^{(k+1)}(z_0) = \frac{(k+1)!}{2\pi i} \oint_C \frac{f(z)}{(z - z_0)^{k+2}} dz,$$

从而证明了当 n 为任意正整数时, 公式

$$f^{(n)}(z_0) = \frac{n!}{2\pi i} \oint_C \frac{f(z)}{(z - z_0)^{n+1}} dz$$

都成立.

根据解析函数的定义, 由上述结论, 易知解析函数 $f(z)$ 的各阶导数 $f^{(n)}(z)(n = 1, 2, \cdots)$ 都是解析函数.

高阶导数公式的作用不在于通过积分来求导,而在于通过求导来计算积分.

例 3.4.3 计算积分 $\displaystyle\oint_{|z-\mathrm{i}|=1}\frac{\sin z}{(z-\mathrm{i})^3}\mathrm{d}z$.

解 函数 $\dfrac{\sin z}{(z-\mathrm{i})^3}$ 在圆周 $|z-\mathrm{i}|=1$ 内的 $z=\mathrm{i}$ 处不解析,但 $\sin z$ 在 $|z-\mathrm{i}|\leqslant 1$ 上处处解析,因此

$$\oint_{|z-\mathrm{i}|=1}\frac{\sin z}{(z-\mathrm{i})^3}\mathrm{d}z=\frac{2\pi\mathrm{i}}{2!}(\sin z)''\Big|_{z=\mathrm{i}}=-\pi\mathrm{i}\sin\mathrm{i}=\pi\mathrm{i}\sinh 1.$$

例 3.4.4 计算积分 $I=\dfrac{1}{2\pi\mathrm{i}}\displaystyle\oint_{\varGamma}\frac{\mathrm{e}^z}{z(1-z)^3}\mathrm{d}z$,其中 $\varGamma$ 为包含 0、1 的简单闭曲线.

解 在 $\varGamma$ 的内部以原点为中心作一个正向圆周 C_0,以 1 为中心作一个正向圆周 C_1,如图 3-13 所示,则被积函数在由 C,C_0 和 C_1 所围成的区域内是解析的,根据复合闭路定理有

$$I=\frac{1}{2\pi\mathrm{i}}\left[\oint_{C_0}\frac{\mathrm{e}^z}{z(1-z)^3}+\oint_{C_1}\frac{\mathrm{e}^z}{z(1-z)^3}\right]\mathrm{d}z.$$

由于

$$\frac{1}{2\pi\mathrm{i}}\oint_{C_0}\frac{\mathrm{e}^z}{z(1-z)^3}\mathrm{d}z=\frac{1}{2\pi\mathrm{i}}\oint_{C_0}\frac{\dfrac{\mathrm{e}^z}{(1-z)^3}}{z-0}\mathrm{d}z=\frac{\mathrm{e}^z}{(1-z)^3}\Big|_{z=0}=1,$$

$$\oint_{C_1}\left[\frac{\mathrm{e}^z}{z(1-z)^3}\right]\mathrm{d}z=\frac{-1}{2\pi\mathrm{i}}\oint_{C_1}\left[\frac{\dfrac{\mathrm{e}^z}{z}}{(z-1)^3}\right]\mathrm{d}z=\frac{-1}{2\pi\mathrm{i}}\cdot\frac{2\pi\mathrm{i}}{2!}\left(\frac{\mathrm{e}^z}{z}\right)''\Big|_{z=1}=-\frac{\mathrm{e}}{2},$$

因此

$$I=1-\frac{\mathrm{e}}{2}.$$

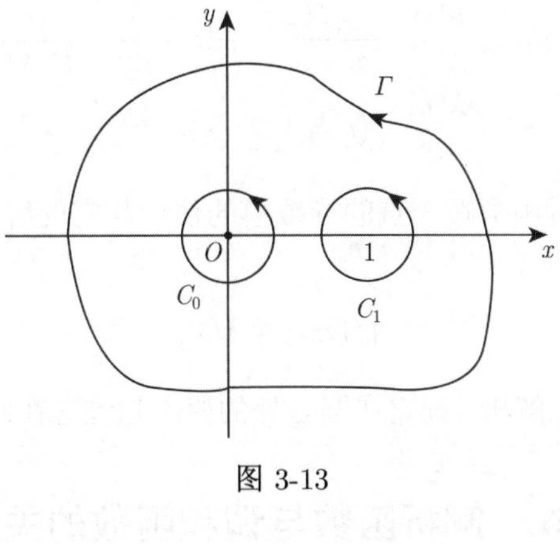

图 3-13

例 3.4.5 试证

$$\left(\frac{z^n}{n!}\right)^2=\frac{1}{2\pi\mathrm{i}}\oint_C\frac{z^n\mathrm{e}^{z\xi}}{n!\xi^{n+1}}\mathrm{d}\xi,$$

其中 C 是围绕原点的一条简单闭曲线.

证明 令 $f(\xi) = \dfrac{z^n}{n!} e^{z\xi}$, 因为 $f(\xi)$ 在 ξ 平面上解析, 由高阶导数公式, 有

$$f^{(n)}(0) = \frac{n!}{2\pi i} \oint_C \frac{z^n e^{z\xi}}{n! \xi^{n+1}} d\xi,$$

而

$$f^{(n)}(0) = \left(\frac{z^n}{n!} e^{z\xi} \right)^{(n)} \bigg|_{\xi=0} = \frac{z^n}{n!} \cdot z^n e^{z\xi} \bigg|_{\xi=0} = \frac{(z^n)^2}{n!},$$

所以

$$\left(\frac{z^n}{n!} \right)^2 = \frac{1}{2\pi i} \oint_C \frac{z^n e^{z\xi}}{n! \xi^{n+1}} d\xi.$$

3.4.3 柯西不等式

利用高阶导数公式, 可以得出关于导数模的一个估计式.

定理 3.4.3 (柯西不等式) 设函数 $f(z)$ 在圆 $C: |z - z_0| = R$ 所围区域内解析, 且在 C 上连续, 则

$$|f^{(n)}(z_0)| \leqslant \frac{Mn!}{R^n} \quad (n = 1, 2 \cdots),$$

其中 M 是 $|f(z)|$ 在 C 上的最大值.

证明 根据给出的条件及高阶导数公式, 有

$$f^{(n)}(z_0) = \frac{n!}{2\pi i} \oint_C \frac{f(z)}{(z - z_0)^{n+1}} dz \quad (n = 1, 2 \cdots),$$

于是

$$|f^{(n)}(z_0)| \leqslant \frac{n!}{2\pi} \oint_C \frac{|f(z)|}{|z - z_0|^{n+1}} dz \leqslant \frac{n!}{2\pi} \cdot \frac{M}{R^{n+1}} \cdot 2\pi R$$
$$= \frac{Mn!}{R^n} \quad (n = 1, 2 \cdots).$$

柯西不等式表明, 解析函数在一点的导数模的估计与它的解析性区域的大小密切相关. 特别地, 当 $n = 0$ 时, 有

$$|f(z_0)| \leqslant M,$$

这表明, 若函数在闭圆域上解析, 则它在圆心处的模不超过它在圆周上的模的最大值.

3.5 解析函数与调和函数的关系

前面证明了在区域 D 内的解析函数, 其导数仍为 D 内的解析函数, 下面用这个结论来研究解析函数与调和函数的关系.

定义 3.5.1　若 $\varphi(x,y)$ 在平面区域 D 内有二阶连续偏导数,并且满足拉普拉斯 (Laplace) 方程

$$\frac{\partial^2 \varphi}{\partial x^2} + \frac{\partial^2 \varphi}{\partial y^2} = 0, \tag{3.5.1}$$

则称 $\varphi = \varphi(x,y)$ 在 D 内为调和函数.

引入记号

$$\Delta = \frac{\partial^2}{\partial x^2} + \frac{\partial^2}{\partial y^2},$$

称为拉普拉斯算子,则式 (3.5.1) 可简记为 $\Delta \varphi = 0$.

定理 3.5.1　若函数 $f(z) = u(x,y) + \mathrm{i}v(x,y)$ 在区域 D 内解析,则 $u = u(x,y)$ 和 $v = v(x,y)$ 在 D 内都是调和函数.

证明　由于 $f(z) = u + \mathrm{i}v$ 为 D 内的一个解析函数,则

$$\frac{\partial u}{\partial x} = \frac{\partial v}{\partial y}, \frac{\partial u}{\partial y} = -\frac{\partial v}{\partial x},$$

从而

$$\frac{\partial^2 u}{\partial x^2} = \frac{\partial^2 v}{\partial y \partial x}, \frac{\partial^2 u}{\partial y^2} = -\frac{\partial^2 v}{\partial x \partial y}.$$

由定理 3.4.2 可知 u 与 v 具有任意阶的连续偏导数,所以

$$\frac{\partial^2 v}{\partial y \partial x} = \frac{\partial^2 v}{\partial x \partial y},$$

从而

$$\frac{\partial^2 u}{\partial x^2} + \frac{\partial^2 u}{\partial y^2} = 0,$$

同理

$$\frac{\partial^2 v}{\partial x^2} + \frac{\partial^2 v}{\partial y^2} = 0,$$

因此 u 与 v 都是调和函数.

但是若已知区域 D 内的两个调和函数 $u = u(x,y), v = v(x,y)$,由此构造一个复变函数 $f(z) = u + \mathrm{i}v$,则由于 u 和 v 不一定满足 C-R 方程,因此 $f(z)$ 不一定是 D 内的解析函数.

定义 3.5.2　若 $u = u(x,y), v = v(x,y)$ 均为区域 D 内的调和函数,且满足 C-R 方程

$$\frac{\partial u}{\partial x} = \frac{\partial v}{\partial y}, \frac{\partial u}{\partial y} = -\frac{\partial v}{\partial x},$$

则称 u 是 v 的共轭调和函数.

由定理 3.5.1 可知,区域 D 内的解析函数的虚部为实部的共轭调和函数.

若已知区域 D 内的一个调和函数 u,则可以利用 C-R 方程求得它的共轭调和函数 v,从而构成一个解析函数 $u + \mathrm{i}v$. 由于多连通域可用割线分成一个或多个单连通域,因此只讨论 D 为单连通域的情形.

设已知单连通域 D 内解析函数的实部 $u = u(x, y)$，求其虚部调和函数 $v = v(x, y)$，此时有

$$\frac{\partial^2 u}{\partial x^2} + \frac{\partial^2 u}{\partial y^2} = 0,$$

得

$$\frac{\partial}{\partial x}\left(\frac{\partial u}{\partial x}\right) = \frac{\partial}{\partial y}\left(-\frac{\partial u}{\partial y}\right),$$

从而 $-\dfrac{\partial u}{\partial y}\mathrm{d}x + \dfrac{\partial u}{\partial x}\mathrm{d}y$ 是全微分，则存在一个函数 $v(x, y)$，使得

$$\mathrm{d}v(x, y) = -\frac{\partial u}{\partial y}\mathrm{d}x + \frac{\partial u}{\partial x}\mathrm{d}y.$$

取 D 内一固定点 $z_0 = x_0 + \mathrm{i}y_0$，则有

$$v(x, y) = \int_{(x_0, y_0)}^{(x, y)} -\frac{\partial u}{\partial y}\mathrm{d}x + \frac{\partial u}{\partial x}\mathrm{d}y + c, \tag{3.5.2}$$

两边对 x, y 求偏导，则有

$$\frac{\partial v}{\partial x} = -\frac{\partial u}{\partial y}, \ \frac{\partial v}{\partial y} = \frac{\partial u}{\partial x},$$

即 u 和 v 满足 C-R 方程.

由于 u 是调和函数，因此 u 在 D 内有连续的二阶偏导，从而一阶偏导连续，再由 C-R 方程，得 u 和 v 在 D 内任一点处可微，则函数 $f(z) = u + \mathrm{i}v$ 在区域 D 内解析. 这种求解析函数的方法称为**线积分法**. 由上述讨论，可以得到以下结论.

定理 3.5.2 设 $u(x, y)$ 是单连通域 D 内的调和函数，则存在函数 $v(x, y)$，使函数 $f(z) = u + \mathrm{i}v$ 在 D 内解析.

在式 (3.5.2) 的计算中，由于该积分在 D 内与积分路径无关，因此可在 D 内取定点 (x_0, y_0) 和平行于坐标轴的路径来计算. 如取从点 (x_0, y_0) 到点 (x, y_0) 再到点 (x, y) 的折线段可得

$$v(x, y) = \int_{x_0}^{x} -u_y(x, y_0)\mathrm{d}x + \int_{y_0}^{y} u_x(x, y)\mathrm{d}y + c. \tag{3.5.3}$$

同理，在 D 内已知其虚部 $v = v(x, y)$，可求出其实部 $u = u(x, y)$，由于

$$\mathrm{d}u = u_x\mathrm{d}x + u_y\mathrm{d}y = v_y\mathrm{d}x - v_x\mathrm{d}y,$$

得

$$u(x, y) = \int_{(x_0, y_0)}^{(x, y)} v_y(x, y)\mathrm{d}x - v_x(x, y)\mathrm{d}y + c, \tag{3.5.4}$$

取从点 (x_0, y_0) 到点 (x, y_0) 再到点 (x, y) 的折线段可得

$$u(x, y) = \int_{x_0}^{x} v_y(x, y_0)\mathrm{d}x - \int_{y_0}^{y} v_x(x, y)\mathrm{d}y + c. \tag{3.5.5}$$

例 3.5.1　已知 $u = \dfrac{x}{x^2 + y^2}$ 在右半平面 $\operatorname{Re} z > 0$ 上是调和函数，求在该半平面解析的函数 $f(z) = u + \mathrm{i}v$，使

$$u = \frac{x}{x^2 + y^2} \text{ 且 } f(1 + \mathrm{i}) = \frac{1 - \mathrm{i}}{2}.$$

解　求偏导数得

$$u_x = \frac{y^2 - x^2}{(x^2 + y^2)^2}, u_y = \frac{-2xy}{(x^2 + y^2)^2},$$

在该半平面取点 (x_0, y_0) 为 $(1, 0)$，由式 (3.5.3) 得

$$\begin{aligned}
v(x, y) &= -\int_1^x u_y(x, 0)\mathrm{d}x + \int_0^y u_x(x, y)\mathrm{d}y + c \\
&= \int_0^y \frac{y^2 - x^2}{(x^2 + y^2)^2}\mathrm{d}y + c \\
&= \int_0^y -\frac{\partial}{\partial y}\left(\frac{y}{x^2 + y^2}\right)\mathrm{d}y + c \\
&= \frac{-y}{x^2 + y^2} + c,
\end{aligned}$$

于是得 $f(z) = \dfrac{x - \mathrm{i}y}{x^2 + y^2} + c\mathrm{i} = \dfrac{1}{z} + \mathrm{i}c.$ 由条件 $f(1 + \mathrm{i}) = \dfrac{1 - \mathrm{i}}{2}$ 得 $c = 0$，因此

$$f(z) = \frac{1}{z}.$$

下面再介绍两种已知调和函数 $u(x, y)$ 或 $v(x, y)$，求解析函数 $f(z) = u + \mathrm{i}v$ 的方法，首先通过例子说明.

例 3.5.2　验证 $v(x, y) = \arctan\dfrac{y}{x}$ 是在右半平面 $(x > 0)$ 内的调和函数，求以此为虚部的解析函数 $f(z) = u + \mathrm{i}v$.

解　由于

$$v_x = \frac{-\dfrac{y}{x^2}}{1 + \dfrac{y^2}{x^2}} = \frac{y}{x^2 + y^2} \quad (x > 0),$$

$$v_y = \frac{\dfrac{1}{x}}{1 + \dfrac{y^2}{x^2}} = \frac{x}{x^2 + y^2} \quad (x > 0),$$

从而有

$$v_{xx} = -\frac{2xy}{(x^2 + y^2)^2}, v_{yy} = \frac{2xy}{(x^2 + y^2)^2} \quad (x > 0),$$

因此 $v_{xx} + v_{yy} = 0(x > 0)$，即 $v(x, y)$ 在右半平面内是调和函数.

由 $\dfrac{\partial u}{\partial x} = \dfrac{\partial v}{\partial y}$ 得

$$
\begin{aligned}
u &= \int \frac{\partial u}{\partial x} \mathrm{d}x + \psi(y) = \int \frac{\partial v}{\partial y} \mathrm{d}x + \psi(y) \\
&= \int \frac{x}{x^2 + y^2} \mathrm{d}x + \psi(y) \\
&= \frac{1}{2} \ln(x^2 + y^2) + \psi(y),
\end{aligned}
$$

上式两边对 y 求偏导, 再由 $\dfrac{\partial u}{\partial y} = -\dfrac{\partial v}{\partial x}$ 得

$$
\frac{1}{2} \cdot \frac{2y}{x^2 + y^2} + \psi'(y) = \frac{y}{x^2 + y^2},
$$

得 $\psi'(y) = 0$, 即 $\psi(y) = c$, 因此

$$
\begin{aligned}
f(z) &= \frac{1}{2} \ln(x^2 + y^2) + c + \mathrm{i}\arctan \frac{y}{x} \\
&= \ln|z| + \mathrm{i}\arg z + c \\
&= \ln z + c \quad (c\text{为实常数})
\end{aligned}
$$

在右半平面内单值解析.

接下来介绍另一种求解析函数的方法. 已知解析函数 $f(z) = u + \mathrm{i}v$ 的导数 $f'(z)$ 仍为解析函数, 且

$$
f'(z) = u_x + \mathrm{i}v_x = u_x - \mathrm{i}u_y = v_y + \mathrm{i}v_x,
$$

把 $u_x - \mathrm{i}u_y$ 与 $v_y + \mathrm{i}v_x$ 还原成 z 的函数 (即用 z 表示), 得

$$
f'(z) = u_x - \mathrm{i}u_y = U(z) \ \text{与} \ f'(z) = v_y + \mathrm{i}v_x = V(z),
$$

将它们积分, 即得

$$
f(z) = \int U(z)\mathrm{d}z + c, \tag{3.5.6}
$$

$$
f(z) = \int V(z)\mathrm{d}z + c. \tag{3.5.7}
$$

已知实部 u 求 $f(z)$ 可用式 (3.5.6), 已知虚部 v 求 $f(z)$ 可用式 (3.5.7).

例 3.5.3 已知 $u(x,y) = y^3 - 3x^2 y$ 在整个平面内是调和函数, 求以此为实部的解析函数 $f(z)$.

解 因 $u(x,y) = y^3 - 3x^2 y$, 故 $u_x = -6xy, u_y = 3y^2 - 3x^2$, 从而

$$
\begin{aligned}
f'(z) &= -6xy - \mathrm{i}(3y^2 - 3x^2) \\
&= 3\mathrm{i}(x^2 + 2xy\mathrm{i} - y^2) \\
&= 3\mathrm{i}z^2,
\end{aligned}
$$

故

$$f(z) = \int 3\mathrm{i}z^2\mathrm{d}z = \mathrm{i}z^3 + c_1,$$

其中 c_1 为任意纯虚数, 因为 $f(z)$ 的实部为已知函数, 不可能包含任意实常数, 所以

$$f(z) = \mathrm{i}(z^3 + c),$$

其中 c 为任意实常数.

3.6　小　　结

复变函数的积分是定积分在复数域中的推广, 二者的定义在形式上相似, 但复变函数的积分实际上是复平面上的线积分.

若函数 $f(z) = u(x, y) + \mathrm{i}v(x, y)$, C 为一条光滑的有向曲线, 则

$$\int_C f(z)\mathrm{d}z = \int_C u\mathrm{d}x - v\mathrm{d}y + \mathrm{i}\int_C v\mathrm{d}x + u\mathrm{d}y.$$

设曲线 C 的参数方程为 $z = z(t) = x[t + \mathrm{i}y(t)]\,(\alpha \leqslant t \leqslant \beta)$, 则

$$\int_C f(z)\mathrm{d}z = \int_\alpha^\beta f[z(t)]z'(t)\mathrm{d}t.$$

在计算复积分时, 常用到以下结果:

$$\oint_{|z-z_0|=r} \frac{\mathrm{d}z}{(z - z_0)^{n+1}} = \begin{cases} 2\pi\mathrm{i}, & n = 0, \\ 0, & n \neq 0. \end{cases}$$

若函数 $f(z)$ 在单连通域 D 内解析, C 为 D 内任一简单闭曲线, 则 $\oint_C f(z)\mathrm{d}z = 0$, 这就是柯西积分定理. 由柯西–古萨基本定理知上述结论对 D 内任意一条封闭曲线 C(不一定是简单的闭曲线) 都成立.

将柯西–古萨基本定理推广到多连通域上, 得到复合闭路定理. 设 D 是以复合闭路 $\varGamma = C + C_1^- + C_2^- + \cdots + C_n^-$ 为边界的多连通域, 若函数 $f(z)$ 在 D 内及其边界 $\varGamma$ 上解析, 则 $f(z)$ 沿 $\varGamma$ 的积分为零, 这时有

$$\oint_C f(z)\mathrm{d}z = \sum_{k=1}^n \oint_{C_k} f(z)\mathrm{d}z.$$

利用复合闭路定理可以把多连通域上对外边界的积分化为对内边界的积分.

复合闭路定理可以简述为, 解析函数积分的积分路径作不经过被积函数奇点的连续变形, 其积分值保持不变. 积分函数的这种性质称为闭路变形原理, 利用闭路变形原理, 可以将不规则的曲线上的积分化为规则曲线 (如圆周) 上的积分.

柯西积分公式

$$f(z_0) = \frac{1}{2\pi\mathrm{i}} \oint_C \frac{f(z)}{z - z_0}\mathrm{d}z$$

与高阶导数公式

$$f^{(n)}(z_0) = \frac{n!}{2\pi i} \oint_C \frac{f(z)}{(z - z_0)^{n+1}} dz$$

是复变函数中两个十分重要的公式, 是计算积分的重要工具.

柯西积分公式的证明基于柯西–古萨基本定理, 它的重要性在于一个解析函数在区域内部的值可以用它在边界上的值通过积分来表示, 是研究解析函数的重要工具. 例如, 假定解析函数 $f(z)$ 在区域边界上的值为 1, 由柯西积分公式知 $f(z)$ 在区域内的值处处等于 1. 但二元实函数不具有这一性质. 由高阶导数公式可知解析函数的导函数仍是解析函数.

在计算沿闭曲线的积分时, 一般以柯西积分定理、柯西–古萨基本定理、复合闭路定理、闭路变形原理为依据, 以柯西积分公式、高阶导数公式为主要工具. 被积函数往往形式多样, 需将被积函数作适当的变形, 再使用相关定理、公式和积分性质. 计算沿非封闭曲线的积分时, 若能找到一个单连通域, 使该曲线位于单连通域内, 并且被积函数在单连通域内解析, 则可以通过求被积函数的原函数的方法计算积分; 也可以通过复积分公式 (3.1.2) 化为二元实函数的对坐标的曲线积分, 或将曲线 C 写成参数方程, 用式 (3.1.3) 计算, 这时无论曲线是否封闭都可以. 关于复积分的计算将在后面的章节继续讨论.

在一个区域 D 内, 具有二阶连续偏导数且满足拉普拉斯方程的二元函数称为区域 D 内的调和函数. 解析函数的实部和虚部都是调和函数.

由于解析函数 $f(z) = u + iv$ 的导函数仍然是解析函数, 若把它的各阶导数写出来, 得

$$f'(z) = u_x + iv_x = v_y - iu_y,$$
$$f''(z) = u_{xx} + iv_{xx} = v_{xy} + i(-u_{xy}) = v_{yx} + i(-u_{yx}) = -u_{yy} + i(-u_{xx}),$$
$$\cdots$$

可知, u, v 的 4 个一阶偏导数, 8 个二阶偏导数, $\cdots$, 任意阶的偏导数都存在而且连续, 并且都是调和函数.

任意两个调和函数 u 与 v 所构成的函数不一定是解析函数, 还要求虚部 v 是实部 u 的共轭调和函数, 即满足 C-R 方程 $u_x = v_y, u_y = -v_x$, 要注意 u 与 v 的位置不能颠倒. 这样已知解析函数的实部或虚部就可以求出解析函数.

习　题　3

1. 计算 $f(z) = \dfrac{\bar{z}}{|z|}$ 沿下列曲线的积分.

(1) C_1 为正向圆周 $|z| = 2$;　　(2) C_2 为正向圆周 $|z| = 4$.

2. 计算 $f(z) = |z|$ 沿下列曲线的积分.

(1) C_1 为从点 $z_1 = -1$ 到点 $z_2 = 1$ 的直线段;

(2) C_2 为从点 $z_1 = -1$ 到点 $z_2 = 1$ 的上半圆周;

(3) C_3 为从点 $z_1 = -1$ 到点 $z_2 = 1$ 的下半圆周.

3. 设 C 为从点 $z = 0$ 到点 $z_1 = 1 + i$ 的抛物线 $y = x^2$, 计算函数 $f(z) = x^2 + iy$ 沿 C 的积分.

4. 设 C 为从点 $z = 0$ 到点 $z_1 = 1 + \mathrm{i}$ 的直线段，计算函数 $f(z) = x - y + \mathrm{i}x^2$ 沿 C 的积分.

5. 利用复积分的估值性质证明下列不等式.

(1) $\left| \oint_{|z-1|=2} \dfrac{z+1}{z-1} \mathrm{d}z \right| \leqslant 8\pi$;

(2) $\left| \displaystyle\int_C \dfrac{\mathrm{d}z}{z-1} \right| \leqslant 2$, C 是从 $z_1 = \mathrm{i}$ 到 $z_2 = 2 + \mathrm{i}$ 的直线段;

(3) $\left| \oint_{|z|=r} \dfrac{\mathrm{d}z}{z^4 - |a|^4} \right| \leqslant \dfrac{2\pi r}{r^4 - |a|^4} \, (r > |a|)$.

6. 设 $f(z)$ 在正向圆周 $|z - z_0| = \rho$ 上连续，且在该圆周 C 上处处有 $|f(z)| \leqslant M \,(\rho > 0)$，再设

$$f(z_0) = \frac{1}{2\pi\mathrm{i}} \oint_C \frac{f(z)}{z - z_0} \mathrm{d}z, \quad f(z_0 + \Delta z) = \frac{1}{2\pi\mathrm{i}} \oint_C \frac{f(z)\mathrm{d}z}{z - z_0 - \Delta z},$$

试用复积分的估值性质证明当 $|\Delta z| \leqslant \dfrac{\rho}{2}$ 时有

(1) $\left| \dfrac{f(z_0 + \Delta z) - f(z_0)}{\Delta z} - \dfrac{1}{2\pi\mathrm{i}} \oint_C \dfrac{f(z)}{(z - z_0)^2} \mathrm{d}z \right| \leqslant \dfrac{2|\Delta z| M}{\rho^2}$,

(2) 令 $\Delta z \to 0$ 可得

$$f'(z_0) = \lim_{\Delta z \to 0} \frac{f(z_0 + \Delta z) - f(z_0)}{\Delta z} = \frac{1}{2\pi\mathrm{i}} \oint_C \frac{f(z)}{(z - z_0)^2} \mathrm{d}z.$$

7. 若函数 $f(z)$ 在简单闭路 C 上解析，在 C 的内部只有奇点 z_0，则它沿 C 的积分不为零. 这种说法正确吗？为什么？

8. 试说明下列积分值一定为零.

(1) $\oint_{|z|=1} \dfrac{\mathrm{d}z}{\mathrm{e}^z}$;   (2) $\oint_{|z|=1} \dfrac{\mathrm{d}z}{\cos z}$;   (3) $\oint_{|z|=1} (z^2 + 1)\cos(z^5 + 1)\mathrm{d}z$;

(4) $\oint_{|z|=1} \dfrac{z}{z-2} \mathrm{d}z$;   (5) $\oint_{|z|=1} \dfrac{z}{z^2 + 4} \mathrm{d}z$;   (6) $\oint_{|z|=1} \ln(z+2)\mathrm{d}z$.

9. 试讨论函数 $f(z) - \dfrac{1}{z}$ 沿正向圆周 $|z - z_0| = r$ 的积分值，其中 $r > 0$，且 $|z_0| \neq r, |z_0| \neq 0$.

10. 设 C 和 C_1 分别为正向圆周 $|z| = 2$ 和 $|z| = 1$，且 $\Gamma = C + C_1^{-}$，证明：$\oint_\Gamma \dfrac{\mathrm{d}z}{z(z^2 + 9)} = 0$.

11. 计算下列积分值，其中积分路径都取正向.

(1) $\oint_C \dfrac{1}{z - \mathrm{i}} \mathrm{d}z$，其中 C 为顶点是 $\pm 1, \pm 2\mathrm{i}$ 的矩形边界;

(2) $\oint_{|z|=3} \dfrac{2z + 1 + 2\mathrm{i}}{(z+1)(z+2\mathrm{i})} \mathrm{d}z$;   (3) $\oint_{|z-1|=3} \dfrac{2\mathrm{i}}{z^2 + 1} \mathrm{d}z$;

(4) $\oint_{|z|=3} \dfrac{2z - 1}{z^2 - z} \mathrm{d}z$;   (5) $\oint_{|z|=1} \dfrac{2\mathrm{i}}{z^2 - 2\mathrm{i}z} \mathrm{d}z$.

12. 用柯西积分定理计算积分 $I = \oint_{|z|=1} \dfrac{1}{z+2}\mathrm{d}z$ 的值，并证明等式

$$\int_0^{2\pi} \frac{1+2\cos\theta}{5+4\cos\theta}\mathrm{d}\theta = 0.$$

13. 求积分 $\displaystyle\int_0^1 z\cos z\,\mathrm{d}z$ 的值.

14. 计算下列积分，并说明其积分路径的允许范围.

(1) $\displaystyle\int_0^{\mathrm{i}} (1+z)^3\mathrm{d}z$；
(2) $\displaystyle\int_0^{\mathrm{i}} \cos z\,\mathrm{d}z$；

(3) $\displaystyle\int_0^{\pi\mathrm{i}} \mathrm{e}^z\mathrm{d}z$；
(4) $\displaystyle\int_{-\pi\mathrm{i}}^{\pi\mathrm{i}} \sin^2 z\,\mathrm{d}z$.

15. 计算积分 $\displaystyle\int_C (3z^2+2z+1)\mathrm{d}z$，其中 C 为从点 $z_1 = -\mathrm{i}$ 到点 $z = \mathrm{i}$ 的右半圆周.

16. 计算积分 $I_k = \displaystyle\int_6^{1+\mathrm{i}} f_k(z)\mathrm{d}z\,(k=1,2)$，其中 $f_1(z) = \dfrac{1}{1+z}$，$f_2(z) = \dfrac{1}{1+z^2}$.

17. 计算下列积分，其中积分闭路取正向.

(1) $\displaystyle\oint_{|z-1|=1} \frac{\mathrm{d}z}{z^3-1}$；
(2) $\displaystyle\oint_{|z-1|=1} \frac{\mathrm{d}z}{z^4-1}$；
(3) $\displaystyle\oint_{|z-2\mathrm{i}|=\frac{3}{2}} \frac{\mathrm{e}^{\mathrm{i}z}\mathrm{d}z}{z^2+1}$；

(4) $\displaystyle\oint_{|z|=1} \frac{\mathrm{d}z}{z^4(z-2)^4}$；
(5) $\displaystyle\oint_{|z|=2} \frac{\cos z\,\mathrm{d}z}{(z-\mathrm{i})^{101}}$；
(6) $\displaystyle\oint_{|z|=2} \frac{\sin z\,\mathrm{d}z}{(z-\mathrm{i})^{4n+1}}$；

(7) $\displaystyle\oint_{|z|=2} \frac{\mathrm{e}^z+z^2}{(z-1)^4}\mathrm{d}z$；
(8) $\displaystyle\oint_{|z|=\frac{3}{2}} \frac{\mathrm{d}z}{(z-1)(z+2)(z^4+16)}$.

18. 设 C_1 和 C_2 是互不相交且互不包括的正向简单闭路，且 z_0 是不在曲线 C_1 和 C_2 上的一定点，试讨论积分 I 的值：

$$I = \frac{1}{2\pi\mathrm{i}} \left[\oint_{C_1} \frac{z^2}{z-z_0}\mathrm{d}z + \oint_{C_2} \frac{\sin z}{z-z_0}\mathrm{d}z \right].$$

19. 设 z_0 为复常数且 $|z_0| \neq 1$，$f(z) = \dfrac{\mathrm{e}^z}{(z-z_0)^3}$，试讨论 $f(z)$ 沿正向圆周 $|z_0| = 1$ 的积分值.

20. 用柯西积分公式计算函数 $f(z) = \dfrac{\mathrm{e}^z}{z}$ 沿正向圆周 $|z| = 1$ 的积分值，然后利用圆周 $|z| = 1$ 的参数方程 $z = \mathrm{e}^{\mathrm{i}\theta}(-\pi \leqslant \theta < \pi)$ 证明：

$$\int_0^{\pi} \mathrm{e}^{\cos\theta}\cos(\sin\theta)\mathrm{d}\theta = \pi.$$

21. 设 $f(z)$ 和 $g(z)$ 在简单闭路 C 上及其内部解析，试证：
(1) 若 $f(z)$ 在 C 上及其内部解析，且 $f(z)$ 在 C 上非 0，则有

$$\oint_C \frac{f'(z)}{f(z)}\mathrm{d}z = 0;$$

(2) 若在 C 上有 $f(z) = g(z)$，则在 C 的内部有 $f(z) = g(z)$.

22. 设函数 $f(z)$ 在单连通域 D 内连续，且对于 D 内任意一条简单闭曲线 C，都有 $\oint_C f(z)\mathrm{d}z = 0$, 证明 $f(z)$ 在 D 内解析 (莫雷拉定理).

23. 设 $u = u(x, y)$ 为区域 D 内的调和函数，试证函数 $f(z) = u_x - \mathrm{i}u_y$ 在 D 内解析.

24. 设 $u = u(x, y)$ 和 $v = v(x, y)$ 都是区域 D 内的调和函数，试证函数 $f(z) = (u_y - v_x) + \mathrm{i}(u_x + v_y)$ 在 D 内解析.

25. 由下列所给调和函数求解析函数 $f(z) = u + \mathrm{i}v$.

(1) $u(x, y) = x^3 - 3xy^2, f(0) = \mathrm{i}$；

(2) $v = 2xy, f(\mathrm{i}) = -1$；

(3) $u = \mathrm{e}^x(x\cos y - y\sin y), f(0) = 0$；

(4) $u = (x - y)(x^2 + 4xy + y^2), f(0) = 0$；

(5) $v = \dfrac{y}{x^2 + y^2}, f(2) = 0$.

26. 若 v 是 u 的共轭调和函数，试问 u 是否也一定是 v 的共轭调和函数？为什么？

27. 设 $f(z) = u(x, y) + \mathrm{i}v(x, y)$ 在区域 D 内解析且处处不等于零，试证 $g(x, y) = \ln|f(z)|$ 在 D 内为调和函数.

第4章 复 级 数

本章首先介绍复数列和复数项级数的一些基本概念和性质，并着重讨论复变函数中的幂级数，然后介绍解析函数的泰勒级数和洛朗级数展开定理及其展开式的求法. 泰勒级数和洛朗级数都是研究解析函数的重要工具，也是学习第 5 章内容的基础.

4.1 复数项级数

4.1.1 复数列的收敛性及其判别法

设 $\alpha_1, \alpha_2, \cdots, \alpha_n, \cdots$ 为一个复数列，其通项为 $\alpha_n = a_n + ib_n$，可简记该复数列为 $\{\alpha_n\}$.

定义 4.1.1 设 $\{\alpha_n\}$ 为一个复数列且 $\alpha = a + ib$ 为复常数，若对任意正数 ε 都存在对应的正整数 N，使得当 $n > N$ 时恒有 $|\alpha_n - \alpha| < \varepsilon$，则称该复数列收敛且其极限为 α，记作

$$\lim_{n \to +\infty} \alpha_n = \alpha \quad \text{或} \quad \alpha_n \to \alpha \quad (n \to \infty), \tag{4.1.1}$$

此时也称复数列 $\{\alpha_n\}$ 收敛于 α. 如果不存在任何有限复常数 α 使得复数列 $\{\alpha_n\}$ 收敛于 α，则称复数列 $\{\alpha_n\}$ 是发散的.

由复数列 $\{\alpha_n\}$ 收敛的定义可以得到以下结论.

定理 4.1.1 当 $n \to \infty$ 时有

$$\alpha_n \to \alpha \Leftrightarrow \alpha_n - \alpha \to 0 \Leftrightarrow |\alpha_n - \alpha| \to 0.$$

复数列的收敛性可以转化对两个实数列的收敛性的判定.

定理 4.1.2 复数列 α_n 收敛于 α 的充要条件是

$$\lim_{n \to +\infty} a_n = a, \lim_{n \to +\infty} b_n = b.$$

证明 若 $\lim\limits_{n \to +\infty} \alpha_n = \alpha$，则对于任意给定的 $\varepsilon > 0$，都能找到一个正整数 N，使得当 $n > N$ 时

$$|(a_n + ib_n) - (a + ib)| < \varepsilon,$$

从而有

$$|a_n - a| \leqslant |(a_n - a) + i(b_n - b)| < \varepsilon,$$

所以

$$\lim_{n \to +\infty} a_n = a.$$

同理

$$\lim_{n \to +\infty} b_n = b.$$

反之, 如果 $\lim_{n \to +\infty} a_n = a, \lim_{n \to +\infty} b_n = b$, 则存在一个正整数 N, 当 $n > N$ 时

$$|a_n - a| < \frac{\varepsilon}{2}, |b_n - b| < \frac{\varepsilon}{2},$$

从而有

$$|\alpha_n - \alpha| = |(a_n - a) + \mathrm{i}(b_n - b)| \leqslant |a_n - a| + |b_n - b| < \varepsilon,$$

所以

$$\lim_{n \to +\infty} \alpha_n = \alpha.$$

例 4.1.1   判别下列数列的收敛性和极限.

(1) $\alpha_n = \dfrac{n\mathrm{i}}{2n+1}$;   (2) $\alpha_n = \dfrac{\cos n}{(1+\mathrm{i})^n}$;   (3) $\alpha_n = \mathrm{e}^{(n+\frac{1}{2})\pi\mathrm{i}}$.

解   (1)令 $a_n + \mathrm{i}b_n = \dfrac{n\mathrm{i}}{2n+1}$, 则 $a_n = 0, b_n = \dfrac{n}{2n+1}$, 显然 $a_n \to 0$ 且 $b_n \to \dfrac{1}{2}(n \to \infty)$, 于是由定理 4.1.2, 该数列当 $n \to \infty$ 时收敛, 其极限为 $\dfrac{\mathrm{i}}{2}$.

(2) 显然, 当 $n \to \infty$ 时, $|\alpha_n| = \left|\dfrac{\cos n}{(1+\mathrm{i})^n}\right| \to 0$, 由定理 4.1.1, 该数列收敛且极限为零.

(3) 由于 $\alpha_n = \cos\left[\left(n+\dfrac{1}{2}\right)\pi\right] + \mathrm{i}\sin\left[\left(n+\dfrac{1}{2}\right)\pi\right]$, 因此 $a_n = \cos\left[\left(n+\dfrac{1}{2}\right)\pi\right], b_n = \sin\left[\left(n+\dfrac{1}{2}\right)\pi\right]$, 且当 $n \to \infty$ 时数列 b_n 发散, 于是由定理 4.1.2 得该数列发散.

定理 4.1.3(柯西收敛准则)   复数列 α_n 收敛的充分必要条件是: 对任意给定的 $\varepsilon > 0$, 存在自然数 N, 使得当 $n > N$ 时, 对于任何自然数 p, 有

$$|\alpha_{n+p} - \alpha_n| < \varepsilon.$$

定理 4.1.3 可用定理 4.1.2 与实数数列的柯西收敛准则来证明.

4.1.2   复数项级数的收敛性及其判别法

设 $\{\alpha_n\} = \{a_n + \mathrm{i}b_n\}(n = 1, 2, \cdots)$ 为一复数列, 表达式

$$\sum_{n=1}^{\infty} \alpha_n = \alpha_1 + \alpha_2 + \cdots + \alpha_n + \cdots$$

称为**无穷级数**, 其前 n 项的和

$$S_n = \alpha_1 + \alpha_2 + \cdots + \alpha_n$$

称为级数的部分和.

若该部分和数列收敛, 其极限为 S, 则称上述复数项级数收敛, 且称 S 为该级数的和, 记作

$$\sum_{n=1}^{\infty} \alpha_n = \alpha_1 + \alpha_2 + \cdots + \alpha_n + \cdots = S.$$

若部分和数列 $\{S_n\}$ 发散, 则称级数 $\sum_{n=1}^{\infty} \alpha_n$ 发散.

定理 4.1.4 级数 $\sum_{n=1}^{\infty} (a_n + \mathrm{i} b_n)$ 收敛的充要条件是其实部级数 $\sum_{n=1}^{\infty} a_n$ 和虚部级数 $\sum_{n=1}^{\infty} b_n$ 都收敛.

证明 因

$$\begin{aligned}
S_n &= \alpha_1 + \alpha_2 + \cdots + \alpha_n \\
&= (a_1 + a_2 + \cdots + a_n) + \mathrm{i}(b_1 + b_2 + \cdots + b_n) \\
&= \sigma_n + \mathrm{i}\tau_n,
\end{aligned}$$

其中 $\sigma_n = a_1 + a_2 + \cdots + a_n, \tau_n = b_1 + b_2 + \cdots + b_n$ 分别为 $\sum_{n=1}^{\infty} a_n$ 和 $\sum_{n=1}^{\infty} b_n$ 的部分和, 由定理 4.1.2, S_n 的极限存在的充要条件是 σ_n 和 τ_n 的极限存在, 即级数 $\sum_{n=1}^{\infty} a_n$ 和 $\sum_{n=1}^{\infty} b_n$ 都收敛.

定理 4.1.4 将复数项级数的收敛问题转化为实数项级数的收敛问题, 而由实数项级数 $\sum_{n=1}^{\infty} a_n$ 和 $\sum_{n=1}^{\infty} b_n$ 收敛的必要条件

$$\lim_{n \to \infty} a_n = 0, \quad \lim_{n \to \infty} b_n = 0,$$

即可得 $\lim\limits_{n \to \infty} \alpha_n = 0$.

定理 4.1.5 复数项级数 $\sum_{n=1}^{\infty} \alpha_n$ 收敛, 则 $\lim\limits_{n \to \infty} \alpha_n = 0$.

如果 $\sum_{n=1}^{\infty} |\alpha_n|$ 收敛, 那么称级数 $\sum_{n=1}^{\infty} \alpha_n$ 为**绝对收敛**. 非绝对收敛的收敛级数称为**条件收敛级数**.

定理 4.1.6 若 $\sum_{n=1}^{\infty} |\alpha_n|$ 收敛, 则 $\sum_{n=1}^{\infty} \alpha_n$ 也收敛.

证明 由于 $\sum_{n=1}^{\infty} |\alpha_n| = \sum_{n=1}^{\infty} \sqrt{a_n^2 + b_n^2}$, 而

$$|a_n| \leqslant \sqrt{a_n^2 + b_n^2}, |b_n| \leqslant \sqrt{a_n^2 + b_n^2},$$

根据实数项级数的比较准则, 可知级数 $\sum_{n=1}^{\infty} |a_n|$ 及 $\sum_{n=1}^{\infty} |b_n|$ 都收敛, 因而 $\sum_{n=1}^{\infty} a_n$ 和 $\sum_{n=1}^{\infty} b_n$ 也

都收敛. 由定理 4.1.2, 可知 $\sum\limits_{n=1}^{\infty} \alpha_n$ 是收敛的.

由定理 4.1.6 可知, 若级数绝对收敛, 则它本身一定收敛, 反之则不然.

例 4.1.2 判别下列级数的收敛性, 若级数收敛, 指出是绝对收敛还是条件收敛.

$$(1)\ \sum_{n-1}^{\infty} \left(\frac{in-1}{n-i} \right)^n; \qquad (2)\ \sum_{n=1}^{\infty} \frac{(6i)^n}{n!}; \qquad (3)\ \sum_{n=1}^{\infty} \left(\frac{-n^2+i}{n^3} \right)(-1)^n.$$

解 (1) 因 $|\alpha_n| \geqslant 1$ 不趋向于零, 由定理 4.1.5, 该级数发散.

(2) 因 $\left| \frac{(6i)^n}{n!} \right| = \frac{6^n}{n!}$, 由正项级数的比值收敛法知 $\sum\limits_{n=1}^{\infty} \frac{(6i)^n}{n!}$ 收敛, 故原级数收敛, 且为绝对收敛.

(3) 其实部级数为 $\sum\limits_{n=1}^{\infty} (-1)^{n+1} \frac{1}{n}$, 虚部级数为 $\sum\limits_{n=1}^{\infty} (-1)^n \frac{1}{n^3}$, 由交错级数判别法可知它们都收敛, 于是由定理 4.1.3 可得所给原级数收敛.

又由于 $|\alpha_n| = \frac{\sqrt{n^4+1}}{n^3} > \frac{1}{n}$, 由调和级数的发散性和正项级数比较判别法可得, 所给原级数非绝对收敛, 因而条件收敛.

4.2 幂 级 数

4.2.1 幂级数的概念

设 $\{f_n(z)\}(n = 1, 2, \cdots)$ 为一复变函数序列, 均在区域 D 内有定义. 表达式

$$\sum_{n=1}^{\infty} f_n(z) = f_1(z) + f_2(z) + \cdots + f_n(z) + \cdots \tag{4.2.1}$$

称为**复变函数项级数**, 记作 $\sum\limits_{n=1}^{\infty} f_n(z)$. 级数的前 n 项的和

$$S_n(z) = f_1(z) + f_2(z) + \cdots + f_n(z)$$

称为此级数的**部分和**. 若将集合 D 中某一点 z_0 代入式 (4.2.1) 中使复数项级数

$$\sum_{n=1}^{\infty} f_n(z_0) = f_1(z_0) + f_2(z_0) + \cdots + f_n(z_0) + \cdots$$

收敛, 则称该函数项级数在点 z_0 处收敛, z_0 为级数 (4.2.1) 的收敛点, 收敛点所构成的集合 D_0 为该级数的**收敛域**($D_0 \subseteq D$, 不一定是区域). 此时, 对任意 $z \in D_0$ 可记

$$S(z) = \sum_{n=1}^{\infty} f_n(z) \quad (z \in D_0),$$

称 $S(z)$ 为级数 $\sum\limits_{n=1}^{\infty} f_n(z_0)$ 的**和函数**. 当 $f_n(z) = c_{n-1}(z-a)^{n-1}$ 或 $f_n(z) = c_{n-1}z^{n-1}$ 时, 就得到函数项级数的特殊情形:

$$\sum_{n=0}^{\infty} c_n(z-a)^n = c_0 + c_1(z-a) + c_2(z-a)^2 + \cdots + c_n(z-a)^n + \cdots \qquad (4.2.2)$$

或

$$\sum_{n=0}^{\infty} c_n z^n = c_0 + c_1 z + c_2 z^2 + \cdots + c_n z^n + \cdots, \qquad (4.2.3)$$

这种级数称为**幂级数**. 若令 $z - a = \zeta$, 则式 (4.2.2) 变为 $\sum\limits_{n=0}^{\infty} c_n \zeta^n$, 即式 (4.2.3) 的形式, 因此只需要讨论式 (4.2.3) 的幂级数.

例 4.2.1 讨论幂级数

$$\sum_{n=0}^{\infty} z^n = 1 + z + z^2 + \cdots + z^n + \cdots$$

的敛散性.

解 级数的部分和为

$$S_n = 1 + z + z^2 + \cdots + c_n z^{n-1} = \frac{1 - z^n}{1 - z} \quad (z \neq 1).$$

当 $|z| < 1$ 时, 由于 $\lim\limits_{n \to \infty} z^n = 0$, 因此有 $\lim\limits_{n \to \infty} S_n = \frac{1}{1-z}$, 即 $|z| < 1$ 时, 级数 $\sum\limits_{n=0}^{\infty} z^n$ 收敛, 和函数为 $\frac{1}{1-z}$.

当 $|z| > 1$ 时, 由于 $\lim\limits_{n \to \infty} |z^n| = \lim\limits_{n \to \infty} |z|^n = \infty$, 因此 $\lim\limits_{n \to \infty} z^n = \infty$, 原级数发散.

当 $|z| = 1$ 时, 则有 $|z^n| = 1$, 原级数发散.

综上得

$$f(x) = \begin{cases} \dfrac{1}{1-z}, & |z| < 1 \\ \text{发散}, & |z| \geqslant 1. \end{cases}$$

在一般情况下, 是否存在一个圆周 $|z| = R$, 使得幂级数 (4.2.3) 在该圆外部发散且在其内部绝对收敛呢? 答案是肯定的, 4.2.2 节将更深入地讨论这个问题.

4.2.2 收敛圆和收敛半径

同高等数学中的实变幂级数一样, 复变幂级数也有所谓的幂级数的收敛定理, 即阿贝尔 (Abel) 定理.

定理 4.2.1(阿贝尔定理) 若级数 $\sum\limits_{n=0}^{\infty} c_n z^n$ 在 $z = z_0(z_0 \neq 0)$ 处收敛, 则对满足 $|z| < |z_0|$

的 z，级数必绝对收敛. 若在 $z = z_0$ 处级数发散，则对满足 $|z| > |z_0|$ 的 z，级数必发散.

证明 若级数 $\sum_{n=0}^{\infty} c_n z_0^n$ 收敛，根据收敛的必要条件，有 $\lim_{n\to\infty} c_n z_0^n = 0$，因而存在正数 M，使得对所有的 n 有

$$|c_n z_0^n| < M.$$

若 $|z| < |z_0|$，则 $\frac{|z|}{|z_0|} = q < 1$，从而

$$|c_n z^n| = |c_n z_0^n| \cdot |\frac{z}{z_0}|^n < Mq^n,$$

由于 $\sum_{n=0}^{\infty} Mq^n$ 为公比小于 1 的等比级数，故收敛，由正项级数的比较收敛法知

$$\sum_{n=0}^{\infty} |c_n z^n| = |c_0| + |c_1 z| + |c_2 z^2| + \cdots + |c_n z^n| + \cdots \tag{4.2.4}$$

收敛，从而级数 $\sum_{n=0}^{\infty} c_n z^n$ 绝对收敛.

若级数 $\sum_{n=0}^{\infty} c_n z^n$ 发散，$|z_1| > |z_0|$ 且在 z_1 处级数收敛，则由以上证明结果可知在 $z_0(|z_0| < |z_1|)$ 处级数收敛，这与级数 $\sum_{n=0}^{\infty} c_n z_0^n$ 发散矛盾.

由阿贝尔定理可知级数 $\sum_{n=0}^{\infty} c_n z^n$ 的收敛情况分为三种:

① 仅在 $z = 0$ 处收敛，如 $\sum_{n=0}^{\infty} n^n z^n$;

② 在整个复平面内处处收敛，如 $\sum_{n=0}^{\infty} \frac{1}{n!} z^n$;

③ 在复平面上存在一点 z_0，在 $|z| < |z_0|$ 时收敛，在 $|z| > |z_0|$ 时发散.

若令 $R = |z_0|$，则称圆周 $|z| = R$ 为幂级数的**收敛圆**，在收敛圆的内部，级数绝对收敛，在收敛圆的外部，级数发散. 收敛圆的半径 R 称为收敛半径. 因此幂级数 (4.2.3) 的收敛范围是以原点为中心的圆域. 对幂级数 (4.2.2) 来说，它的收敛范围是以 $z = a$ 为中心的圆域. 在收敛圆的圆周上是收敛还是发散，要针对具体级数进行具体分析.

4.2.3 收敛半径的求法

由阿贝尔定理可知，收敛半径一定存在，当 $R = \infty$ 时，级数 $\sum_{n=0}^{\infty} c_n z^n$ 在整个复平面内收敛，当 $R = 0$ 时，级数只在 $z = 0$ 处收敛.

关于收敛半径的求法，有以下结论.

定理 4.2.2(比值法) 设幂级数为 $\sum\limits_{n=0}^{\infty} c_n z^n$, 若 $\lim\limits_{n\to\infty} \left| \dfrac{c_{n+1}}{c_n} \right| = \lambda \neq 0$, 则收敛半径 $R = \dfrac{1}{\lambda}$.

证明 由于

$$\lim_{n\to\infty} \frac{|c_{n+1}||z|^{n+1}}{|c_n||z|^n} = \lim_{n\to\infty} \left| \frac{c_{n+1}}{c_n} \right| |z| = \lambda|z|,$$

因此当 $|z| < \dfrac{1}{\lambda}$ 时, $\sum\limits_{n=0}^{\infty} |c_n||z|^n$ 收敛, 从而级数 $\sum\limits_{n=0}^{\infty} c_n z^n$ 在圆 $|z| = \dfrac{1}{\lambda}$ 内收敛且绝对收敛.

再证当 $|z| > \dfrac{1}{\lambda}$ 时, 级数 $\sum\limits_{n=0}^{\infty} |c_n||z|^n$ 发散. 假设在圆 $|z| = \dfrac{1}{\lambda}$ 外有一点 z_0, 使级数 $\sum\limits_{n=0}^{\infty} c_n z^n$ 收敛, 在圆外再取一点 z_1, 使 $|z_1| < |z_0|$, 则根据阿贝尔定理, 级数 $\sum\limits_{n=0}^{\infty} |c_n||z|^n$ 必收敛. 然而 $|z_1| > \dfrac{1}{\lambda}$, 所以

$$\lim_{n\to\infty} \frac{|c_{n+1}||z_1|^{n+1}}{|c_n||z_1|^n} = \lambda|z_1| > 1,$$

这与 $\sum\limits_{n=0}^{\infty} |c_n||z_1|^n$ 收敛相矛盾, 即在圆周 $|z| = \dfrac{1}{\lambda}$ 外有一点 z_0 使级数 $\sum\limits_{n=0}^{\infty} c_n z_0^n$ 收敛的假定不能成立, 因此 $\sum\limits_{n=0}^{\infty} c_n z^n$ 在圆 $|z| = \dfrac{1}{\lambda}$ 外发散, 故收敛半径 $R = \dfrac{1}{\lambda}$.

定理 4.2.3(根值法) 若 $\lim\limits_{n\to\infty} \sqrt[n]{|c_n|} = \lambda \neq 0$, 则收敛半径 $R = \dfrac{1}{\lambda}$.

证明从略.

注意, 定理 4.2.3 中的极限是假定存在的而且不为零. 若 $\lambda = 0$, 则对任何 z, 级数 $\sum\limits_{n=0}^{\infty} |c_n||z|^n$ 收敛, 从而级数 $\sum\limits_{n=0}^{\infty} c_n z^n$ 在复平面内处处收敛, 即 $R = \infty$. 若 $\lambda = +\infty$, 则对于复平面内除 $z = 0$ 以外的一切 z, 级数 $\sum\limits_{n=0}^{\infty} |c_n||z|^n$ 都不收敛, 因此 $\sum\limits_{n=0}^{\infty} c_n z^n$ 也不能收敛, 即 $R = 0$. 否则, 根据阿贝尔定理将有 $z \neq 0$ 使得级数 $\sum\limits_{n=0}^{\infty} |c_n||z|^n$ 收敛.

例 4.2.2 求下列幂级数的收敛半径.

(1) $\sum\limits_{n=0}^{\infty} \dfrac{z^n}{n^4}$; (2) $\sum\limits_{n=0}^{\infty} \dfrac{(z-\mathrm{i})^n}{n}$.

解 (1) 因为

$$\lim_{n\to\infty} \left| \frac{c_{n+1}}{c_n} \right| = \lim_{n\to\infty} \left(\frac{n}{n+1} \right)^4 = 1$$

或

$$\lim_{n\to\infty} \sqrt[n]{|c_n|} = \lim_{n\to\infty} \sqrt[n]{\frac{1}{n^4}} = \lim_{n\to\infty} \frac{1}{\sqrt[n]{n^4}} = 1,$$

所以收敛半径 $R = 1$, 即原级数在圆 $|z| = 1$ 内收敛, 在圆外发散.

(2) 由

$$\lim_{n \to \infty} \left| \frac{c_{n+1}}{c_n} \right| = \lim_{n \to \infty} \frac{n}{n+1} = 1,$$

得 $R = 1$.

在例 4.2.2(2) 中, 在收敛圆 $|z - \mathrm{i}| = 1$ 上, 当 $z = \mathrm{i} - 1$ 时, 原级数成为 $\sum_{n=1}^{\infty} (-1)^n \frac{1}{n}$, 它是交错级数, 根据莱布尼茨准则, 级数收敛; 当 $z = \mathrm{i} + 1$ 时, 原级数成为 $\sum_{n=1}^{\infty} \frac{1}{n}$, 它是调和级数, 所以发散. 这说明, 在收敛圆周上可能既有级数的收敛点, 也有级数的发散点.

例 4.2.3 求下列幂级数的收敛圆及其收敛半径.

(1) $\sum_{n=1}^{\infty} (3 - \mathrm{i})^n z^{2n}$;

(2) $\sum_{n=1}^{\infty} \frac{1}{n^2} (z - \mathrm{i})^{2n+1}$.

解 (1) 该幂级数的奇次幂系数为零, 不能直接使用定理 4.2.2 或定理 4.2.3. 令 $\zeta = (3 - \mathrm{i}) z^2$ 得

$$\sum_{n=1}^{\infty} (3 - \mathrm{i})^n z^{2n} = \sum_{n=1}^{\infty} \zeta^n = \begin{cases} \dfrac{1}{1 - \zeta}, & |\zeta| < 1, \\ \text{发散}, & |\zeta| \geqslant 1. \end{cases}$$

由例 4.2.1 可看出, 其收敛域为 $|\zeta| = |(3 - \mathrm{i}) z^2| < 1$, 即圆域 $|z| < \dfrac{1}{\sqrt[4]{10}}$, 其收敛圆为 $|z| = \dfrac{1}{\sqrt[4]{10}}$, 收敛半径 $R = \dfrac{1}{\sqrt[4]{10}}$, 它在其收敛圆周上处处发散.

(2) 令 $(z - \mathrm{i})^2 = \zeta$, 得

$$\sum_{n=1}^{\infty} \frac{1}{n^2} (z - \mathrm{i})^{2n} = \sum_{n=1}^{\infty} \frac{1}{n^2} \zeta^n.$$

由定理 4.2.2 可求出上式右端的幂级数的收敛半径 $R = 1$, 且在圆 $|\zeta| = 1$ 的内部处处绝对收敛, 在圆的外部发散. 于是可设

$$\sum_{n=1}^{\infty} \frac{1}{n^2} (z - \mathrm{i})^{2n} = S(z) \quad (|z - \mathrm{i}| < 1),$$

上式两端乘以 $z - \mathrm{i}$, 则有

$$\sum_{n=1}^{\infty} \frac{1}{n^2} (z - \mathrm{i})^{2n+1} = S(z)(z - \mathrm{i}) \quad (|z - \mathrm{i}| < 1),$$

由 $|\zeta| = |(z - \mathrm{i})^2| = 1$, 得 $|z - \mathrm{i}| = 1$, 因此级数 $\sum_{n=1}^{\infty} \frac{1}{n^2} (z - \mathrm{i})^{2n+1}$ 的收敛半径 $R = 1$, 收敛圆为 $|z - 1| = 1$. 由于在收敛圆上, 其绝对值级数 $\sum_{n=0}^{\infty} \frac{1}{n^2}$ 为收敛级数, 因此该幂级数在圆周 $|z - \mathrm{i}| = 1$ 上处处绝对收敛.

4.2.4 幂级数的运算性质

对于收敛圆的圆心相同的两个复数项幂级数,它们的四则运算可以像实数项幂级数那样来进行,要根据其系数来确定. 和、差、积所得幂级数在其公共收敛圆内显然收敛,其收敛半径不会小于所给级数的收敛半径中最小的一个. 例如,对于乘积运算

$$\left(\sum_{n=0}^{\infty} c_n z^n\right)\left(\sum_{n=0}^{\infty} c_n^* z^n\right) = \sum_{n=0}^{\infty}(c_n c_0^* + c_{n-1} c_1^* + \cdots + c_0 c_n^*) z^n,$$

若上式左端两个幂级数的收敛半径分别为 R_1 和 R_2,则其乘积的幂级数收敛半径 $R > \min\{R_1, R_2\}$. 为了说明两个幂级数经过运算后所得的幂级数的收敛半径确实大于 R_1 和 R_2 中较小的一个,给出以下例子.

例 4.2.4 设有幂级数 $\sum_{n=0}^{\infty} z^n$ 与 $\sum_{n=0}^{\infty} \dfrac{2}{2+a^n} z^n (0 < a < 1)$,求 $\sum_{n=0}^{\infty} z^n - \sum_{n=0}^{\infty} \dfrac{2}{2+a^n} z^n = \sum_{n=0}^{\infty} \dfrac{a^n}{2+a^n} z^n$ 的收敛半径.

解 容易验证 $\sum_{n=0}^{\infty} z^n$ 与 $\sum_{n=0}^{\infty} \dfrac{2}{2+a^n} z^n (0 < a < 1)$ 的收敛半径都等于 1,但级数 $\sum_{n=0}^{\infty} \dfrac{a^n}{2+a^n} z^n$ 的收敛半径

$$R = \lim_{n \to \infty}\left|\frac{a^n}{2+a^n} \Big/ \frac{a^{n+1}}{2+a^{n+1}}\right| = \lim_{n \to \infty}\frac{2+a^{n+1}}{a(2+a^n)} = \frac{1}{a} > 1,$$

即 $\sum_{n=0}^{\infty} \dfrac{a^n}{2+a^n} z^n$ 自身的收敛圆域大于 $\sum_{n=0}^{\infty} z^n$ 与 $\sum_{n=0}^{\infty} \dfrac{2}{2+a^n} z^n$ 的公共圆域 $|z| < 1$,但应注意,使等式

$$\sum_{n=0}^{\infty} z^n - \sum_{n=0}^{\infty} \frac{2}{2+a^n} z^n = \sum_{n=0}^{\infty} \frac{a^n}{2+a^n} z^n$$

成立的收敛圆域应仍为 $|z| < 1$,不能扩大.

代换 (复合) 运算:若当 $|\eta| < r$ 时,$f(\eta) = \sum_{n=0}^{\infty} a_n \eta^n$,又设在 $|z| < R$ 内 $g(z)$ 解析且满足 $|g(z)| < r$,则当 $|z| < R$ 时,$f[g(z)] = \sum_{n=0}^{\infty} a_n [g(z)]^n$. 代换运算在把函数展开成幂级数时特别有用.

复变幂级数在收敛圆内可以逐项求导,也可以逐项积分.

定理 4.2.4 设幂级数 $\sum_{n=0}^{\infty} c_n(z-z_0)^n$ 的收敛半径为 R,则

① 它的和函数 $f(z)$,即

$$f(z) = \sum_{n=0}^{\infty} c_n(z-z_0)^n$$

是收敛圆内：$|z - z_0| < R$ 的解析函数.

② $f(z)$ 在收敛圆内的导数可由其幂级数逐项求导得到, 即

$$f'(z) = \sum_{n=1}^{\infty} n c_n (z - z_0)^{n-1}. \tag{4.2.5}$$

③ $f(z)$ 在收敛圆内可以逐项积分, 即

$$\int_{z_0}^{z} f(\zeta) \mathrm{d}\zeta = \sum_{n=0}^{\infty} \frac{c_n}{n+1} (z - z_0)^{n+1}. \tag{4.2.6}$$

4.3 泰 勒 级 数

4.3.1 泰勒级数展开定理

对一元实函数来说, 若 $f(x)$ 在点 x_0 的某邻域内有任意阶的导数, 并且在该邻域内恒有余项

$$R_N(x) = f(x) - \sum_{n=0}^{N} \frac{f^{(n)}(x_0)}{n!} (x - x_0)^n \to 0 \quad (N \to \infty),$$

则 $f(x)$ 在点 x_0 的该邻域内的泰勒 (Taylor) 级数展开式为

$$f(x) = \sum_{n=0}^{N} \frac{f^{(n)}(x_0)}{n!} (x - x_0)^n.$$

复变函数中, 函数 $f(x)$ 在点 z_0 的某邻域内有任意阶导数等价于它在该邻域内解析, 对于解析函数有以下展开定理.

定理 4.3.1(泰勒级数展开定理)   若函数 $f(z)$ 在圆形区域 $D : |z - z_0| < R$ 内解析, 则它在 D 内可展开为幂级数

$$f(z) = \sum_{n=1}^{\infty} c_n (z - z_0)^n \quad (|z - z_0| < R), \tag{4.3.1}$$

其中 $c_n = \dfrac{1}{n!} f^n(z_0)(n = 0, 1, 2, \cdots)$. 若 C 为 D 内绕 z_0 的正向简单闭曲线, 则

$$c_n = \frac{1}{2\pi \mathrm{i}} \oint_C \frac{f(z)}{(z - z_0)^{n+1}} \mathrm{d}z, \tag{4.3.2}$$

并且展开式唯一.

在定理 4.3.1 中并没有要求余项趋于零, 也就是说若函数 $f(z)$ 在 z_0 点解析, 则在该点的某个邻域内一定可展开成幂级数.

为证明定理 4.3.1, 首先证明下面的引理.

引理 (函数项级数的逐项积分)   设 $S(z)$ 和 $f_n(z)(n = 0, 1, 2, \cdots)$ 在区域 D 内连续, C 为 D 内任一有向简单曲线, 且当 $z \in D$ 时, 有

$$S(z) = \sum_{n=0}^{\infty} f_n(z).$$

若存在收敛的正项级数 $A_0 + A_1 + \cdots + A_n + \cdots$，使得在 C 上恒有

$$|f_n(z)| \leqslant A_n \quad (n = 0, 1, 2, \cdots),$$

则有

$$\int_C S(z)\mathrm{d}z = \sum_{n=0}^{\infty} \int_C f_n(z)\mathrm{d}z.$$

证明 由于级数 $\sum\limits_{n=0}^{\infty} A_n$ 收敛，因此当 $N \to \infty$ 时，必有其余项

$$R_N = A_{N+1} + A_{N+2} + \cdots \to 0,$$

设曲线 C 长为 L，当 $N \to \infty$ 时，有

$$
\begin{aligned}
\left| \int_C S(z) - \sum_{k=0}^{N} \int_C f_k(z)\mathrm{d}z \right| &= \left| \int_C \sum_{k=N+1}^{\infty} f_k(z)\mathrm{d}z \right| \\
&\leqslant \int_C \sum_{k=N+1}^{\infty} |f_k(z)|\mathrm{d}s \leqslant \int_C \left(\sum_{k=N+1}^{\infty} A_k \right)\mathrm{d}s \\
&= LR_N \to 0,
\end{aligned}
$$

这就证明了该引理.

定理 4.3.1 的证明 设 z 为 D 内任一点，对于 D 内任一闭曲线 C，总可取圆周 $\Gamma : |\zeta - z_0| = r$ 使点 z 和曲线 C 都在 Γ 的内部，如图 4-1 所示，由于 $f(z)$ 在 Γ 上及其内部解析，因此由柯西积分公式可得

$$f(z) = \frac{1}{2\pi\mathrm{i}} \oint_\Gamma \frac{f(\zeta)}{\zeta - z}\mathrm{d}\zeta.$$

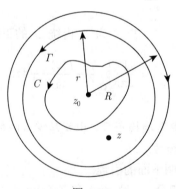

图 4-1

由于 $|z - z_0| < r$，因此

$$\left| \frac{z - z_0}{\zeta - z_0} \right| = \rho < 1,$$

从而

$$\frac{1}{\zeta - z} = \frac{1}{\zeta - z_0 - (z - z_0)} = \frac{1}{(\zeta - z_0)\left(1 - \dfrac{z - z_0}{\zeta - z_0}\right)}$$

$$= \sum_{n=0}^{\infty} \frac{1}{\zeta - z_0}\left(\frac{z - z_0}{\zeta - z_0}\right)^n,$$

即

$$\frac{f(\zeta)}{\zeta - z} = \sum_{n=0}^{\infty} f(\zeta)\frac{(z - z_0)^n}{(\zeta - z_0)^{n+1}}. \tag{4.3.3}$$

由于 $f(\zeta)$ 在 Γ 上连续, 因此 $|f(\zeta)|$ 在 Γ 上有上界 M, 从而对 Γ 内任一点 z 有

$$\left| f(\zeta)\frac{(z - z_0)^n}{(\zeta - z_0)^{n+1}} \right| = \left| \frac{f(\zeta)}{(\zeta - z_0)} \cdot \left(\frac{z - z_0}{\zeta - z_0}\right)^n \right| \leqslant \frac{M}{r}\rho^n.$$

由于 $\displaystyle\sum_{n=0}^{\infty} \frac{M}{r}\rho^n$ 是收敛的等比级数, 对式 (4.3.3) 使用引理得

$$\oint_\Gamma \frac{f(\zeta)}{\zeta - z}\mathrm{d}\zeta = \sum_{n=0}^{\infty} \oint_\Gamma \frac{f(\zeta)(z - z_0)^n}{(\zeta - z_0)^{n+1}}\mathrm{d}\zeta,$$

即

$$\frac{1}{2\pi\mathrm{i}}\oint_\Gamma \frac{f(\zeta)}{\zeta - z}\mathrm{d}\zeta = \sum_{n=0}^{\infty} \frac{1}{2\pi\mathrm{i}}\oint_\Gamma \frac{f(\zeta)}{(\zeta - z_0)^{n+1}}\mathrm{d}\zeta \cdot (z - z_0)^n,$$

使用柯西积分公式和高阶导数公式, 则有

$$f(z) = \sum_{n=0}^{\infty} \frac{1}{n!}f^{(n)}(z_0)(z - z_0)^n.$$

令 $c_n = \dfrac{f^{(n)}(z_0)}{n!}$, 则 $f(z) = \displaystyle\sum_{n=0}^{\infty} c_n(z - z_0)^n$.

下面证明唯一性. 设 $f(z)$ 在 D 内又可展成

$$f(z) = \sum_{n=0}^{\infty} c_n'(z - z_0)^n,$$

由于幂级数在收敛圆内可逐项求导, 则有

$$f^{(n)}(z) = n!c_n' + (n+1)!c_{n+1}'(z - z_0) + \cdots,$$

令 $z = z_0$, 则 $f^{(n)}(z_0) = n!c_n'$, 于是

$$c_n' = \frac{f^{(n)}(z_0)}{n!} = c_n,$$

即展开式唯一.

由定理 4.3.1 可知, 求解析函数在 z_0 点的泰勒级数展开式, 无须验证 $R_N(z) \to 0$ $(N \to \infty)$.

设 z_1 为距 z_0 最近的 $f(z)$ 的奇点, 令 $|z - z_0| = R$, 则 R 为 $f(z)$ 在 z_0 点的泰勒级数的收敛半径. 这是因为 $f(z)$ 在收敛圆内解析, 故奇点 z_1 不可能在收敛圆内, 又由于奇点 z_1 不可能在收敛圆外 (否则收敛半径还可以扩大), 因此奇点 z_1 只能在收敛圆周上.

4.3.2 初等函数的泰勒级数展开式

1. 直接展开法

由定理 4.3.1 可以看出, 若函数 $f(z)$ 在点 z_0 处解析, 从而在该点某个邻域内也解析, 则其展开式 (4.3.1) 在该邻域内成立, 并且可以利用所给函数 $f(z)$ 的奇点得到幂级数 (4.3.1) 的收敛半径; 不必像把实变函数展开成泰勒级数那样验证其幂级数的余项 $R_N(x) \to 0 (N \to \infty)$, 也不必再利用所得泰勒级数的系数求其收敛半径. 直接展开法是指先求出 $c_n = \dfrac{f^{(n)}(z_0)}{n!}$, 然后直接利用上述所给泰勒级数展开定理写出其泰勒级数展开式 (4.3.1) 及其收敛半径.

例如, 对于函数 $f(z) = \mathrm{e}^z$, $z_0 = 0$, 由于函数 $f(z)$ 在整个复平面内处处解析, 因此它在点 $z_0 = 0$ 处的泰勒级数的收敛半径 $R = \infty$. 又因 $f^{(n)}(0) = 1$, 由定理 4.3.1 可直接写出它在点 $z_0 = 0$ 处的泰勒级数展开式为

$$\mathrm{e}^z = \sum_{n=0}^{\infty} \frac{1}{n!} z^n = 1 + z + \frac{z^2}{2!} + \cdots + \frac{z^n}{n!} + \cdots \quad (|z| < \infty),$$

同样可得, 下列函数在 $z_0 = 0$ 处的泰勒级数展开式分别为

$$\sin z = \sum_{n=0}^{\infty} \frac{(-1)^n}{(2n+1)!} z^{2n+1} \quad (|z| < \infty),$$

$$\cos z = \sum_{n=0}^{\infty} \frac{(-1)^n}{(2n)!} z^{2n} \quad (|z| < \infty).$$

例 4.3.1 求对数函数的主值 $\ln(1+z)$ 在 $z = 0$ 处的泰勒展开式.

解 $\ln(1+z)$ 在从 -1 向左沿负实轴剪开的平面内是解析的, 而 -1 是它的一个奇点, 所以它在 $|z| < 1$ 内可以展开成 z 的幂级数.

因为 $[\ln(1+z)]' = \dfrac{1}{1+z}$, 而

$$\frac{1}{1+z} = 1 - z + z^2 - z^3 + \cdots + (-1)^n z^n + \cdots \quad (|z| < 1),$$

任取一条从 0 到 z 的积分路线 C, 将上式的两端沿 C 逐项积分, 得

$$\int_0^z \frac{1}{1+z} \mathrm{d}z = \int_0^z \mathrm{d}z - \int_0^z z \mathrm{d}z + \cdots + \int_0^z (-1)^n z^n \mathrm{d}z + \cdots,$$

即

$$\ln(1+z) = z - \frac{z^2}{2} + \frac{z^3}{3} - \frac{z^4}{4} + \cdots + (-1)^n \frac{z^{n+1}}{n+1} + \cdots \quad (|z| < 1),$$

这就是所求的泰勒展开式.

例 4.3.2　求幂函数 $(1+z)^a$ (a 为复数) 的主值:

$$f(z) = \mathrm{e}^{a\ln(1+z)}, f(0) = 1$$

在 $z = 0$ 处的泰勒展开式.

解　显然, $f(z)$ 在从 -1 向左沿负实轴剪开的复平面内解析, 因此必能在 $|z| < 1$ 内展开成 z 的幂级数. 设

$$\varphi(z) = \ln(1+z), 1 + z = \mathrm{e}^{\varphi(z)},$$

所以

$$f(z) = \mathrm{e}^{\alpha\varphi(z)},$$

对上式求导得

$$f'(z) = \mathrm{e}^{\alpha\varphi(z)}\alpha\varphi'(z) = \alpha \frac{1}{1+z}\mathrm{e}^{\alpha\varphi(z)} = \frac{\alpha}{\mathrm{e}^{\varphi(z)}}\mathrm{e}^{\alpha\varphi(z)},$$

即

$$f'(z) = \alpha\mathrm{e}^{(\alpha-1)\varphi(z)},$$

继续求导得

$$f''(z) = \alpha(\alpha - 1)\mathrm{e}^{(\alpha-2)\varphi(z)},$$

$$\vdots$$

$$f^n(z) = \alpha(\alpha - 1)\cdots(\alpha - n + 1)\mathrm{e}^{(\alpha-n)\varphi(z)}.$$

$$\vdots$$

令 $z = 0$, 得

$$f(0) = 1, f'(0) = \alpha, f''(0) = \alpha(\alpha - 1), \cdots, f^{(n)}(0) = \alpha(\alpha - 1)\cdots(\alpha - n + 1), \cdots,$$

所求展开式为

$$(1+z)^\alpha = 1 + \alpha z + \frac{\alpha(\alpha - 1)}{2!}z^2 + \frac{\alpha(\alpha - 1)(\alpha - 2)}{3!}z^3 + \cdots +$$
$$\frac{\alpha(\alpha - 1)\cdots(\alpha - n + 1)}{n!}z^n + \cdots \quad (|z| < 1),$$

特别地, 当 $\alpha = -1$ 时, 有 $\dfrac{1}{1+z} = 1 - z + z^2 - z^3 + \cdots$ $(|z| < 1)$.

2. 间接展开法

借助一些已知函数的展开式，利用幂级数的运算性质和分析性质 (定理 4.2.4)，以唯一性为依据来得出一个函数的泰勒展开式，这种方法称为间接展开法. 例如，$\sin z$ 在 $z = 0$ 处的泰勒展开式可用间接展开法得出:

$$\sin z = \frac{1}{2i}(e^{iz} - e^{-iz}) = \frac{1}{2i}\left[\sum_{n=0}^{\infty}\frac{(iz)^n}{n!} - \sum_{n=0}^{\infty}\frac{(-iz)^n}{n!}\right]$$

$$= z - \frac{z^3}{3!} + \frac{z^5}{5!} - \cdots$$

$$= \sum_{n=0}^{\infty}(-1)^n\frac{z^{2n+1}}{(2n+1)!},$$

从而得出 $\cos z$ 在 $z = 0$ 处的泰勒展开式为

$$\cos z = (\sin z)' = \sum_{n=0}^{\infty}(-1)^n\frac{z^{2n}}{(2n)!}.$$

例 4.3.3 将函数 $f(z) = \dfrac{1}{(z-i)z}$ 在 $z_0 = -i$ 处展开成泰勒级数.

解 函数 $f(x)$ 的奇点为 i 和 0，距 $z_0 = 0$ 最近的不解析点为原点，因此收敛半径 $R = 1$. 由于

$$f(z) = \frac{1}{z(z-i)} = \frac{i(z-i-z)}{(z-i)z} = -\frac{i}{z-i} + \frac{i}{z},$$

且

$$\frac{i}{z-i} = \frac{-1/2}{1 - (z+i)/(2i)} = -\sum_{n=0}^{\infty}\frac{1}{2^{n+1}i^n}(z+i)^n,$$

$$\frac{i}{z} = \frac{-1}{1 - (z+i)/i} = -\sum_{n=0}^{\infty}i^{-n}(z+i)^n,$$

两式相减可得所求展开式为

$$f(z) = \sum_{n=0}^{\infty}i^{-n}\left(\frac{1}{2^{n+1}} - 1\right)(z+i)^n \quad (|z+i| < 1).$$

例 4.3.4 求 $f(z) = e^z\cos z$ 在 $z = 0$ 处的泰勒展开式.

解

$$f(z) = e^z\frac{e^{iz} + e^{-iz}}{2} = \frac{1}{2}[e^{(1+i)z} + e^{(1-i)z}],$$

利用函数 e^z 的泰勒级数展开式可得其展开式为

$$e^z \cos z = \frac{1}{2} \sum_{n=0}^{\infty} \frac{1}{n!} [(1+i)^n + (1-i)^n] z^n$$

$$= \sum_{n=0}^{\infty} \frac{1}{n!} \operatorname{Re}[(1+i)^n] z^n$$

$$= \sum_{n=0}^{\infty} \left[\frac{1}{n!} (\sqrt{2})^n \cos \frac{n\pi}{4} \right] z^n \quad (|z| < \infty),$$

$f(z)$ 处处解析, 其收敛半径 $R = \infty$.

例 4.3.5 求 $f(z) = \arctan z$ 在 $z = 0$ 处的泰勒展开式.

解 **解法 1** 由于

$$\arctan z = -\frac{i}{2} \ln \frac{1+iz}{1-iz} = -\frac{1}{2} [\ln(1+iz) - \ln(1-iz)],$$

利用例 4.3.1 的结论, 则有

$$\arctan z = -\frac{i}{2} \left[\sum_{n=0}^{\infty} (-1)^n \frac{(iz)^{n+1}}{n+1} - \sum_{n=0}^{\infty} (-1)^n \frac{(-iz)^{n+1}}{n+1} \right]$$

$$= \sum_{n=0}^{\infty} (-1)^n \frac{z^{2n+1}}{2n+1} \quad (|z| < 1).$$

解法 2 因为

$$(\arctan z)' = \frac{1}{1+z^2},$$

而

$$\frac{1}{1+z^2} = \sum_{n=0}^{\infty} (-1)^n z^{2n},$$

所以

$$\arctan z = \int_0^z \frac{1}{1+z^2} dz = \sum_{n=0}^{\infty} \int_0^z (-1)^n z^{2n} dz$$

$$= \sum_{n=0}^{\infty} \frac{(-1)^n}{2n+1} z^{2n+1} \quad (|z| < 1).$$

由定理 4.2.4 和定理 4.3.1 可知, 幂级数 $\sum_{n=0}^{\infty} c_n (z - z_0)^n$ 在收敛圆 $|z - z_0| < R$ 内的和函数是解析函数; 反过来, 在圆域 $|z - z_0| < R$ 内解析的函数 $f(z)$ 必能在 z_0 处展开成幂级数 $\sum_{n=0}^{\infty} c_n (z - z_0)^n$. 所以, $f(z)$ 在 z_0 处解析和 $f(z)$ 在 z_0 的邻域内可以展开成幂级数 $\sum_{n=0}^{\infty} c_n (z - z_0)^n$ 是两种等价的说法.

例 4.3.6 设 $f(z) = \begin{cases} \dfrac{e^z - 1}{z}, & z \neq 0, \\ 1, & z = 0, \end{cases}$ 试证 $f(z)$ 在点 z_0 处解析,并求它在该点处的泰勒级数展开式及其收敛半径.

解 由于

$$e^z - 1 = z + \frac{z^2}{2!} + \cdots + \frac{z^n}{n!} + \cdots \quad (|z| < \infty),$$

等式两端除以 $z \neq 0$ 得 $\dfrac{e^z - 1}{z} = \sum_{n=1}^{\infty} \dfrac{z^{n-1}}{n!} (0 < |z| < \infty)$,该式右端幂级数的收敛半径 $R = \infty$,由定理 4.2.4,其和函数 $S(z)$ 在整个复平面内处处解析,且 $S(0) = 1 = f(0)$,于是在整个复平面内有 $S(z) = f(z)$,$f(z)$ 在整个复平面内解析,且有

$$f(z) = \sum_{n=1}^{\infty} \frac{z^{n-1}}{n!} = \sum_{n=0}^{\infty} \frac{z^n}{(n+1)!} \quad (|z| < \infty),$$

这就是 $f(z)$ 在点 z_0 处的泰勒级数展开式,且 $R = \infty$.

4.4 洛 朗 级 数

若函数 $f(z)$ 在以 z_0 为中心的圆域内解析,则 $f(z)$ 在该圆域内可展开成 $|z - z_0|$ 的幂级数;若 $f(z)$ 在 z_0 处不解析,则 $f(z)$ 在 z_0 的邻域内不能用 $z - z_0$ 的幂级数表示,因此,以下讨论的是以 z_0 为中心的圆环域内的解析函数的级数表示法.

4.4.1 洛朗级数展开定理

在圆环域 $R_1 < |z - z_0| < R_2$ 内处处解析的函数 $f(z)$ 可以展开成包含 $z - z_0$ 的正、负幂项的级数,这样的级数称为 $f(z)$ 的洛朗 (Laurent) 级数.

定理 4.4.1(洛朗级数展开定理) 设 $R_1 < |z - z_0| < R_2$ 为环域 D,函数 $f(z)$ 在 D 内解析,则对 D 内任意点 z 有

$$f(z) = \sum_{n=-\infty}^{\infty} c_n (z - z_0)^n, \tag{4.4.1}$$

其中

$$c_n = \frac{1}{2\pi i} \oint_C \frac{f(\zeta) d\zeta}{(\zeta - z_0)^{n+1}} \quad (n = 0, \pm 1, \pm 2, \cdots), \tag{4.4.2}$$

C 为该环域内任意一条围绕点 z_0 的正向简单闭路.

证明 对任意 $z \in D$,在 D 内分别作正向圆周 C_1 和 C_2,其中 C_1 为 $|\zeta - z_0| = r_1$,C_2 为 $|\zeta - z_0| = r_2$,使 $r_1 < |z - z_0| < r_2$,且使曲线 C 在圆周 C_1 和 C_2 之间的环域 D_1 的内部,如图 4-2 所示.

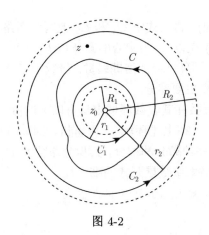

图 4-2

设 $\Gamma = C_2 - C_1$，闭域 $\overline{D_1}$ 为

$$\overline{D_1} : r_1 \leqslant |\zeta - z_0| \leqslant r_2.$$

显然 $f(z)$ 在闭域 $\overline{D_1}$ 上解析，由柯西积分公式可得

$$\begin{aligned}
f(z) &= \frac{1}{2\pi i} \oint_{\Gamma} \frac{f(\zeta)}{\zeta - z} \mathrm{d}\zeta \\
&= \frac{1}{2\pi i} \left[\oint_{C_2} \frac{f(\zeta)\mathrm{d}\zeta}{\zeta - z} - \oint_{C_1} \frac{f(\zeta)\mathrm{d}\zeta}{\zeta - z} \right].
\end{aligned}$$

由定理 4.3.1 的证明过程有

$$\frac{1}{2\pi i} \oint_{C_2} \frac{f(\zeta)}{\zeta - z} \mathrm{d}\zeta = \sum_{n=0}^{\infty} \left[\frac{1}{2\pi i} \oint_{C_2} \frac{f(\zeta)\mathrm{d}\zeta}{(\zeta - z_0)^{n+1}} \right] (z - z_0)^n,$$

由于 $|z - z_0| > r_1$，因此在 C_1 上有 $\left| \dfrac{\zeta - z_0}{z - z_0} \right| < 1$，从而

$$\begin{aligned}
\frac{1}{\zeta - z} &= \frac{1}{(\zeta - z_0) - (z - z_0)} = \frac{-1}{\left[z - z_0 \left(1 - \dfrac{\zeta - z_0}{z - z_0} \right) \right]} \\
&= -\sum_{n=1}^{\infty} \frac{(\zeta - z_0)^{n-1}}{(z - z_0)^n},
\end{aligned}$$

于是得

$$-\frac{1}{2\pi i} \oint_{C_1} \frac{f(\zeta)}{\zeta - z} \mathrm{d}\zeta = \sum_{n=1}^{\infty} \left[\frac{1}{2\pi i} \oint_{C_1} \frac{f(\zeta)\mathrm{d}\zeta}{(\zeta - z_0)^{-n+1}} \right] (z - z_0)^{-n},$$

从而有

$$f(z) = \sum_{n=0}^{\infty} \left[\frac{1}{2\pi i} \oint_{C_2} \frac{f(\zeta)\mathrm{d}\zeta}{(\zeta - z_0)^{n+1}} \right] (z - z_0)^n + \sum_{n=1}^{\infty} \left[\frac{1}{2\pi i} \oint_{C_1} \frac{f(\zeta)\mathrm{d}\zeta}{(\zeta - z_0)^{-n+1}} \right] (z - z_0)^{-n}.$$

由闭路变形原理 (复闭路定理), 将上式中 C_1 和 C_2 改写为闭路 C 即得所证结论.

式 (4.4.1) 称为函数 $f(z)$ 在以 z_0 为中心的圆环域:$R_1 < |z - z_0| < R_2$ 内的**洛朗展开式**, 其右端的级数称为 $f(z)$ 在此圆环域内的**洛朗级数**. 级数中正整次幂部分和负整次幂部分分别称为洛朗级数的**解析部分**和**主要部分**.

同泰勒级数一样, 洛朗级数在其收敛环域内具有以下性质.

定理 4.4.2 若函数 $f(z)$ 在上述环域 D 内解析, 则该函数的洛朗级数展开式 (4.4.1) 在 D 内处处绝对收敛, 可以逐项微分和积分, 其积分路径为 D 内的任何简单闭路.

利用上述性质可以证明洛朗级数展开式的唯一性.

若在圆环域 $R_1 < |z - z_0| < R_2$ 内 $f(z)$ 有表示式

$$f(z) = \sum_{n=-\infty}^{+\infty} c'_n (z - z_0)^n,$$

上式两端同乘 $\dfrac{1}{2\pi\mathrm{i}(z - z_0)^{p+1}}$, 则有

$$\frac{1}{2\pi\mathrm{i}} \cdot \frac{f(z)}{(z - z_0)^{p+1}} = \sum_{n=-\infty}^{+\infty} c'_n \cdot \frac{1}{2\pi\mathrm{i}} \cdot \frac{1}{(z - z_0)^{p+1-n}}.$$

对圆环域内绕 z_0 的任一简单闭曲线 C, 将上式两端沿曲线 C 积分, 并注意到等号右端在圆环域内可逐项积分, 得

$$c_p = \frac{1}{2\pi\mathrm{i}} \oint_C \frac{f(\zeta)}{(z - z_0)^{p+1}} \mathrm{d}z = \sum_{n=-\infty}^{+\infty} c'_n \cdot \frac{1}{2\pi\mathrm{i}} \oint_C \frac{\mathrm{d}z}{(z - z_0)^{p+1-n}} = c'_p,$$

其中 $p = 0, \pm 1, \pm 2, \cdots$, 这就证明了展开式 (4.4.1) 的唯一性.

在一些应用中, 往往需要把在点 z_0 处不解析但在 z_0 的去心邻域内解析的函数 $f(z)$ 展开成级数, 此时就要利用洛朗级数来展开.

利用公式 (4.4.2) 直接求 c_n 较复杂, 一般用已知函数的泰勒展开式和幂级数的运算性质求洛朗级数.

例 4.4.1 求 $f(z) = \mathrm{e}^{\frac{1}{z}}$ 在 $0 < |z| < \infty$ 内的洛朗级数.

解 令 $\zeta = \dfrac{1}{z}$, 由于

$$\mathrm{e}^{\zeta} = 1 + \zeta + \frac{\zeta^2}{2!} + \cdots + \frac{\zeta^n}{n!} + \cdots \quad (|\zeta| < \infty),$$

因此

$$\mathrm{e}^{\frac{1}{z}} = 1 + \frac{1}{z} + \frac{1}{2!z^2} + \cdots + \frac{1}{n!z^n} + \cdots \quad (0 < |z| < \infty).$$

例 4.4.2 函数 $f(z) = \dfrac{1}{(z - 1)(z - 2)}$ 在圆环域:

(1) $0 < |z| < 1$;

(2) $1 < |z| < 2$;

(3) $2 < |z| < \infty$

内是处处解析的,如图 4-3 所示,试将 $f(z)$ 在这些区域内展开成洛朗级数.

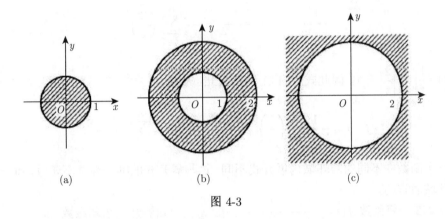

(a)　　　　(b)　　　　(c)

图 4-3

解 把 $f(z)$ 写成

$$f(z) = \frac{1}{1-z} - \frac{1}{2-z}.$$

(1) 在 $0 < |z| < 1$ 内,如图 4-3(a) 所示,由于 $|z| < 1$,从而 $\left|\dfrac{z}{2}\right| < 1$,因此

$$\frac{1}{1-z} = 1 + z + z^2 + \cdots + z^n + \cdots = \sum_{n=0}^{\infty} z^n, \tag{4.4.3}$$

$$\frac{1}{2-z} = \frac{1}{2} \cdot \frac{1}{1-\dfrac{z}{2}} = \frac{1}{2}\left(1 + \frac{z}{2} + \frac{z^2}{2^2} + \cdots + \frac{z^n}{2^n} + \cdots\right) = \frac{1}{2}\sum_{n=0}^{\infty} \frac{z^n}{2^n}, \tag{4.4.4}$$

从而有

$$f(z) = \sum_{n=0}^{\infty} z^n - \frac{1}{2}\sum_{n=0}^{\infty} \frac{z^n}{2^n} = \sum_{n=0}^{\infty}\left(1 - \frac{1}{2^{n+1}}\right)z^n.$$

级数中不含 z 的负幂项,这是由于 $f(z) = \dfrac{1}{(z-1)(z-2)}$ 在 $z=0$ 处是解析的.

(2) 在 $1 < |z| < 2$ 内,如图 4-3(b) 所示,由于 $|z| > 1$,因此式 (4.4.3) 不再成立,但此时 $\left|\dfrac{1}{z}\right| < 1$,可将 $\dfrac{1}{1-z}$ 作如下展开:

$$\frac{1}{1-z} = -\frac{1}{z} \cdot \frac{1}{1-\dfrac{1}{z}} = -\frac{1}{z}\sum_{n=0}^{\infty}\left(\frac{1}{z}\right)^n, \tag{4.4.5}$$

从而有

$$f(z) = -\frac{1}{z}\sum_{n=0}^{\infty}\left(\frac{1}{z}\right)^n - \frac{1}{2}\sum_{n=0}^{\infty}\frac{z^n}{2^n} = -\sum_{n=0}^{\infty}\frac{1}{z^{n+1}} - \sum_{n=0}^{\infty}\frac{z^n}{2^{n+1}}.$$

(3) 在 $2 < |z| < \infty$ 内, 如图 4-3(c) 所示, 由于 $|z| > 2$, 因此式 (4.4.4) 不再成立, 但此时 $\left|\dfrac{1}{z}\right| < 1$, 可将 $\dfrac{1}{2-z}$ 作如下展开:

$$\frac{1}{2-z} = -\frac{1}{z} \cdot \frac{1}{1-\dfrac{2}{z}} = -\frac{1}{z} \sum_{n=0}^{\infty} \left(\frac{2}{z}\right)^n, \tag{4.4.6}$$

由于此时 $\left|\dfrac{1}{z}\right| < \left|\dfrac{2}{z}\right| < 1$, 因此式 (4.4.5) 仍然成立, 从而有

$$f(z) = -\frac{1}{z} \sum_{n=0}^{\infty} \left(\frac{1}{z}\right)^n + \frac{1}{z} \sum_{n=0}^{\infty} \left(\frac{2}{z}\right)^n = \sum_{n=0}^{\infty} \frac{2^n - 1}{z^{n+1}}.$$

同一个函数在不同的圆环域内展开式不同, 这与展开式的唯一性并不矛盾, 唯一性是对同一圆环域而言的.

例 4.4.3　将函数 $f(z) = \dfrac{1}{(z-1)(z-2)}$ 在 $z_0 = 1$ 处展开成洛朗级数.

解　函数 $f(z)$ 的奇点为 $z_1 = 1$ 和 $z_2 = 2$, 这样以 $z = 1$ 为中心的解析圆环域有两个:

$$0 < |z-1| < 1 \quad 和 \quad 1 < |z-1| < \infty.$$

当 $0 < |z-1| < 1$ 时,

$$\begin{aligned}
f(z) &= \frac{1}{1-z} - \frac{1}{2-z} = -\frac{1}{z-1} - \frac{1}{1-(z-1)} \\
&= -\frac{1}{z-1} - \sum_{n=0}^{\infty} (z-1)^n;
\end{aligned}$$

当 $1 < |z-1| < \infty$ 时,

$$\begin{aligned}
f(z) &= \frac{1}{1-z} - \frac{1}{2-z} = -\frac{1}{z-1} + \frac{1}{z-1} \cdot \frac{1}{1-\dfrac{1}{z-1}} \\
&= -\frac{1}{z-1} + \frac{1}{z-1} \sum_{n=0}^{\infty} \left(\frac{1}{z-1}\right)^n \\
&= -\frac{1}{z-1} + \sum_{n=0}^{\infty} \frac{1}{(z-1)^{n+1}}.
\end{aligned}$$

求函数 $f(z)$ 在 z_0 点的洛朗级数时, 应先求出所有解析的圆环域再一一展开.

4.4.2　用洛朗级数展开式计算积分

若 $f(z)$ 在圆环域 $R_1 < |z - z_0| < R_2$ 内解析, C 为圆环域内绕 z_0 的正向简单闭曲线, 则 $f(x)$ 在该圆环域内的洛朗展开式为

$$f(z) = \sum_{n=-\infty}^{\infty} c_n (z-z_0)^n,$$

其中

$$c_n = \frac{1}{2\pi i} \oint_C \frac{f(\zeta)}{(\zeta - z_0)^{n+1}} d\zeta \quad (n = 0, \pm 1, \pm 2, \cdots), \tag{4.4.7}$$

因而可以将复积分的计算转化为求被积函数的洛朗展开式中 $z - z_0$ 的负一次幂项的系数 c_{-1}.

例 4.4.4 计算积分 $I = \oint_{|z|=3} \frac{z^2 e^{\frac{1}{z}}}{1-z} dz$.

解 函数 $f(z) = \frac{z^2 e^{\frac{1}{z}}}{1-z}$ 在 $1 < |z| < \infty$ 内解析,$|z| = 3$ 在此圆环域内,将它在此圆环域内展开得

$$f(z) = -\frac{z e^{\frac{1}{z}}}{1 - \frac{1}{z}}$$

$$= -z(1 + \frac{1}{z} + \frac{1}{z^2} + \cdots)(1 + \frac{1}{z} + \frac{1}{2!z^2} + \cdots)$$

$$= -(z + 2 + \frac{5}{2z} + \cdots),$$

故 $c_{-1} = -\frac{5}{2}$,从而

$$\oint_{|z|=3} \frac{z e^{\frac{1}{z}}}{1-z} dz = 2\pi i c_{-1} = -5\pi i.$$

例 4.4.5 计算积分 $I = \oint_{|z|=3} z \ln\left(1 + \frac{1}{z}\right) dz$.

解 先分析函数 $\ln\left(1 + \frac{1}{z}\right)$ 的解析性. 令 $\zeta = \frac{1}{z}$,由于 $\ln \zeta$ 的不解析点为原点及负实轴,因此 $\ln\left(1 + \frac{1}{z}\right)$ 的奇点的值满足等式 $1 + \frac{1}{z} = x(x \leqslant 0)$,其奇点可以表示为 $z = \frac{1}{x-1}(x \leqslant 0)$. 这些奇点有无穷多个,构成了实轴上的区间 $[-1, 0]$,因此函数 $\ln\left(1 + \frac{1}{z}\right)$ 在环域 $1 < |z| < \infty$ 内解析. $|z| = 3$ 在此圆环域内,利用泰勒级数展开式

$$\ln(1 + \zeta) = \sum_{n=0}^{\infty} \frac{(-1)^n}{n+1} \zeta^{n+1} \quad (|\zeta| < 1),$$

得到在环域 $1 < |z| < \infty$ 内的洛朗级数展开式

$$z \ln\left(1 + \frac{1}{z}\right) = \sum_{n=0}^{\infty} \frac{(-1)^n}{n+1} z^{-n},$$

于是 $c_{-1} = -\frac{1}{2}$,从而 $I = 2\pi i c_{-1} = -\pi i$.

例 4.4.6 计算积分 $I = \oint_{|z|=4} \frac{1}{z(1+z)^3} dz$.

解 函数 $f(z) = \dfrac{1}{z(1+z)^3}$ 的奇点为 $z_1 = 0, z_2 = -1$，由于积分曲线 $|z| = 4$ 既在圆环域 $1 < |z| < \infty$ 内，又在圆环域 $1 < |z+1| < \infty$ 内，因此可以把 $f(z)$ 在 $z_1 = 0$ 处展开成洛朗级数，也可以在 $z_2 = -1$ 处展开成洛朗级数，将 $f(z)$ 在 $z_2 = -1$ 处展开成洛朗级数较为简便，下面在圆环域 $1 < |z+1| < \infty$ 内把 $f(z)$ 展开成洛朗级数.

首先需要将函数 $\dfrac{1}{z}$ 在环域 $1 < |z+1| < \infty$ 内展开成洛朗级数，

$$\frac{1}{z} = \frac{1}{z+1-1} = \frac{1/(z+1)}{1 - \dfrac{1}{z+1}} = \sum_{n=0}^{\infty} (z+1)^{-n-1},$$

两边同时除以 $(z+1)^3$ 得所求展开式

$$\frac{1}{z(z+1)^3} = \sum_{n=0}^{\infty} (z+1)^{-n-4},$$

因此 $c_{-1} = 0$，从而有

$$I = \oint_{|z|=3} \frac{1}{z(z+1)^3} \mathrm{d}z = 2\pi \mathrm{i} c_{-1} = 0.$$

4.5 小   结

复数列 $\alpha_n = a_n + \mathrm{i}b_n (n = 1, 2, \cdots)$ 和复数项级数 $\displaystyle\sum_{n=1}^{\infty} \alpha_n$ 的收敛定义与实数域内数列和级数的收敛定义完全类似. 复数列 $\alpha_n = a_n + \mathrm{i}b_n$ 收敛的充要条件是实数列 a_n 和 b_n 同时收敛. 复数项级数 $\displaystyle\sum_{n=1}^{\infty} \alpha_n$ 收敛的充要条件是 $\displaystyle\sum_{n=1}^{\infty} a_n$ 和 $\displaystyle\sum_{n=1}^{\infty} b_n$ 同时收敛. $\displaystyle\lim_{n\to\infty} \alpha_n = 0$ 是级数 $\displaystyle\sum_{n=1}^{\infty} \alpha_n$ 收敛的必要条件.

若级数 $\displaystyle\sum_{n=1}^{\infty} |\alpha_n| = \sum_{n=1}^{\infty} \sqrt{a_n^2 + b_n^2}$ 收敛，则 $\displaystyle\sum_{n=1}^{\infty} \alpha_n$ 必收敛，称为绝对收敛. $\displaystyle\sum_{n=1}^{\infty} \alpha_n$ 绝对收敛的充要条件是 $\displaystyle\sum_{n=1}^{\infty} a_n$ 和 $\displaystyle\sum_{n=1}^{\infty} b_n$ 同时绝对收敛. 幂级数是函数项级数 $\displaystyle\sum_{n=1}^{\infty} f_n$ 中最简单的，形式为

$$\sum_{n=1}^{\infty} c_n(z-z_0)^n = c_0 + c_1(z-z_0) + c_2(z-z_0)^2 + \cdots + c_n(z-z_0)^n + \cdots$$

或

$$\sum_{n=1}^{\infty} c_n z^n = c_0 + c_1 z + c_2 z^2 + \cdots + c_n z^n + \cdots.$$

由阿贝尔定理可知幂级数的收敛范围为一圆域，其圆周称为收敛圆，在圆的内部，级数绝对收敛，在圆的外部，级数发散，在圆周上要具体讨论.

收敛圆的半径称为幂级数的收敛半径, 收敛半径的求法有比值法与根值法.

幂级数可以作四则运算, 在收敛圆内, 幂级数的和函数是解析函数, 并且可以逐项求导与逐项积分.

如果函数 $f(z)$ 在圆域 $|z - z_0| < R$ 内解析, 则在此圆域内 $f(z)$ 可以展开成幂级数:

$$f(z) = \sum_{n=0}^{\infty} \frac{f^{(n)}(z_0)}{n!}(z - z_0)^n,$$

并且展开式是唯一的.

如果函数 $f(z)$ 在圆环域 $|z - z_0| < R$ 内处处解析, 则

$$f(z) = \sum_{-\infty}^{\infty} c_n(z - z_0)^n,$$

$$c_n = \frac{1}{2\pi i} \oint_C \frac{f(z)}{(z - z_0)^{n+1}} dz \quad (n = 0, \pm 1, \pm 2, \cdots),$$

其中 C 为圆环域内绕 z_0 的任意一条正向简单闭曲线, 并且展开式也是唯一的.

泰勒展开式中的系数公式也可以写成

$$c_n = \frac{1}{2\pi i} \oint_C \frac{f(\zeta)}{(\zeta - z_0)^{n+1}} d\zeta \quad (n = 0, 1, 2, \cdots),$$

这与洛朗展开式中的系数公式

$$c_n = \frac{1}{2\pi i} \oint_C \frac{f(\zeta)}{(\zeta - z_0)^{n+1}} d\zeta \quad (n = 0, \pm 1, \pm 2, \cdots)$$

从表面上看完全一样, 但是洛朗展开式中的系数 c_n 一般来说并不等于 $\frac{1}{n!}f^{(n)}(z_0)$. 这是因为若 z_0 是 $f(z)$ 的奇点, 则 $f^{(n)}(z_0)$ 根本不存在, 即使 z_0 不是奇点而有 $f^{(n)}(z_0)$ 存在, 在圆域 $|z - z_0| \leqslant R_1$ 内可能还有其他奇点, 从而简单闭曲线 C 内有奇点, 因此 C_n 也不能写成 $\frac{1}{n!}f^{(n)}(z_0)$. 但是, 若 $f(z)$ 在 $|z - z_0| \leqslant R_1$ 内处处解析, 则

$$\frac{f(z)}{(z - z_0)^{n+1}} \quad (n = -1, -2, \cdots)$$

在 C 的内部处处解析, 由柯西积分定理可知

$$c_n = \frac{1}{2\pi i} \oint_C \frac{f(\zeta)}{(\zeta - z_0)^{n+1}} d\zeta = 0 \quad (n = -1, -2, \cdots),$$

这时, 洛朗级数成为泰勒级数. 洛朗级数是泰勒级数的推广.

洛朗级数提供了一种新的计算复积分的方法, 在第 5 章中将进行进一步的讨论.

习　题　4

1. 证明：复数列 $\alpha_n = a_n + \mathrm{i}b_n \to 0 \Leftrightarrow |\alpha_n| \to 0$.

2. 试举例说明当通项 $\alpha_n \to 0(n \to \infty)$ 时，复数项级数 $\alpha_1 + \alpha_2 + \cdots + \alpha_n + \cdots$ 可能发散.

3. 判别下列复数列的收敛性，且当收敛时求出其极限，其中 $n \to \infty$.

(1) $z_n = \dfrac{2 + n\mathrm{i}}{n + 3\mathrm{i}}$;

(2) $z_n = \dfrac{2\cos n + \mathrm{i}\sin 2n}{(1 + \mathrm{i})^n}$;

(3) $z_n = \dfrac{\sin n\mathrm{i}}{n}$;

(4) $z_n = \mathrm{e}^{2n\mathrm{i}}$.

4. 判断下列级数的绝对收敛性和收敛性.

(1) $\displaystyle\sum_{n=1}^{\infty} \left(\dfrac{n + \mathrm{i}}{n}\right)^9$;

(2) $\displaystyle\sum_{n=0}^{\infty} \dfrac{(-1)^n + 2\mathrm{i}}{2^n}$;

(3) $\displaystyle\sum_{n=0}^{\infty} \dfrac{3 + 2\mathrm{i}}{n + 1}$;

(4) $\displaystyle\sum_{n=1}^{\infty} \dfrac{(\mathrm{i})^n \sin(n + \mathrm{i})}{n^2}$.

5. 幂级数 $\displaystyle\sum_{n=0}^{\infty} c_n z^n$ 能否在 $z = 2\mathrm{i}$ 处收敛而在 $z = 1$ 处发散？为什么？

6. 在逐项积分公式 (4.2.6) 中，为什么其积分下限必须是其收敛圆的中心 z_0 且不必写出其积分路径？

7. 求下列幂级数的收敛圆的中心和收敛半径.

(1) $\displaystyle\sum_{n=1}^{\infty} \dfrac{1}{n^2} z^n$;

(2) $\displaystyle\sum_{n=1}^{\infty} \dfrac{n}{2^n} (z + \mathrm{i})^n$;

(3) $\displaystyle\sum_{n=1}^{\infty} \dfrac{2^n}{n(n+1)} (z - \mathrm{i})^{2n}$;

(4) $\displaystyle\sum_{n=0}^{\infty} (n + 1)(n + 2) z^{2n}$;

(5) $\displaystyle\sum_{n=1}^{\infty} n^{-n} (z + 2\mathrm{i})^n$;

(6) $\displaystyle\sum_{n=0}^{\infty} z^{2n+1}$.

8. 设当 $n \to \infty$ 时，数列 $\lambda_n = \left|\dfrac{a_{n+1}}{a_n}\right|$ 收敛于 λ，试证下列 3 个幂级数的收敛半径都为 $R = \dfrac{1}{\lambda}$.

(1) $\displaystyle\sum_{n=0}^{\infty} a_n (z - z_0)^n$;

(2) $\displaystyle\sum_{n=0}^{\infty} \dfrac{a_n}{n + 2} (z - z_0)^{n+1}$;

(3) $\displaystyle\sum_{n=0}^{\infty} n^2 a_n (z - z_0)^{n-1}$.

9. 求函数 $f(z) = \dfrac{1}{(z - 1)(z - 2)}$ 在点 $z_0 = \mathrm{i}$ 处的泰勒级数展开式的收敛半径.

10. 一元实函数 $f(x) = (1 + x^2)^{-1}$ 在实轴上处处有任意阶导数, 在点 $x_0 = 0$ 处可以展开成实数项的泰勒级数, 使用本章定理说明其收敛半径为什么是 $R = 1$ 而 $R \neq \infty$.

11. 设当 $z = 0$ 时 $f(z) = 1$; 当 $z \neq 0$ 时 $f(z) = \dfrac{\sin z}{z}$, 试说明 $f(z)$ 在整个复平面内解析.

12. 求下列函数在点 $z_0 = 0$ 处的泰勒级数展开式及其收敛半径.

(1) $\dfrac{1}{(1+z)^2}$;　　　(2) $\dfrac{z^{10}}{(1+z^2)^2}$;　　　(3) $\dfrac{1}{z^2 - 5z + 6}$;　　　(4) $\dfrac{z^{10}}{z^2 - 5z + 6}$,

(5) $\mathrm{e}^z \cos z$;　　　(6) $\mathrm{e}^{z^2} \cos z^2$;　　　(7) $\sin(2z)^2$;　　　(8) $\ln \dfrac{1+z}{1-z}$.

13. 将下列函数在指定点处展开成泰勒级数, 并指出其收敛半径.

(1) $\dfrac{z}{z+2} = 1 - \dfrac{2}{z+2}$ $(z_0 = 1)$;　　　(2) $\dfrac{z}{z+\mathrm{i}}$ $(z_0 = \mathrm{i})$;

(3) $\cos z$ $(z_0 = \mathrm{i})$;　　　(4) $(z - \mathrm{i})^5 \cos z$ $(z_0 = \mathrm{i})$;

(5) $\dfrac{1}{3-z}(z_0 = 1 + \mathrm{i})$;　　　(6) $\dfrac{4-z}{3-z}(z_0 = 1 + \mathrm{i})$;

(7) $\displaystyle\int_0^z \mathrm{e}^{z^2} \mathrm{d}z$ $(z_0 = 0)$;　　　(8) $\tan z$ $\left(z_0 = \dfrac{\pi}{4}\right)$;

(9) $\left(\dfrac{z - \mathrm{i}}{z}\right)^{10}$ $(z_0 = \mathrm{i})$;　　　(10) $\ln(z^2 - 3z + 2)$ $(z_0 = -1)$.

14. 函数 $f(z)$ 在各个环域内有不同的洛朗级数展开式, 这与它的洛朗级数展开式的唯一性矛盾吗? 为什么?

15. 以点 $z_0 = \mathrm{i}$ 为中心, 过函数 $f(z) = \dfrac{1}{z(z+1)(z+2\mathrm{i})}$ 的奇点作圆周, 试说明 $f(z)$ 在以点 z_0 为中心的哪些环域内可以展开成洛朗级数?

16. 求函数 $f(z) = \dfrac{\mathrm{i}}{(z - \mathrm{i})(z - 2\mathrm{i})}$ 在下列环域内的洛朗级数展开式.

(1) $1 < |z| < 2$;　　　(2) $2 < |z| < \infty$;　　　(3) $0 < |z - \mathrm{i}| < 1$.

17. 求函数 $f(z) = \dfrac{1}{z(z+2)^2}$ 在下列环域内的洛朗级数展开式.

(1) $0 < |z + 2| < 2$;　　　(2) $2 < |z + 2| < \infty$.

18. 试说明下列函数在点 $z = 0$ 和 $z = \infty$ 的去心邻域内的洛朗级数展开式是一样的, 并且求出其展开式.

(1) $z^3 \mathrm{e}^{\frac{1}{z}}$;　　　(2) $z^4 \sin \dfrac{1}{z}$;　　　(3) $z^{-10} \cos z$.

19. 将下列函数在指定环域内展开成洛朗级数, 并计算其沿正向圆周 $|z| = 6$ 的积分值 I.

(1) $f_1(z) = \sin \dfrac{1}{1-z}$, $0 < |z - 1| < \infty$;

(2) $f_2(z) = (z+1)^{10} \sin \dfrac{1}{1+z}$, $0 < |z + 1| < \infty$;

(3) $f_3(z) = \dfrac{1}{z(z+1)^6}$, $1 < |z+1| < \infty$;

(4) $f_4(z) = \ln \dfrac{z-\mathrm{i}}{z+\mathrm{i}} = \ln\left(1 + \dfrac{-2\mathrm{i}}{z+\mathrm{i}}\right)$, $2 < |z+\mathrm{i}| < \infty$;

(5) $f_5(z) = 2(z+\mathrm{i})^{19} \cos^2 \dfrac{1}{z+\mathrm{i}}$, $0 < |z+\mathrm{i}| < \infty$.

20. 下列数列是否收敛? 若收敛, 求出其极限.

(1) $\alpha_n = \left(1 + \dfrac{\mathrm{i}}{2}\right)^{-n}$;　　　(2) $\alpha_n = (-1)^n + \dfrac{\mathrm{i}}{n+1}$;　　　(3) $\alpha_n = \dfrac{1}{n}\mathrm{e}^{-n\pi\mathrm{i}/2}$.

21. 判别下列级数的绝对收敛性与收敛性.

(1) $\displaystyle\sum_{n=1}^{\infty} \dfrac{\mathrm{i}^n}{n}$;　　(2) $\displaystyle\sum_{n=2}^{\infty} \dfrac{\mathrm{i}^n}{\ln n}$;　　(3) $\displaystyle\sum_{n=0}^{\infty} \dfrac{(6+5\mathrm{i})^n}{8^n}$;　　(4) $\displaystyle\sum_{n=0}^{\infty} \dfrac{\cos \mathrm{i}n}{2^n}$.

22. 下列说法是否正确? 为什么?

(1) 每一个幂级数在它的收敛圆周上处处收敛;

(2) 每一个幂级数的和函数在收敛圆内可能有奇点;

(3) 每一个在 z_0 处连续的函数一定可以在 z_0 的邻域内展开成泰勒级数.

23. 求下列幂级数的收敛半径 R.

(1) $\displaystyle\sum_{n=1}^{\infty} \dfrac{n^n}{n!} z^n$;　　　　　　　　　　(2) $\displaystyle\sum_{n=2}^{\infty} [(-1)^n + 2]^n z^n$;

(3) $\displaystyle\sum_{n=0}^{\infty} \dfrac{1+(-1)^n}{2^n} z^n$;　　　　　　　(4) $\displaystyle\sum_{n=0}^{\infty} \dfrac{z^n}{n^n}$.

24. 求幂级数 $\displaystyle\sum_{n=0}^{\infty} (n+1)(n+3)^{n+1} z^n$ 的收敛半径、收敛圆及和函数.

25. 如果 $\displaystyle\sum_{n=0}^{\infty} c_n z^n$ 的收敛半径为 R, 证明: $\displaystyle\sum_{n=0}^{\infty} (\operatorname{Re} c_n) z^n$ 的收敛半径大于等于 R.

26. 设级数 $\displaystyle\sum_{n=0}^{\infty} c_n$ 收敛, 而 $\displaystyle\sum_{n=0}^{\infty} |c_n|$ 发散, 证明: $\displaystyle\sum_{n=0}^{\infty} c_n z^n$ 的收敛半径为 1.

27. 如果级数 $\displaystyle\sum_{n=0}^{\infty} c_n z^n$ 在它的收敛圆的圆周上一点 z_0 处绝对收敛, 证明: 此级数在收敛圆所围的闭区域上绝对收敛.

28. 试求满足微分方程 $f'(z) = zf(z)$ 的中心为 0 的幂级数, 并求其收敛半径.

29. 将 $f(z) = \dfrac{1}{(1+z)^2}$ 运用 $(1+z)^2 f(z) = 1$ 的关系, 展开为以 0 为中心的幂级数, 并求其收敛半径.

30. 函数 $\tan \dfrac{1}{z}$ 能否在圆环域 $0 < |z| < R$ $(0 < R < +\infty)$ 内展开成洛朗级数? 为什么?

31. 计算积分 $\displaystyle\oint_{|z|=3} \dfrac{\mathrm{d}z}{(z+1)(z+2)}$.

第5章 留数及其应用

本章首先对孤立奇点进行分类，对孤立奇点引入留数的概念，然后叙述留数定理. 留数定理是本章的中心，是留数理论的基础. 应用留数定理可以把计算沿闭曲线的积分转化为计算在孤立奇点处的留数，还可以计算一些定积分和广义积分. 本章最后介绍辐角原理，供有关专业选用.

5.1 孤 立 奇 点

5.1.1 孤立奇点的定义

函数 $f(z)$ 不解析的点称为奇点. 如果 z_0 是函数 $f(z)$ 的奇点，但 $f(z)$ 在 z_0 的某去心邻域 $0 < |z - z_0| < \delta$ 内解析，则称 z_0 为 $f(z)$ 的**孤立奇点**.

例如，函数 $f(z) = \dfrac{1}{z(1-z)}$ 在 $z = 0$ 及 $z = 1$ 处都不解析，但存在 $z = 0$ 的去心邻域 $0 < |z| < 1$ 及 $z = 1$ 的去心邻域 $0 < |z - 1| < 1$，函数 $f(z)$ 在 $0 < |z| < 1$ 及 $0 < |z - 1| < 1$ 内都是处处解析的，因而 $z = 0$ 和 $z = 1$ 都是 $f(z)$ 的孤立奇点. 函数 $f(z) = \dfrac{1}{\cos\frac{1}{z}}$ 的奇点 $z = 0$ 不是孤立奇点，$z = 0$ 及 $\dfrac{1}{z_k} = k\pi + \dfrac{\pi}{2}$，即 $z_k = \dfrac{2}{(2k+1)\pi}(k = 0, \pm 1, \pm 2, \cdots)$ 都是 $f(z)$ 的奇点，当 k 的绝对值无限增大时，z_k 无限接近于 0，这样在 $z = 0$ 的不论多么小的邻域内总有函数 $f(z) = \dfrac{1}{\cos\frac{1}{z}}$ 的奇点存在，因此 $z = 0$ 不是 $\dfrac{1}{\cos\frac{1}{z}}$ 的孤立奇点.

5.1.2 孤立奇点的分类

以洛朗级数为工具，对孤立奇点进行分类. 如果 z_0 是 $f(z)$ 的孤立奇点，则在 z_0 的某去心邻域 $0 < |z - z_0| < \delta$ 内，函数 $f(z)$ 可展开成洛朗级数

$$f(z) = \sum_{n=-\infty}^{+\infty} c_n(z - z_0)^n, \tag{5.1.1}$$

$$c_n = \frac{1}{2\pi i} \oint_C \frac{f(z)}{(z - z_0)^{n+1}} \mathrm{d}z,$$

其中 C 为 $0 < |z - z_0| < \delta$ 内围绕 z_0 的任意一条正向简单闭曲线.

定义 5.1.1 设函数 $f(z)$ 在其孤立奇点 $z_0(z_0 \neq \infty)$ 的去心邻域内的洛朗级数为式 (5.1.1)：

① 如果在洛朗级数中不含 $z - z_0$ 的负幂项, 那么称 z_0 为**可去奇点**.

② 如果在洛朗级数中只有有限多个 $z - z_0$ 的负幂项, 且其中关于 $(z - z_0)^{-1}$ 的最高次幂为 $(z - z_0)^{-m}$, 即 $c_{-m} \neq 0$, 那么称 z_0 为函数 $f(z)$ 的 **m 级极点**, 其中 1 级极点也称为**简单极点**.

③ 如果在洛朗级数中含有无穷多个 $z - z_0$ 的负幂项, 那么称 z_0 为函数 $f(z)$ 的**本性奇点**.

由定义 5.1.1 可知, 当 z_0 为 $f(z)$ 的可去奇点时, $f(z)$ 在 z_0 的去心邻域 $0 < |z - z_0| < \delta$ 内的洛朗级数为

$$f(z) = c_0 + c_1(z - z_0) + c_2(z - z_0)^2 + \cdots,$$

记右端级数的和函数为 $F(z)$, 则 $F(z)$ 在 z_0 点是解析的, 并且当 $z \neq z_0$ 时, $F(z) = f(z)$; 当 $z = z_0$ 时, $F(z_0) = c_0$, 于是

$$\lim_{z \to z_0} f(z) = \lim_{z \to z_0} F(z) = F(z_0) = c_0.$$

若补充定义 $f(z_0) = c_0$, 则 $f(z)$ 在 z_0 点解析.

由以上分析可知, 孤立奇点 z_0 是 $f(z)$ 的可去奇点的充分必要条件为

$$\lim_{z \to z_0} f(z) = c_0.$$

例如, $z = 0$ 是函数 $\dfrac{e^z - 1}{z}$ 的可去奇点, 由于

$$\frac{e^z - 1}{z} = \frac{1}{z}\left(z + \frac{z^2}{2!} + \frac{z^3}{3!} + \cdots\right) = 1 + \frac{z}{2!} + \frac{z^2}{3!} + \cdots,$$

如果定义 $\dfrac{e^z - 1}{z}$ 在 $z = 0$ 处的值为 1, 则 $\dfrac{e^z - 1}{z}$ 在 $z = 0$ 处也解析.

今后, 当 z_0 为函数 $f(z)$ 的可去奇点时, 我们总把 z_0 看作 $f(z)$ 的解析点, 并且规定 $f(z_0) = \lim\limits_{z \to z_0} f(z)$.

如果 z_0 为 $f(z)$ 的 m 级极点, $f(z)$ 在 z_0 的去心邻域 $0 < |z - z_0| < \delta$ 内的洛朗级数为

$$f(z) = c_{-m}(z - z_0)^{-m} + \cdots + c_{-1}(z - z_0)^{-1} + c_0 + c_1(z - z_0) + \cdots$$
$$= (z_0 - z_0)^{-m}(c_{-m} + c_{-m+1}(z - z_0)^2 + \cdots) \quad (m \geqslant 1, c_{-m} \neq 0),$$

记 $\varphi(z) = c_{-m} + c_{-m+1}(z - z_0) + c_{-m+2}(z - z_0)^2 + \cdots$, 则 $\varphi(z)$ 在圆域 $|z - z_0| < \delta$ 内解析, 且

$$f(z) = \frac{1}{(z - z_0)^m} \varphi(z). \tag{5.1.2}$$

反之, 若存在在点 z_0 处解析的函数 $\varphi(z)$ 且 $\varphi(z_0) \neq 0$, 使式 (5.1.2) 成立, 则 z_0 是 $f(z)$ 的 m 级极点.

当 z_0 是 $f(z)$ 的极点时, 由式 (5.1.2) 可知

$$\lim_{z \to z_0} f(z) = \infty.$$

如果 z_0 为 $f(z)$ 的本性奇点, 则函数 $f(z)$ 具有以下性质.

在 z_0 的去心邻域内, 对于任意给定的复数 M, 总可以找到一个趋于 z_0 的数列 z_n, 使得 $\lim\limits_{n \to \infty} f(z_n) = M$, 从而当 z 趋于 z_0 时, $f(z)$ 的极限不存在, 也不是 ∞(证略). 例如, 函数 $f(z)$ 在 $0 < |z| < \infty$ 内的洛朗级数

$$e^{\frac{1}{z}} = 1 + z^{-1} + \frac{1}{2!} z^{-2} + \cdots + \frac{1}{n!} z^{-n} + \cdots$$

中含有无穷多个 z 的负幂项, 从而 $z = 0$ 为 $e^{\frac{1}{z}}$ 的本性奇点. 对给定的复数 $M = i$, 选取数列 $z_n = \dfrac{1}{\left(\frac{\pi}{2} + 2n\pi\right) i}$, 则当 $n \to \infty$ 时, $z_n \to 0$, 而 $e^{\frac{1}{z_n}} \to i$; 若给定复数 $M = -i$, 可选取数列 $z_n = \dfrac{1}{\left(-\frac{\pi}{2} + 2n\pi\right) i}$, 当 $n \to \infty$ 时, $z_n \to 0$, 而 $e^{\frac{1}{z_n}} \to -i$. 因此, 当 z 趋于 z_0 时, $e^{\frac{1}{z}}$ 处的极限不存在, 也不是 ∞.

由于以上已经讨论了函数 $f(z)$ 在孤立奇点的极限的所有情况, 因此可以通过函数在孤立奇点的极限情况来判断孤立奇点的类型. 如果函数 $f(z)$ 在其孤立奇点 z_0 处的极限 $\lim\limits_{z \to z_0} f(z)$

① 存在, 则 z_0 为 $f(z)$ 的可去奇点;

② 为 ∞, 则 z_0 为 $f(z)$ 的极点;

③ 不存在也不为 ∞, 则 z_0 为 $f(z)$ 的本性奇点.

极点可以通过函数的零点来判别.

5.1.3　用函数的零点判别极点的类型

若函数 $f(z)$ 在点 z_0 处解析且 $f(z_0) = 0$, 则称 z_0 为函数 $f(z)$ 的零点.

设函数 $f(z)$ 在其零点 z_0 的邻域 $|z - z_0| < \delta$ 内的泰勒级数为

$$f(z) = c_0 + c_1(z - z_0) + c_2(z - z_0)^2 + \cdots,$$

则 $c_0 = 0$, 设 m 是使 $c_m \neq 0$ 的最小正整数, 则

$$f(z) = c_m(z - z_0)^m + c_{m+1}(z - z_0)^{m+1} + \cdots.$$

定义 5.1.2　若函数 $f(z)$ 在 z_0 的邻域内的泰勒级数为

$$f(z) = \sum_{n=m}^{\infty} c_n(z - z_0)^n, \tag{5.1.3}$$

其中 $c_m \neq 0(m$ 为正整数$)$, 则称 z_0 为 $f(z)$ 的 **m 级零点**.

易见，z_0 为 $f(z)$ 的 m 级零点的充分必要条件为存在解析函数 $\varphi(z)$，且 $\varphi(z_0) \neq 0$，使得函数 $f(z)$ 在 z_0 的某邻域内能表示成

$$f(z) = (z - z_0)^m \varphi(z). \tag{5.1.4}$$

例如，$z = 1$ 为 $f(z) = (z-1)^2$ 的 2 级零点.

另外，还可以通过 $f(z)$ 在点 z_0 处的导数的值给出 z_0 为 $f(z)$ 的 m 级零点的充分必要条件.

定理 5.1.1 z_0 为函数 $f(z)$ 的 m 级零点的充分必要条件为 $f(z)$ 在 z_0 处解析，$f(z_0) = f'(z_0) = \cdots = f^{(m-1)}(z_0) = 0$ 且 $f^{(m)}(z_0) \neq 0$.

证明 若 z_0 为 $f(z)$ 的 m 级零点，则 $f(z)$ 在 z_0 的邻域内的泰勒级数可展成式 (5.1.3) 的形式，对幂级数逐项求导，可得

$$f(z_0) = f'(z_0) = \cdots = f^{(m-1)}(z_0) = 0, f^{(m)}(z_0) = m!c_m \neq 0.$$

反之，若 $f(z)$ 在 z_0 处解析，$f(z_0) = f'(z_0) = \cdots = f^{(m-1)}(z_0) = 0$ 且 $f^{(m)}(z_0) \neq 0$，设 $f(z)$ 在 z_0 的邻域内的泰勒级数为

$$f(z) = c_0 + c_1(z - z_0) + \cdots + c_m(z - z_0)^m + \cdots,$$

由系数公式可知 $c_n = \dfrac{f^{(n)}(z_0)}{n!} = 0 (n = 0, 1, 2, \cdots, m-1)$，而 $c_m = \dfrac{f^{(m)}(z_0)}{m!} \neq 0$，即 z_0 为 $f(z)$ 的 m 级零点.

下面给出用函数的零点判断极点的方法.

定理 5.1.2 若函数 $f(z)$ 和 $g(z)$ 在点 z_0 处解析，则有

① 当 z_0 分别为 $f(z)$ 和 $g(z)$ 的 m, n 级零点时，z_0 为 $f(z)g(z)$ 的 $m+n$ 级零点，若 $m < n$，则有 z_0 为 $\dfrac{f(z)}{g(z)}$ 的 $n - m$ 级极点；

② 当 z_0 为 $g(z)$ 的 n 级零点，但 $f(z_0) \neq 0$ 时，z_0 为 $\dfrac{f(z)}{g(z)}$ 的 n 级极点.

证明 ①由于 z_0 分别为 $f(z)$ 和 $g(z)$ 的 m, n 级零点，因此存在函数 $\varphi(z)$ 和 $\psi(z)$ 在点 z_0 处解析，且 $\varphi(z_0) \neq 0, \psi(z_0) \neq 0$，使

$$f(z) = (z - z_0)^m \varphi(z), g(z) = (z - z_0)^n \psi(z),$$

从而有

$$f(z)g(z) = (z - z_0)^{m+n} \varphi(z)\psi(z),$$
$$\frac{f(z)}{g(z)} = \frac{1}{(z - z_0)^{n-m}} \cdot \frac{\varphi(z)}{\psi(z)},$$

由式 (5.1.4) 和式 (5.1.2) 可知结论①成立.

② 设

$$g(z) = (z - z_0)^n \psi(z), \psi(z_0) \neq 0,$$

则

$$\frac{f(z)}{g(z)} = \frac{1}{(z-z_0)^n} \cdot \frac{f(z)}{\psi(z)},$$

由于 $\frac{f(z)}{\psi(z)}$ 在点 z_0 处解析, 且 $\frac{f(z_0)}{\psi(z_0)} \neq 0$, 故 z_0 为 $\frac{f(z)}{g(z)}$ 的 n 级极点.

在定理 5.1.2 的②中令 $f(z) = 1$ 可得以下推论.

推论　若 z_0 为 $g(z)$ 的 n 级零点, 则 z_0 为 $\frac{1}{g(z)}$ 的 n 级极点, 反之也成立.

例 5.1.1　下列函数有些什么奇点? 如果是极点, 指出它的级.

(1) $f(z) = \dfrac{1}{\tan z}$;

(2) $f(z) = \dfrac{\cos z}{(z-1)^3(z+1)^4}$;

(3) $f(z) = \dfrac{\cos z}{z^3}$.

解　(1)$f(z) = \dfrac{1}{\tan z} = \dfrac{\cos z}{\sin z}$ 的奇点是分母的零点,

$$z_k = k\pi \quad (k = 0, \pm 1, \pm 2, \cdots),$$

由于 $(\sin z)' = \cos z$, 而 $\cos z$ 在 z_k 处解析且 $\cos z_k \neq 0(k = 0, \pm 1, \pm 2, \cdots)$, 由定理 5.1.2 中的②知 $z_k(k = 0, \pm 1, \pm 2, \cdots)$ 均为 $f(z)$ 的简单极点.

(2) 易见 $z = 1, z = -1$ 是 $f(z)$ 的奇点. 由于

$$f(z) = \frac{1}{(z-1)^3} \cdot \frac{\cos z}{(z+1)^4},$$

函数 $\dfrac{\cos z}{(z+1)^4}$ 在 $z = 1$ 处解析且 $\dfrac{\sin 1}{(1+1)^4} \neq 0$, 因此 $z = 1$ 是 $f(z)$ 的 3 级极点.

同理, $z = -1$ 是 $f(z)$ 的 4 级极点.

(3)$z = 0$ 是 $f(z)$ 的极点, 由于

$$\frac{\cos z}{z^3} = \frac{1}{z^3}\left(1 - \frac{z^2}{2!} + \frac{z^4}{4!} - \cdots\right) = \frac{1}{z^3}\varphi(z),$$

其中 $\varphi(z)$ 在 $z = 0$ 处解析且 $\varphi(0) \neq 0$, 因此 $z = 0$ 为 $f(z)$ 的 3 级极点.

5.1.4　函数在无穷远点的性态

前面讨论奇点时都是在有限复平面上进行的, 为了考察函数在无穷远点的性态, 下面在扩充复平面上进行讨论.

若函数 $f(z)$ 在无穷远点 $z = \infty$ 的去心邻域 $R < |z| < +\infty$ 内解析, 则称 $z = \infty$ 为 $f(z)$ 的孤立奇点.

设 $f(z)$ 在其孤立奇点 $z = \infty$ 的去心邻域 $R < |z| < +\infty$ 内的洛朗级数为

$$f(z) = \sum_{k=-\infty}^{\infty} c_k z^k, \tag{5.1.5}$$

令 $\zeta = \dfrac{1}{z}$，则

$$\varphi(\zeta) = f\left(\frac{1}{\zeta}\right) = \sum_{k=-\infty}^{\infty} c_k \zeta^{-k} \tag{5.1.6}$$

在 $0 < |\zeta| < \dfrac{1}{R}$ 内解析，$\zeta = 0$ 是 $\varphi(\zeta)$ 的孤立奇点，这样就可以通过 $\zeta = 0$ 的类型来定义孤立奇点 $z = \infty$ 的类型.

定义 5.1.3 设 $\zeta = 0$ 是函数 $\varphi(\zeta) = f\left(\dfrac{1}{\zeta}\right)$ 的孤立奇点，若 $\zeta = 0$ 为 $\varphi(\zeta)$ 的可去奇点，则称 $z = \infty$ 为 $f(z)$ 的可去奇点；若 $\zeta = 0$ 为 $\varphi(\zeta)$ 的 m 级极点，则称 $z = \infty$ 为 $f(z)$ 的 m 级极点；若 $\zeta = 0$ 为 $\varphi(\zeta)$ 的本性奇点，则称 $z = \infty$ 为 $f(z)$ 的本性奇点.

由定义 5.1.3 可知，若级数 (5.1.5) 中不含正幂项，则 $z = \infty$ 为 $f(z)$ 的可去奇点；若级数 (5.1.5) 中仅含有限多个正幂项，且最高次幂为 z^m，则 $z = \infty$ 为 $f(z)$ 的 m 级极点；若级数 (5.1.5) 中含有无穷多个正幂项，则 $z = \infty$ 为 $f(z)$ 的本性奇点.

当 $z = \infty$ 为 $f(z)$ 的可去奇点时，若取 $f(\infty) = \lim\limits_{z \to \infty} f(z)$，则认为 $f(z)$ 在 $z = \infty$ 处解析.

例如，函数 $f(z) = \dfrac{z}{z-2}$ 在 $z = \infty$ 的去心邻域 $2 < |z| < +\infty$ 内的洛朗级数

$$f(z) = \frac{1}{1 - \dfrac{2}{z}} = 1 + \frac{2}{z} + \left(\frac{2}{z}\right)^2 + \left(\frac{2}{z}\right)^3 + \cdots$$

中不含 z 的正幂项，所以 $z = \infty$ 为 $f(z)$ 的可去奇点. 若取 $f(\infty) = 1$，则 $f(z)$ 在 $z = \infty$ 处解析.

例 5.1.2 $z = \infty$ 是函数

$$f(z) = \frac{z^4 + 1}{z^2(z+1)}$$

的什么类型的奇点? 如果是极点，指出它的级.

解 令 $\zeta = \dfrac{1}{z}$，则

$$\varphi(\zeta) = f\left(\frac{1}{\zeta}\right) = \frac{1 + \zeta^4}{\zeta(1+\zeta)} = \frac{1}{\zeta} \cdot \frac{1+\zeta^4}{1+\zeta} = \frac{1}{\zeta} \cdot g(\zeta),$$

由于 $g(\zeta)$ 在 $\zeta = 0$ 处解析且 $g(0) \neq 0$，因此 $\zeta = 0$ 是 $\varphi(\zeta)$ 的简单极点，即 $z = \infty$ 是 $f(z)$ 的简单极点.

5.2　留数和留数定理

5.2.1　留数的定义和计算

若 z_0 为函数 $f(z)$ 的孤立奇点，则 $f(z)$ 在 z_0 的某个去心邻域 $0 < |z - z_0| < R$ 内解析. 由解析函数积分的闭路变形原理，对于该邻域内任意一条围绕点 z_0 的正向简单闭曲线 C，$f(z)$ 沿 C 的积分取定值，下面利用该积分来定义留数.

定义 5.2.1　设 $z_0(z_0 \neq \infty)$ 为函数 $f(z)$ 的孤立奇点，C 为 $0 < |z - z_0| < R$ 内围绕 z_0 的任意一条正向简单闭曲线，称积分

$$\frac{1}{2\pi i} \oint_C f(z)\mathrm{d}z$$

为 $f(z)$ 在点 z_0 处的**留数**(Residue)，记作 $\mathrm{Res}[f(z), z_0]$.

设函数 $f(z)$ 在 z_0 的去心邻域 $0 < |z - z_0| < R$ 内的洛朗级数为式 (5.1.1)，由洛朗级数的系数公式有

$$c_{-1} = \frac{1}{2\pi i} \oint_C f(z)\mathrm{d}z,$$

从而有

$$\mathrm{Res}[f(z), z_0] = c_{-1}, \tag{5.2.1}$$

即 $f(z)$ 在 z_0 处的留数就是 $f(z)$ 在以 z_0 为中心的圆环域内的洛朗级数中 $(z - z_0)^{-1}$ 的系数.

一般情况下，用定义 5.2.1 来计算留数很困难，对于 z_0 为 $f(z)$ 的可去奇点、极点或本性奇点的情形，其留数都可用式 (5.2.1) 来计算，故称其为计算留数的一般公式.

例如，由式 (5.2.1) 可以直接推出: 若 z_0 为 $f(z)$ 的可去奇点，则它在点 z_0 处的留数为零.

又如，当 z_0 为 $f(z) = g(z - z_0)$ 的孤立奇点时，若 $g(\zeta)$ 为偶函数，则 $f(z)$ 在点 z_0 的去心邻域内的洛朗级数只含 $\zeta = z - z_0$ 的偶次幂，其奇次幂系数都为零. 于是令 $\zeta = z - z_0$ 得

$$\mathrm{Res}[f(z), z_0] = \mathrm{Res}[g(\zeta), 0] = 0, \tag{5.2.2}$$

由式 (5.2.2) 可以看出，函数

$$\frac{\sin(\cos z)}{z^2}, \frac{\sin(z^2 + 1)}{z^2 \cos z}, \frac{\mathrm{e}^{z^2}}{\sin^2 z}, \sin\left(\cos \frac{1}{z}\right)$$

等，在奇点 $z = 0$ 处的留数都为零. 将这些函数的变量 z 换为 $z - z_0$，z_0 为这些新函数的孤立奇点，它们在点 z_0 处的留数也都是零.

为求函数在其孤立奇点处的留数，我们只要求出它在 z_0 的去心邻域内的洛朗级数，从而得到 $(z-z_0)^{-1}$ 的系数 c_{-1}，即可得到函数在点 z_0 处的留数. 但对于有些类型的奇点，这样做是烦琐的并且没有必要.

对于 z_0 为极点的许多情形，用下列规则更简便.

规则 1°   若 z_0 为 $f(z)$ 的 1 级极点，则有

$$\operatorname{Res}[f(z), z_0] = \lim_{z \to z_0} (z - z_0) f(z). \tag{5.2.3}$$

规则 2°   若 z_0 为 $f(z)$ 的 m 级极点，则对任意整数 $n \geqslant m$ 有

$$\operatorname{Res}[f(z), z_0] = \frac{1}{(n-1)!} \lim_{z \to z_0} \frac{\mathrm{d}^{n-1}}{\mathrm{d}z^{n-1}} [(z - z_0)^n f(z)]. \tag{5.2.4}$$

规则 3°   设 $f(z) = \dfrac{P(z)}{Q(z)}$，其中 $P(z)$ 和 $Q(z)$ 在点 z_0 处都解析，若 $P(z_0) \neq 0, Q(z_0) = 0$ 且 $Q'(z_0) \neq 0$，则 z_0 为 $f(z)$ 的 1 级极点，且有

$$\operatorname{Res}[f(z), z_0] = \frac{P(z_0)}{Q'(z_0)}. \tag{5.2.5}$$

说明   将函数的零阶导数看作它本身，规则 1° 可看作规则 2° 在 $n = m = 1$ 时的特殊情形，且规则 2° 可取 $m = 1$.

证明   先证规则 2°，由于 z_0 为 $f(z)$ 的 m 级极点，因此可设在 $0 < |z - z_0| < R$ 内有

$$f(z) = \frac{c_{-m}}{(z-z_0)^m} + \cdots + \frac{c_{-1}}{z - z_0} + \cdots,$$

上式两端乘以 $(z - z_0)^n$，得

$$(z - z_0)^n f(z) = c_{-m}(z-z_0)^{n-m} + \cdots + c_{-1}(z-z_0)^{n-1} + c_0(z-z_0)^n + \cdots.$$

由于洛朗级数在其收敛的圆环域内可以逐项求导，上式两边求 $n-1$ 阶导数，由于 $n \geqslant m$，则有

$$\frac{\mathrm{d}^{n-1}}{\mathrm{d}z^{n-1}}[(z-z_0)^n f(z)] = (n-1)!c_{-1} + c_0 n!(z - z_0) + \cdots,$$

令 $z \to z_0$ 取极限，得

$$\lim_{z \to z_0} \frac{\mathrm{d}^{n-1}}{\mathrm{d}z^{n-1}}[(z-z_0)^n f(z)] = c_{-1}(n-1)!,$$

两端再除以 $(n-1)!$ 即得规则 2°.

以上证明中，取 $n = m = 1$ 就是规则 1° 的证明，下面只需证明规则 3°.

由于 $Q(z_0) = 0$ 及 $Q'(z_0) \neq 0$，因此 z_0 为 $Q(z)$ 的 1 级零点，又因 $P(z_0) \neq 0$，故 z_0 为

$f(z) = \dfrac{P(z)}{Q(z)}$ 的 1 级极点, 于是由上述规则 1° 得

$$\begin{aligned}
\mathrm{Res}[f(z), z_0] &= \lim_{z \to z_0} (z - z_0) f(z) \\
&= \lim_{z \to z_0} \frac{P(z)}{\dfrac{Q(z) - Q(z_0)}{z - z_0}} = \frac{P(z_0)}{Q'(z_0)},
\end{aligned}$$

在使用规则 2° 时, 一般取 $n = m$, 这是因为 n 取得越大, 求导的次数会越多, 使得计算很复杂.

例 5.2.1　求下列函数在指定点处的留数.

(1) $f_1(z) = \dfrac{3\mathrm{e}^z}{z(z-1)^3}$, $z = 0$ 及 $z = 1$;

(2) $f_2(z) = \dfrac{2\cos z}{\sin z}$, $z_k = k\pi$ $(k = 0, \pm 1, \pm 2, \cdots)$.

解　(1) $z = 0$ 是 $f_1(z)$ 的简单极点, 由规则 1°, 得

$$\mathrm{Res}[f_1(z), 0] = \lim_{z \to 0}\left[z \cdot \frac{3\mathrm{e}^z}{z(z-1)^3}\right] = \lim_{z \to 0} \frac{3\mathrm{e}^z}{(z-1)^3} = -3,$$

$z = 1$ 是 $f_1(z)$ 的 3 级极点, 由规则 2°, 得

$$\begin{aligned}
\mathrm{Res}[f_1(z), 1] &= \frac{1}{(3-1)!} \lim_{z \to 1} \frac{\mathrm{d}^2}{\mathrm{d}z^2}\left[(z-1)^3 \frac{3\mathrm{e}^z}{z(z-1)^3}\right] \\
&= \frac{1}{2} \lim_{z \to 1} \frac{\mathrm{d}^2}{\mathrm{d}z^2}\left(\frac{3\mathrm{e}^z}{z}\right) = \frac{3\mathrm{e}}{2}.
\end{aligned}$$

(2) $z_k = k\pi (k = 0, \pm 1, \pm 2, \cdots)$ 是 $\sin z$ 的 1 级零点, 而 $\cos z_k \neq 0 (k = 0, \pm 1, \pm 2, \cdots)$, 由规则 3°, 得

$$\mathrm{Res}[f_2(z), k\pi] = \left.\frac{2\cos z}{(\sin z)'}\right|_{z = k\pi} = 2 \quad (k = 0, \pm 1, \pm 2, \cdots).$$

若 z_0 是 $f(z)$ 的本性奇点, 一般用把 $f(x)$ 展开成洛朗级数的方法计算留数.

例 5.2.2　求函数 $f(z) = \sin\dfrac{1}{z^2}$ 在 $z = 0$ 处的留数.

解　$z = 0$ 是 $f(z)$ 的本性奇点, 在圆环域 $0 < |z| < \infty$ 内的洛朗级数为

$$\sin\frac{1}{z^2} = \frac{1}{z^2} - \frac{1}{3!z^6} + \frac{1}{5!z^{10}} - \cdots,$$

得 $c_{-1} = 0$, 因此 $\mathrm{Res}[f(z), 0] = 0$.

若极点的级较高 (3 级以上), 也往往用把函数展开成洛朗级数的方法求留数.

例 5.2.3　求函数 $f(z) = \dfrac{\mathrm{e}^z - 1}{z^6}$ 在 $z = 0$ 处的留数.

解　$z = 0$ 是函数 $\mathrm{e}^z - 1$ 的 1 级零点, 又是函数 z^6 的 6 级零点, 因此 $z = 0$ 是 $f(z)$ 的 5 级极点, 即 $m = 5$, 可用规则 2° 计算其留数.

若取 $n = m = 5$，则

$$
\begin{aligned}
\mathrm{Res}[f(z), 0] &= \frac{1}{(5-1)!} \lim_{z \to 0} \left[\frac{\mathrm{d}^4}{\mathrm{d}z^4} \left(z^5 \cdot \frac{\mathrm{e}^z - 1}{z^6} \right) \right] \\
&= \frac{1}{4!} \lim_{z \to 0} \left[\frac{\mathrm{d}^4}{\mathrm{d}z^4} \left(\frac{\mathrm{e}^z - 1}{z} \right) \right],
\end{aligned}
$$

此时导数的计算比较复杂. 为了计算简便应当取 $n = 6$，这时有

$$
\mathrm{Res}[f(z), 0] = \frac{1}{5!} \lim_{z \to 0} \left[\frac{\mathrm{d}^5}{\mathrm{d}z^5} (\mathrm{e}^z - 1) \right] = \frac{1}{5!}.
$$

另外，$f(z)$ 在点 $z_0 = 0$ 的去心邻域 $0 < |z| < \infty$ 内的洛朗级数为

$$
f(z) = \frac{1}{z^6} \sum_{n=1}^{\infty} \frac{1}{n!} z^n = \sum_{n=1}^{\infty} \frac{1}{n!} z^{n-6},
$$

其中 $n = 5$ 的项的系数为 $c_{-1} = \dfrac{1}{5!}$，从而也有

$$
\mathrm{Res}[f(z), 0] = c_{-1} = \frac{1}{5!}.
$$

5.2.2 留数定理

使用以下定理，可以利用留数计算复积分.

定理 5.2.1(留数定理) 若函数 $f(z)$ 在正向简单闭曲线 C 上处处解析，在 C 的内部除有限个孤立奇点 $z_1, z_2, \cdots, z_n$ 外解析，则有

$$
\oint_C f(z)\mathrm{d}z = 2\pi\mathrm{i} \sum_{k=1}^{n} \mathrm{Res}[f(z), z_k]. \tag{5.2.6}
$$

证明 在 C 的内部围绕每个奇点 z_k 作互不包含的正向小圆周 $C_k(k = 1, 2, \cdots, n)$，如图 5-1 所示，根据复合闭路定理有

$$
\oint_C f(z)\mathrm{d}z = \sum_{k=1}^{n} \oint_{C_k} f(z)\mathrm{d}z.
$$

由留数的定义

$$
\oint_{C_k} f(z)\mathrm{d}z = 2\pi\mathrm{i}\,\mathrm{Res}[f(z), z_k],
$$

从而有

$$
\oint_C f(z)\mathrm{d}z = 2\pi\mathrm{i} \sum_{k=1}^{n} \mathrm{Res}[f(z), z_k].
$$

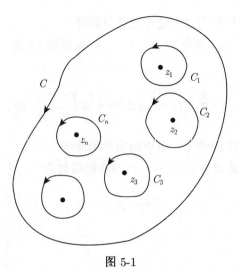

图 5-1

利用留数定理, 求沿封闭曲线 C 的积分, 就转化为求被积函数在 C 中的各孤立奇点处的留数.

例 5.2.4　计算积分 $\displaystyle\oint_{|z|=3}\frac{3\mathrm{e}^z}{z(z-1)^3}\mathrm{d}z$.

解　$z=0$ 为被积函数 $f(z)=\dfrac{3\mathrm{e}^z}{z(z-1)^3}$ 的 1 级极点, $z=1$ 为 $f(z)$ 的 3 级极点, 例 5.2.1(1) 中已算出

$$\mathrm{Res}[f(z),0]=-3,\ \mathrm{Res}[f(z),1]=\frac{3\mathrm{e}}{2},$$

$z=0$ 及 $z=1$ 均在 $|z|=3$ 的圆周内, 由留数定理,

$$\oint_{|z|=3}\frac{3\mathrm{e}^z}{z(z-1)^3}\mathrm{d}z=2\pi\mathrm{i}\left(-3+\frac{3\mathrm{e}}{2}\right)=(-6+3\mathrm{e})\pi\mathrm{i}.$$

例 5.2.5　计算积分 $\displaystyle\oint_{|z|=3}\frac{\mathrm{e}^{\cos z}}{z(z^2+4)}\mathrm{d}z$.

解　$f(z)=\dfrac{\mathrm{e}^{\cos z}}{z(z^2+4)}$ 在 $|z|=3$ 的内部有 3 个 1 级极点 $z=0$, $z=2\mathrm{i}$, $z=-2\mathrm{i}$.

$$\mathrm{Res}[f(z),0]=\lim_{z\to 0}\left[z\cdot\frac{\mathrm{e}^{\cos z}}{z(z^2+4)}\right]=\frac{\mathrm{e}}{4},$$

$$\mathrm{Res}[f(z),2\mathrm{i}]=\lim_{z\to 2\mathrm{i}}\left[(z-2\mathrm{i})\cdot\frac{\mathrm{e}^{\cos z}}{z(z^2+4)}\right]=-\frac{\mathrm{e}^{\cosh 2}}{8},$$

$$\mathrm{Res}[f(z),-2\mathrm{i}]=\lim_{z\to -2\mathrm{i}}\left[(z+2i)\frac{\mathrm{e}^{\cos z}}{z(z^2+4)}\right]=-\frac{\mathrm{e}^{\cosh 2}}{8},$$

故由留数定理

$$\oint_{|z|=3}\frac{\mathrm{e}^{\cos z}}{z(z^2+4)}\mathrm{d}z=2\pi\mathrm{i}\left(\frac{\mathrm{e}}{4}-\frac{\mathrm{e}^{\cosh 2}}{8}-\frac{\mathrm{e}^{\cosh 2}}{8}\right)=\frac{\pi\mathrm{i}(\mathrm{e}-\mathrm{e}^{\cosh 2})}{2}.\tag{5.2.7}$$

对于有些复变函数的积分用以下定理计算更简便.

定理 5.2.2 若函数 $f(z)$ 在环域 $R < |z| < \infty$ 内解析 (在圆 $|z| < R$ 内可能有无穷多个奇点), 则有

$$\oint_C f(z)\mathrm{d}z = 2\pi\mathrm{i}\mathrm{Res}\left[f\left(\frac{1}{\eta}\right)\frac{1}{\eta^2}, 0\right], \tag{5.2.8}$$

其中 C 是包含圆周 $|z| = R$ 的任意一条正向简单闭曲线.

证明 设 $f(z)$ 在环域 $R < |z| < +\infty$ 内的洛朗级数为

$$f(z) = \cdots + c_{-3}z^{-3} + c_{-2}z^{-2} + c_{-1}z^{-1} + c_0 + c_1z + \cdots,$$

则有

$$c_{-1} = \frac{1}{2\pi\mathrm{i}}\oint_C f(z)\mathrm{d}z.$$

令 $z = \frac{1}{\eta}$, 则函数 $f\left(\frac{1}{\eta}\right)$ 在点 $\eta = 0$ 的去心邻域 $0 < |\eta| < \frac{1}{R}$ 内解析, 且在该邻域内的洛朗级数为

$$f\left(\frac{1}{\eta}\right) = \cdots + c_{-3}\eta^3 + c_{-2}\eta^2 + c_{-1}\eta + c_0 + c_1\eta^{-1} + \cdots,$$

两边同时乘以 $\frac{1}{\eta^2}$, 得

$$f\left(\frac{1}{\eta}\right)\frac{1}{\eta^2} = \cdots + c_{-3}\eta + c_{-2} + c_{-1}\eta^{-1} + c_0\eta^{-2} + c_1\eta^{-3} + \cdots,$$

由于

$$\mathrm{Res}\left[f\left(\frac{1}{\eta}\right)\frac{1}{\eta^2}, 0\right] = c_{-1},$$

因此

$$\oint_C f(z)\mathrm{d}z = 2\pi\mathrm{i}\mathrm{Res}\left[f\left(\frac{1}{\eta}\right)\frac{1}{\eta^2}, 0\right].$$

例 5.2.6 计算下列积分.

(1) $\oint_{|z|=3} \dfrac{z^4}{1 + z^5}\mathrm{d}z$;

(2) $\oint_{|z|=3} \dfrac{1}{z\sin(1 + z^{-2})}\mathrm{d}z$.

解 (1) 被积函数的 5 个奇点都在 $|z| = 3$ 的内部, 若使用定理 5.2.1, 则要计算 5 个奇

点的留数, 比较麻烦, 故使用定理 5.2.2.

$$\oint_{|z|=3} \frac{z^4}{1+z^5} \mathrm{d}z = 2\pi\mathrm{i}\mathrm{Res}\left[\frac{\left(\dfrac{1}{\eta}\right)^4}{1+\left(\dfrac{1}{\eta}\right)^5} \cdot \frac{1}{\eta^2}, 0\right]$$

$$= 2\pi\mathrm{i}\mathrm{Res}\left[\frac{1}{\eta(\eta^5+1)}, 0\right]$$

$$= 2\pi\mathrm{i} \cdot 1 = 2\pi\mathrm{i}.$$

(2) $f(z)$ 在环域 $2 < |z| < +\infty$ 内解析, 但在 $|z| < 2$ 内有无数个奇点, 故使用定理 5.2.2.

$$\oint_{|z|=3} \frac{1}{z\sin(1+z^{-2})} \mathrm{d}z = 2\pi\mathrm{i}\mathrm{Res}\left[\frac{1}{\dfrac{1}{\eta}\sin(1+\eta^2)} \cdot \frac{1}{\eta^2}, 0\right]$$

$$= 2\pi\mathrm{i}\mathrm{Res}\left[\frac{1}{\eta\sin(1+\eta^2)}, 0\right]$$

$$= \frac{2\pi\mathrm{i}}{\sin 1}.$$

5.2.3 洛必达法则

在复变函数中, 对一些未定型的极限可使用复变函数的洛必达 (L'Hospital) 法则.

洛必达法则 设 z_0 为函数 $f(z)$ 和 $g(z)$ 的零点, 且在 z_0 的某去心邻域内 $f(z)$ 和 $g(z)$ 都不为零, 则当 $z \to z_0$ 时, 函数 $\dfrac{f(z)}{g(z)}$ 的极限一定存在或为无穷, 且有

$$\lim_{z \to z_0} \frac{f(z)}{g(z)} = \lim_{z \to z_0} \frac{f'(z)}{g'(z)}. \tag{5.2.9}$$

证明 设 z_0 分别为 $f(z)$ 和 $g(z)$ 的 m, n 级零点, 则有

$$f(z) = (z-z_0)^m \varphi(z), g(z) = (z-z_0)^n \psi(z),$$

其中 $\varphi(z)$ 与 $\psi(z)$ 均在 z_0 处解析, 且 $\varphi(z) \neq 0, \psi(z) \neq 0$, 因此

$$f'(z) = m(z-z_0)^{m-1}\varphi(z) + (z-z_0)^m \varphi'(z),$$

$$g'(z) = n(z-z_0)^{n-1}\psi(z) + (z-z_0)^n \psi'(z),$$

并且

$$\frac{f(z)}{g(z)} = (z-z_0)^{m-n}\frac{\varphi(z)}{\psi(z)},$$

$$\frac{f'(z)}{g'(z)} = (z-z_0)^{m-n}\frac{m\varphi(z) + (z-z_0)\varphi'(z)}{n\psi(z) + (z-z_0)\psi'(z)},$$

从而当 $z \to z_0$ 时, 有

$$\lim_{z \to z_0} \frac{f(z)}{g(z)} = \lim_{z \to z_0} \frac{f'(z)}{g'(z)} = \begin{cases} 0, & m > n, \\ \dfrac{\varphi(z_0)}{\psi(z_0)}, & m = n, \\ \infty, & m < n. \end{cases}$$

同理可证, 当 z_0 为极点时, 洛必达法则也成立.

例 5.2.7 计算积分 $\oint_C \dfrac{1}{z \tan z} \mathrm{d}z$, C 为正向圆周: $|z| = 1$.

解 $f(z)$ 的奇点是使 $z \tan z = 0$ 的点, $z = 0$ 为 $f(z)$ 的 2 级极点, $z_k = k\pi(k = \pm 1, \pm 2, \cdots)$ 为 $f(z)$ 的 1 级极点. 这些奇点中只有 $z = 0$ 在圆周 $|z| = 1$ 内.

$$\begin{aligned}
\mathrm{Res}[f(z), 0] &= \frac{1}{(2-1)!} \lim_{z \to 0} \frac{\mathrm{d}}{\mathrm{d}z} \left(z^2 \cdot \frac{1}{z \tan z} \right) \\
&= \lim_{z \to 0} \frac{\mathrm{d}}{\mathrm{d}z} \left(\frac{z}{\tan z} \right) \\
&= \lim_{z \to 0} \frac{\sin z \cos z - z}{\sin^2 z} \\
&= \lim_{z \to 0} \frac{\cos^2 z - \sin^2 z - 1}{2 \sin z \cos z} \text{(洛必达法则)} \\
&= \lim_{z \to 0} \frac{-2 \sin^2 z}{2 \sin z \cos z} \\
&= 0,
\end{aligned}$$

从而有

$$\oint_C \frac{1}{z \tan z} \mathrm{d}z = 2\pi \mathrm{i} \cdot 0 = 0.$$

5.2.4 函数在无穷远点的留数

设函数 $f(z)$ 在 $z = \infty$ 的去心邻域 $R < |z| < +\infty$ 内解析, C 为该邻域内包含圆周 $|z| = R$ 的任意一条简单闭曲线, 则闭曲线 C 环绕 $z = \infty$ 的正向, 就是 C 环绕 $z = 0$ 的负向, 因此可对函数 $f(z)$ 在 $z = \infty$ 处的留数作如下定义.

定义 5.2.2 设 $z = \infty$ 是函数 $f(z)$ 的孤立奇点, $f(z)$ 在 $z = \infty$ 的去心邻域 $R < |z| < +\infty$ 内解析, $f(z)$ 在 $z = \infty$ 处的留数

$$\mathrm{Res}[f(z), \infty] = 2\pi \mathrm{i} \oint_{C^-} f(z) \mathrm{d}z,$$

其中 C 为包含圆周 $|z| = R$ 的任意一条正向简单闭曲线.

设函数 $f(z)$ 在 $z = \infty$ 的去心邻域 $R < |z| < +\infty$ 内的洛朗级数为式 (5.1.5), 由洛朗级数的系数公式有

$$c_{-1} = 2\pi \mathrm{i} \oint_C f(z) \mathrm{d}z,$$

从而有

$$\text{Res}[f(z),\infty] = 2\pi\mathrm{i}\oint_{C^-} f(z)\mathrm{d}z = -c_{-1},$$

即 $f(z)$ 在 $z=\infty$ 处的留数等于它在 $z=\infty$ 的去心邻域 $R < |z| < +\infty$ 内的洛朗级数中 z^{-1} 的系数的相反数.

定理 5.2.3　若函数 $f(z)$ 在有限复平面内只有有限个孤立奇点 $z_1, z_2, \cdots, z_n$，则 $z=\infty$ 也是 $f(z)$ 的孤立奇点，且

$$\sum_{k=1}^n \text{Res}[f(z), z_k] + \text{Res}[f(z), \infty] = 0. \tag{5.2.10}$$

证明　令 $R = \max\{|z_1|, |z_2|, \cdots, |z_n|\}$，则 $f(z)$ 在点 $z=\infty$ 的邻域 $R < |z| < +\infty$ 内解析，$z=\infty$ 是 $f(z)$ 的孤立奇点. 设 C 为包含圆周 $|z|=R$ 的任意正向简单闭曲线，由留数定理及在无穷远点的留数定义有

$$\sum_{k=1}^n \text{Res}[f(z), z_k] + \text{Res}[f(z), \infty] = \frac{1}{2\pi\mathrm{i}}\oint_C f(z)\mathrm{d}z + \frac{1}{2\pi\mathrm{i}}\oint_{C^-} f(z)\mathrm{d}z = 0.$$

由函数在无穷远点的留数定义及定理 5.2.2 可得

$$\text{Res}[f(z), \infty] = -\text{Res}\left[f\left(\frac{1}{\eta}\right)\cdot\frac{1}{\eta^2}, 0\right]. \tag{5.2.11}$$

式 (5.2.11) 可用于计算函数 $f(z)$ 在无穷远点的留数.

例 5.2.8　计算积分 $\oint_C \dfrac{\mathrm{d}z}{(z-4)(z^6-1)}$，$C$ 为正向圆周: $|z|=3$.

解　被积函数 $f(z) = \oint_C \dfrac{\mathrm{d}z}{(z-4)(z^6-1)}$ 在 $|z|=3$ 的内部有 6 个 1 级极点

$$z_k = \mathrm{e}^{\frac{2k}{6}\pi\mathrm{i}} \quad (k = 0, 1, 2, 3, 4, 5),$$

直接使用式 (5.2.6)，要计算 6 个 1 级极点的留数比较麻烦; 在 $|z|=3$ 的外部的奇点为 1 级极点 $z=4$ 及 $z=\infty$，且

$$\text{Res}[f(z), 4] = \lim_{z\to 3}\left[(z-4)\cdot\frac{1}{(z-4)(z^6-1)}\right] = \frac{1}{4095},$$

$$\text{Res}[f(z), \infty] = -\text{Res}\left[f\left(\frac{1}{\eta}\right)\cdot\frac{1}{\eta^2}, 0\right]$$

$$= \text{Res}\left[\frac{\eta^5}{(4\eta-1)(1-\eta^6)}, 0\right] = 0.$$

由定理 5.2.3，得

$$\sum_{k=0}^5 \text{Res}[f(z), z_k] + \text{Res}[f(z), 4] + \text{Res}[f(z), \infty] = 0,$$

从而有

$$\oint_C \frac{\mathrm{d}z}{(z-4)(z^6-1)} = 2\pi\mathrm{i}\sum_{k=0}^{5}\mathrm{Res}[f(z), z_k]$$

$$= 2\pi\mathrm{i}(-\mathrm{Res}[f(z), 4] - \mathrm{Res}[f(z), \infty])$$

$$= \frac{2\pi}{4095}\mathrm{i}.$$

5.3 留数在定积分计算中的应用

在一元实函数的定积分和广义积分中，许多被积函数的原函数不容易求出，或不能用初等函数来表示，使得计算其积分值时经常遇到困难. 复变函数积分中的留数定理为这类积分的计算提供了一种新的简便方法，该方法的基本思想是把所给定积分化为解析函数沿某条闭路的积分，然后利用留数定理来计算其积分值.

下面用三种类型的积分的计算来说明利用留数定理计算定积分的方法和技巧.

5.3.1 形如 $\int_0^\alpha f\left(\cos\frac{2\pi\theta}{\alpha}, \sin\frac{2\pi\theta}{\alpha}\right)\mathrm{d}\theta$ 的积分

对于积分 $I_1 = \int_0^\alpha f\left(\cos\frac{2\pi\theta}{\alpha}, \sin\frac{2\pi\theta}{\alpha}\right)\mathrm{d}\theta$，若令 $\varphi = \frac{2\pi\theta}{\alpha}$，则 $\mathrm{d}\varphi = \frac{2\pi\mathrm{d}\theta}{\alpha}$，则有

$$I_1 = \frac{\alpha}{2\pi}\int_0^{2\pi} f(\cos\varphi, \sin\varphi)\mathrm{d}\varphi,$$

其中 φ 可看作圆周 $|z| = 1$ 的参数方程的参数. 于是令 $z = \mathrm{e}^{\mathrm{i}\varphi}(0 \leqslant \varphi \leqslant 2\pi)$，则有 $\mathrm{d}z = \mathrm{i}z\mathrm{d}\varphi$，且有

$$\cos\varphi = \frac{1}{2}(z + z^{-1}) = \frac{z^2+1}{2z},$$

$$\sin\varphi = \frac{1}{2\mathrm{i}}(z - z^{-1}) = \frac{z^2-1}{2\mathrm{i}z},$$

当 φ 从 0 变到 2π 时，沿圆周 $|z| = 1$ 正向绕行一周，于是有

$$I_1 = \frac{\alpha}{2\pi}\oint_{|z|=1} f\left(\frac{z^2+1}{2z}, \frac{z^2-1}{2\mathrm{i}z}\right)\frac{1}{\mathrm{i}z}\mathrm{d}z,$$

$$= \frac{\alpha}{2\pi\mathrm{i}}\oint_{|z|=1} f\left(\frac{z^2+1}{2z}, \frac{z^2-1}{2\mathrm{i}z}\right)\frac{1}{z}\mathrm{d}z.$$

若函数 $F(z) = \frac{1}{z}f\left(\frac{z^2+1}{2z}, \frac{z^2-1}{2\mathrm{i}z}\right)$ 在 $|z| < 1$ 内只有有限个奇点 $z_1, z_2, \cdots, z_n$，则由留数定理得

$$I_1 = \alpha\sum_{k=1}^{n}\mathrm{Res}[F(z), z_k],$$

于是有以下定理.

定理 5.3.1 设 $I_1 = \int_0^\alpha f\left(\cos\frac{2\pi\theta}{\alpha}, \sin\frac{2\pi\theta}{\alpha}\right)\mathrm{d}\theta$，若函数 $F(z) = \frac{1}{z}f\left(\frac{z^2+1}{2z}, \frac{z^2-1}{2\mathrm{i}z}\right)$

在圆周 $|z| = 1$ 上解析，在 $|z| < 1$ 内除有限个奇点 $z_1, z_2, \cdots, z_n$ 外解析，则有

$$I_1 = \alpha\sum_{k=1}^{n}\operatorname{Res}[F(z), z_k]. \tag{5.3.1}$$

实际计算中，只要令

$$z = \mathrm{e}^{\mathrm{i}\frac{2\pi\theta}{\alpha}} = \cos\frac{2\pi\theta}{\alpha} + \mathrm{i}\sin\frac{2\pi\theta}{\alpha},$$

就可将定积分 I_1 变为沿单位圆周 $|z| = 1$ 的复积分，再利用留数定理进行计算.

特别地，当 $\alpha = 2\pi$ 时，$I_1 = \int_0^{2\pi} f(\cos\theta, \sin\theta)\mathrm{d}\theta$.

例 5.3.1 计算积分

$$I = \int_0^{2\pi}\frac{\mathrm{d}\theta}{1 - 2p\cos\theta + p^2} \quad (0 < |p| < 1).$$

解 令 $z = \mathrm{e}^{\mathrm{i}\theta}$，则 $\mathrm{d}\theta = \frac{\mathrm{d}z}{\mathrm{i}z}$，

$$1 - 2p\cos\theta + p^2 = 1 - 2p\frac{z^2+1}{2z} + p^2 = \frac{(z-p)(1-pz)}{z},$$

从而有

$$I = -\mathrm{i}\oint_{|z|=1}\frac{1}{(z-p)(1-pz)}\mathrm{d}z.$$

函数 $f(z) = \frac{1}{(z-p)(1-pz)}\mathrm{d}z$ 在 $|z| < 1$ 内只有一个简单奇点 $z = p$，在 $|z| = 1$ 上无奇点，且

$$\operatorname{Res}[f(z), p] = \lim_{z\to p}\left[(z-p)\cdot\frac{1}{(z-p)(1-pz)}\right] = \frac{1}{1-p^2},$$

由留数定理得

$$I = \frac{1}{\mathrm{i}}\cdot 2\pi\mathrm{i}\operatorname{Res}[f(z), p] = \frac{2\pi}{1-p^2}.$$

例 5.3.2 计算积分

$$I = \int_0^{2\pi}\sin^{2n}\theta\mathrm{d}\theta \quad (n \in \mathbb{N}).$$

解 由于 $\sin^{2n}x$ 以 π 为周期，因此

$$I = \int_0^{2\pi}\sin^{2n}x\mathrm{d}x = 2\int_0^\pi\sin^{2n}x\mathrm{d}x,$$

令 $z = \mathrm{e}^{\mathrm{i}\frac{2\pi x}{\pi}} = \mathrm{e}^{2\mathrm{i}x}$，则

$$\mathrm{d}z = 2\mathrm{i}\mathrm{e}^{2\mathrm{i}x}\mathrm{d}x, \mathrm{d}x = \frac{\mathrm{d}z}{2\mathrm{i}z}.$$

由于

$$\begin{aligned}
\sin^{2n} x &= \left[\frac{1}{2\mathrm{i}}(\mathrm{e}^{\mathrm{i}x} - \mathrm{e}^{-\mathrm{i}x})\right]^{2n} \\
&= (-1)^n \cdot \frac{\mathrm{e}^{2n\mathrm{i}x}(1 - \mathrm{e}^{-2\mathrm{i}x})^{2n}}{2^{2n}} \\
&= (-1)^n \cdot \frac{z^n(1 - z^{-1})^{2n}}{2^{2n}} \\
&= (-1)^n \cdot \frac{(z - 1)^{2n}}{2^{2n}z^n},
\end{aligned}$$

因此有

$$\begin{aligned}
I &= 2\oint_{|z|=1} (-1)^n \cdot \frac{(z - 1)^{2n}}{2^{2n}z^n} \cdot \frac{\mathrm{d}z}{2\mathrm{i}z} \\
&= \frac{(-1)^n}{2^{2n}\mathrm{i}} \oint_{|z|=1} \frac{(z - 1)^{2n}}{z^{n+1}}\mathrm{d}z.
\end{aligned}$$

由于函数 $f(z) = \dfrac{(z - 1)^{2n}}{z^{n+1}}$ 在 $|z| = 1$ 的内部只有一个 $n + 1$ 级极点 $z = 0$，在 $|z| = 1$ 上无奇点，而

$$\begin{aligned}
\mathrm{Res}[f(z), 0] &= \frac{1}{n!} \lim_{z \to 0} \frac{\mathrm{d}^n}{\mathrm{d}z^n} \left[z^{n+1} \cdot \frac{(z - 1)^{2n}}{z^{n+1}}\right] \\
&= \frac{1}{n!} \frac{\mathrm{d}^n}{\mathrm{d}z^n}[(z - 1)^{2n}]\bigg|_{z=0} \\
&= \frac{(-1)^n 2n(2n - 1)\cdots(n + 1)}{n!},
\end{aligned}$$

由留数定理得

$$\begin{aligned}
I &= \frac{(-1)^n}{2^{2n}\mathrm{i}} \cdot 2\pi\mathrm{i} \cdot \mathrm{Res}[f(z), 0] \\
&= \frac{2\pi \cdot 2n(2n - 1)\cdots(n + 1)}{2^{2n}n!} \\
&= \frac{2\pi(2n - 1)!!}{(2n)!!}.
\end{aligned}$$

5.3.2 形如 $\displaystyle\int_{-\infty}^{+\infty} f(x)\mathrm{d}x$ 的积分

定理 5.3.2 设 $f(z)$ 在实轴上解析，在上半平面 $\mathrm{Im}\, z > 0$ 内除有限个奇点 $z_1, z_2, \cdots, z_n$ 外解析. 若存在正数 r, M 和 $\alpha > 1$，使得当 $|z| \geqslant r$ 且 $\mathrm{Im}\, z \geqslant 0$ 时 $f(z)$ 解析且满足 $|f(z)| \leqslant \dfrac{M}{|z|^{\alpha}}$，则积分 $I_2 = \displaystyle\int_{-\infty}^{+\infty} f(x)\mathrm{d}x$ 存在且有

$$I_2 = 2\pi\mathrm{i} \sum_{k=1}^{n} \mathrm{Res}[f(z), z_k]. \tag{5.3.2}$$

证明　设 C_R 为上半圆周 $z = Re^{i\theta}(0 \leqslant \theta \leqslant \pi)$，取充分大的 R 使 $R \geqslant r$，并使奇点 $z_1, z_2, \cdots, z_n$ 均在由 C_R 及实轴上从 $-R$ 到 R 的一段所围成的闭路内，如图 5-2 所示，由留数定理得

$$\int_{-R}^{R} f(x)\mathrm{d}x + \int_{C_R} f(x)\mathrm{d}x = 2\pi i \sum_{k=1}^{n} \mathrm{Res}[f(z), z_k].$$

由于在 C_R 上 $|f(z)| \leqslant \dfrac{M}{|z|^\alpha}$，因此

$$\left| \int_{C_R} f(z)\mathrm{d}z \right| \leqslant \int_{C_R} |f(z)|\mathrm{d}z \leqslant M \int_{C_R} \frac{\mathrm{d}s}{|z|^\alpha}$$
$$= M\frac{1}{R^\alpha} \cdot R\pi = M\pi R^{1-\alpha} \to 0 \quad (R \to +\infty, \alpha > 1),$$

从而当 $R \to +\infty$ 时可得所证结果

$$I_2 = \int_{-\infty}^{+\infty} f(x)\mathrm{d}x = 2\pi i \sum_{k=1}^{n} \mathrm{Res}[f(z), z_k].$$

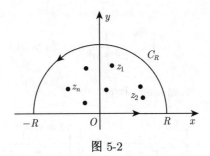

图 5-2

若 $f(x) = \dfrac{P(x)}{Q(x)}$ 为有理函数，$Q(x)$ 在 x 轴上无零点，且 $Q(x)$ 的次数至少比 $P(x)$ 的次数高两次，则有

$$\lim_{z \to \infty} |f(z) \cdot z^2| = A \geqslant 0.$$

当 $|z|$ 充分大时，有

$$|f(z) \cdot z^2| \leqslant A + 1,$$

即

$$|f(z)| \leqslant \frac{A+1}{|z|^2} \quad (A \neq \infty).$$

于是由定理 5.3.2 可得以下推论.

推论　若 $f(x) = \dfrac{P(x)}{Q(x)}$ 为有理函数，在上半平面内的奇点为 $z_1, z_2, \cdots, z_n$，$Q(z)$ 在实轴

上无零点，且 $Q(z)$ 的次数至少比 $P(z)$ 的次数高两次，则式 (5.3.2) 成立.

例 5.3.3 计算积分

$$I = \int_{-\infty}^{+\infty} \frac{x^2 - 2x + 3}{x^4 + 5x^2 + 4} \mathrm{d}x.$$

解 $f(z)$ 满足定理 5.3.2 推论的条件，在上半平面内只有两个简单极点 $z = \mathrm{i}$ 和 $z = 2\mathrm{i}$，且

$$\mathrm{Res}[f(z), \mathrm{i}] = \lim_{z \to \mathrm{i}} (z - \mathrm{i}) \cdot \frac{z^2 - 2z + 3}{(z^2 + 1)(z^2 + 4)} = \frac{2 - 2\mathrm{i}}{6\mathrm{i}},$$

$$\mathrm{Res}[f(z), 2\mathrm{i}] = \lim_{z \to 2\mathrm{i}} (z - 2\mathrm{i}) \cdot \frac{z^2 - 2z + 3}{(z^2 + 1)(z^2 + 4)} = \frac{1 + 4\mathrm{i}}{12\mathrm{i}},$$

因此得

$$I = \int_{-\infty}^{+\infty} \frac{x^2 - 2x + 3}{x^4 + 5x^2 + 4} \mathrm{d}x = 2\pi\mathrm{i} \left(\frac{2 - 2\mathrm{i}}{6\mathrm{i}} + \frac{1 + 4\mathrm{i}}{12\mathrm{i}} \right) = \frac{5}{6}\pi.$$

例 5.3.4 计算积分

$$I = \int_{0}^{+\infty} \frac{1}{x^6 + a^6} \mathrm{d}x \quad (a > 0).$$

解 由于 $f(x) = \dfrac{1}{x^6 + a^6}$ 为偶函数，因此

$$I = \int_{0}^{+\infty} \frac{1}{x^6 + a^6} \mathrm{d}x = \frac{1}{2} \int_{-\infty}^{+\infty} \frac{1}{x^6 + a^6} \mathrm{d}x,$$

$f(z)$ 在上半平面内有 3 个简单极点

$$z_k = a \mathrm{e}^{\frac{(2k+1)\pi}{6}\mathrm{i}} \quad (k = 0, 1, 2),$$

$$\mathrm{Res}[f(z), z_k] = \left. \frac{1}{(z^6 + a^6)'} \right|_{z = z_k} = \frac{1}{6z_k^5}$$

$$= \frac{1}{6} \cdot \frac{z_k}{z_k^6} = -\frac{z_k}{6a^6} \quad (k = 0, 1, 2).$$

由定理 5.3.2 推论，

$$I = \int_{0}^{+\infty} \frac{1}{x^6 + a^6} \mathrm{d}x = \frac{1}{2} \cdot 2\pi\mathrm{i} \cdot \left(-\frac{1}{6a^6} \right) (z_0 + z_1 + z_2)$$

$$= -\frac{\pi\mathrm{i}}{6a^6} (a\mathrm{e}^{\frac{\pi}{6}\mathrm{i}} + a\mathrm{e}^{\frac{3\pi}{6}\mathrm{i}} + a\mathrm{e}^{\frac{5\pi}{6}\mathrm{i}})$$

$$= \frac{\pi}{3a^5}.$$

5.3.3　形如 $\displaystyle\int_{-\infty}^{+\infty} f(x)\mathrm{e}^{\mathrm{i}\beta x}\mathrm{d}x(\beta > 0)$ 的积分

定理 5.3.3　设函数 $f(z)$ 在实轴上无奇点, 且在上半平面内除有限个奇点 $z_1, z_2, \cdots, z_n$ 外解析, 若存在正数 M 和 r, 使得当 $|z| \geqslant r$ 且 $\mathrm{Im}\, z \geqslant 0$ 时, 函数 $f(z)$ 解析且有

$$|f(z)| \leqslant \frac{M}{|z|},$$

则有

$$I_3 = 2\pi\mathrm{i} \sum_{k=1}^{n} \mathrm{Res}[f(z)\mathrm{e}^{\mathrm{i}\beta z}, z_k]. \tag{5.3.3}$$

证明　设 C_R 为上半圆周: $z = R\mathrm{e}^{\mathrm{i}\theta}(0 \leqslant \theta \leqslant \pi)$, 取充分大的 R 使 $R \geqslant r$, 并使奇点 $z_1, z_2, \cdots, z_n$ 均在由 C_R 及实轴上从 $-R$ 到 R 的一段所围成的半圆内, 则由留数定理得

$$\int_{-R}^{R} f(x)\mathrm{e}^{\mathrm{i}\beta x}\mathrm{d}x + \int_{C_R} f(z)\mathrm{e}^{\mathrm{i}\beta z}\mathrm{d}z = 2\pi\mathrm{i} \sum_{k=1}^{n} \mathrm{Res}[f(z)\mathrm{e}^{\mathrm{i}\beta z}, z_k],$$

只需证明当 $R \to +\infty$ 时, 上述沿 C_R 的积分趋向于零.

由于当 $|z| \geqslant r$ 时有 $|f(z)| \leqslant \dfrac{M}{|z|}$, 因此, 当 $R \geqslant r$ 时记沿 C_R 的上述积分为 I_R, 则有

$$|I_R| = \left|\int_{C_R} f(z)\mathrm{e}^{\mathrm{i}\beta z}\mathrm{d}z\right| \leqslant \int_{C_R} |f(z)| \cdot |\mathrm{e}^{\mathrm{i}\beta z}|\mathrm{d}s \leqslant \frac{M}{R} \int_{0}^{\pi} \mathrm{e}^{-R\beta \sin\theta} R\mathrm{d}\theta = M \int_{0}^{\pi} \mathrm{e}^{-R\beta \sin\theta}\mathrm{d}\theta.$$

若令 $\varphi = \pi - \theta$, 可得

$$\int_{\frac{\pi}{2}}^{\pi} \mathrm{e}^{-R\beta \sin\theta}\mathrm{d}\theta = -\int_{\frac{\pi}{2}}^{0} \mathrm{e}^{-R\beta \sin\theta}\mathrm{d}\theta,$$

从而有 $|I_R| \leqslant 2M \displaystyle\int_{0}^{\frac{\pi}{2}} \mathrm{e}^{-R\beta \sin\theta}\mathrm{d}\theta.$

由图 5-3 可以看出以下不等式成立,

$$\frac{2}{\pi}\theta \leqslant \sin\theta \quad \left(0 \leqslant \theta \leqslant \frac{\pi}{2}\right), \tag{5.3.4}$$

因此得

$$|I_R| \leqslant 2M \int_{0}^{\frac{\pi}{2}} \mathrm{e}^{-\frac{2R\beta\theta}{\pi}}\mathrm{d}\theta$$

$$= \frac{M\pi}{R\beta}(1 - \mathrm{e}^{-R\beta}) \to 0 \quad (R \to +\infty),$$

令 $R \to +\infty$, 即可得所证等式 (5.3.3).

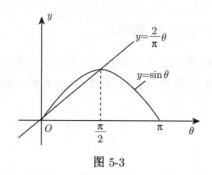

图 5-3

由定理 5.3.3 可得以下推论.

推论 若有理函数 $f(z) = \dfrac{P(z)}{Q(z)}$ 在实轴上无奇点, 但 $Q(z)$ 的次数比 $P(z)$ 的次数至少高一次, 则式 (5.3.3) 成立.

通过计算 $\displaystyle\int_{-\infty}^{+\infty} f(x)\mathrm{e}^{\mathrm{i}\beta x}\mathrm{d}x$, 分别取其实、虚部可得到以下两类积分的值:

$$\int_{-\infty}^{+\infty} f(x)\cos\beta x\mathrm{d}x, \quad \int_{-\infty}^{+\infty} f(x)\sin\beta x\mathrm{d}x.$$

例 5.3.5 计算积分

$$I = \int_{-\infty}^{+\infty} \frac{x\sin x}{x^2+4x+5}\mathrm{d}x.$$

解 函数 $f(z)\mathrm{e}^{\mathrm{i}z} = \dfrac{z\mathrm{e}^{\mathrm{i}z}}{z^2+4z+5}$ 在上半平面内只有一个简单极点 $z = -2+\mathrm{i}$, 且

$$\begin{aligned}
\operatorname{Res}[f(z)\mathrm{e}^{\mathrm{i}z}, -2+\mathrm{i}] &= \left.\frac{z\mathrm{e}^{\mathrm{i}z}}{(z^2+4z+5)'}\right|_{z=-2+\mathrm{i}} \\
&= \frac{(-2+\mathrm{i})\mathrm{e}^{-2\mathrm{i}-1}}{2\mathrm{i}},
\end{aligned}$$

由定理 5.3.3 的推论得

$$\begin{aligned}
\int_{-\infty}^{+\infty} \frac{x\mathrm{e}^{\mathrm{i}x}}{x^2+4x+5}\mathrm{d}x &= 2\pi\mathrm{i}\frac{(-2+\mathrm{i})\mathrm{e}^{-2\mathrm{i}-1}}{2\mathrm{i}} \\
&= \frac{\pi}{\mathrm{e}}[(\sin 2 - 2\cos 2) + \mathrm{i}(\cos 2 + 2\sin 2)],
\end{aligned}$$

取其虚部得

$$\begin{aligned}
\int_{-\infty}^{+\infty} \frac{x\sin x}{x^2+4x+5}\mathrm{d}x &= \operatorname{Im}\int_{-\infty}^{+\infty} \frac{x\mathrm{e}^{\mathrm{i}x}}{x^2+4x+5}\mathrm{d}x \\
&= \frac{\pi}{\mathrm{e}}(\cos 2 + 2\sin 2).
\end{aligned}$$

以上提到的第二、三种类型的积分中, 都要求被积函数中的 $f(z)$ 在实轴上无奇点. 但对于实轴上有孤立奇点的情形, 可用例 5.3.6 中的方法进行处理.

例 5.3.6　计算积分

$$\int_0^{+\infty} \frac{\sin x}{x}\mathrm{d}x$$

的值.

解　因为 $\dfrac{\sin x}{x}$ 是偶函数, 所以

$$\int_0^{+\infty} \frac{\sin x}{x}\mathrm{d}x = \frac{1}{2}\int_{-\infty}^{+\infty} \frac{\sin x}{x}\mathrm{d}x.$$

可取 $\dfrac{\mathrm{e}^{\mathrm{i}z}}{z}$ 沿某一条闭曲线的积分来计算上式右端的积分. 但是, $z=0$ 是 $\dfrac{\mathrm{e}^{\mathrm{i}z}}{z}$ 的 1 级极点, 它在实轴上, 为了使积分路线不通过奇点, 取图 5-4 所示的路线. 由柯西积分定理, 有

$$\int_{C_R} \frac{\mathrm{e}^{\mathrm{i}z}}{z}\mathrm{d}z + \int_{-R}^{-r} \frac{\mathrm{e}^{\mathrm{i}x}}{x}\mathrm{d}x + \int_{C_r} \frac{\mathrm{e}^{\mathrm{i}z}}{z}\mathrm{d}z + \int_r^R \frac{\mathrm{e}^{\mathrm{i}x}}{x}\mathrm{d}x = 0.$$

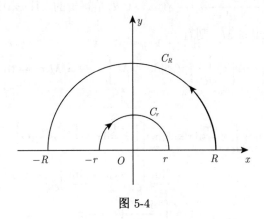

图 5-4

令 $x = -t$, 则有

$$\int_{-R}^{-r} \frac{\mathrm{e}^{\mathrm{i}x}}{x}\mathrm{d}x = \int_R^r \frac{\mathrm{e}^{-\mathrm{i}t}}{t}\mathrm{d}t = -\int_r^R \frac{\mathrm{e}^{-\mathrm{i}x}}{x}\mathrm{d}x,$$

所以

$$\int_r^R \frac{\mathrm{e}^{\mathrm{i}x} - \mathrm{e}^{-\mathrm{i}x}}{x}\mathrm{d}x + \int_{C_R} \frac{\mathrm{e}^{\mathrm{i}z}}{z}\mathrm{d}z + \int_{C_r} \frac{\mathrm{e}^{\mathrm{i}z}}{z}\mathrm{d}z = 0,$$

即

$$2\mathrm{i}\int_r^R \frac{\sin x}{x}\mathrm{d}x + \int_{C_R} \frac{\mathrm{e}^{\mathrm{i}z}}{z}\mathrm{d}z + \int_{C_r} \frac{\mathrm{e}^{\mathrm{i}z}}{z}\mathrm{d}z = 0. \tag{5.3.5}$$

由于

$$\left| \int_{C_R} \frac{\mathrm{e}^{\mathrm{i}z}}{z} \mathrm{d}z \right| \leqslant \int_{C_R} \frac{|\mathrm{e}^{\mathrm{i}z}|}{|z|} \mathrm{d}s = \frac{1}{R} \int_{C_R} \mathrm{e}^{-y} \mathrm{d}s$$

$$= \int_0^\pi \mathrm{e}^{-R\sin\theta} \mathrm{d}\theta = 2 \int_0^{\frac{\pi}{2}} \mathrm{e}^{-R\sin\theta} \mathrm{d}\theta$$

$$\leqslant 2 \int_0^{\frac{\pi}{2}} \mathrm{e}^{-R(2\theta/\pi)} \mathrm{d}\theta \quad \text{〔利用不等式 (5.3.4)〕}$$

$$= \frac{\pi}{R}(1 - \mathrm{e}^{-R}),$$

因此

$$\lim_{R \to \infty} \int_{C_R} \frac{\mathrm{e}^{\mathrm{i}z}}{z} \mathrm{d}z = 0.$$

又由于

$$\frac{\mathrm{e}^{\mathrm{i}z}}{z} = \frac{1}{z} + \mathrm{i} - \frac{z}{2!} + \cdots + \frac{\mathrm{i}^n z^{n-1}}{n!} + \cdots = \frac{1}{z} + \varphi(z),$$

其中 $\varphi(z) = \mathrm{i} - \dfrac{z}{2!} + \cdots + \dfrac{\mathrm{i}^n z^{n-1}}{n!} + \cdots$ 在 $z = 0$ 处是解析的，且 $\varphi(0) = \mathrm{i}$，因此当 $|z|$ 充分小时，$|\varphi(z)|$ 有界，设 $|\varphi(z)| \leqslant M$，则有

$$\left| \int_{C_r} \varphi(z) \mathrm{d}z \right| \leqslant \int_{C_r} |\varphi(z)| \mathrm{d}s \leqslant M \int_{C_r} \mathrm{d}s = M\pi r \to 0 \quad (r \to 0),$$

从而有

$$\lim_{r \to 0} \int_{C_r} \frac{\mathrm{e}^{\mathrm{i}z}}{z} \mathrm{d}z = \lim_{r \to 0} \left[\int_{C_r} \frac{1}{z} \mathrm{d}z + \int_{C_r} \varphi(z) \mathrm{d}z \right]$$

$$= \lim_{r \to 0} \int_{C_r} \frac{1}{z} \mathrm{d}z + \lim_{r \to 0} \int_{C_r} \varphi(z) \mathrm{d}z$$

$$= \int_\pi^0 \frac{\mathrm{i}r\mathrm{e}^{\mathrm{i}\theta}}{r\mathrm{e}^{\mathrm{i}\theta}} \mathrm{d}\theta = -\mathrm{i}\pi.$$

由式 (5.3.5) 可得

$$2\mathrm{i} \int_0^{+\infty} \frac{\sin x}{x} \mathrm{d}x = -\lim_{R \to \infty} \int_{C_r} \frac{\mathrm{e}^{\mathrm{i}z}}{z} \mathrm{d}z - \lim_{r \to 0} \int_{C_r} \frac{\mathrm{e}^{\mathrm{i}z}}{z} \mathrm{d}z = \mathrm{i}\pi,$$

即

$$\int_0^{+\infty} \frac{\sin x}{x} \mathrm{d}x = \frac{\pi}{2}.$$

5.4　辐角原理及其应用

本节将继续介绍留数定理的应用，用它给出对数留数和辐角原理的有关概念及其定理，并讨论它们在计算解析函数的零点和极点个数方面的应用.

5.4.1　对数留数

函数 $f(z)$ 关于闭曲线 C 的对数留数是指积分

$$\frac{1}{2\pi i}\oint_C \frac{f'(z)}{f(z)}\mathrm{d}z,$$

这里需要假定函数 $\dfrac{f'(z)}{f(z)}$ 在 C 上解析. 显然, 当 C 为简单正向闭曲线时, 上述对数留数就是对数函数 $\mathrm{Ln}\, f(z)$ 的导数在 C 内部各个孤立奇点处的留数之和.

函数 $f(z)$ 关于简单闭曲线 C 的对数留数与它在 C 内部的零点和极点的个数有密切的联系, 如下所述.

定理 5.4.1　若函数 $f(z)$ 在正向简单闭曲线 C 上解析且没有零点, 又在 C 的内部除有限个极点外解析, 则有

$$\frac{1}{2\pi i}\oint_C \frac{f'(z)}{f(z)}\mathrm{d}z = N - P, \tag{5.4.1}$$

其中, N 与 P 分别是 $f(z)$ 在 C 内部零点和极点的个数, 在计算零点与极点的个数时, m 级的零点或极点按 m 个零点或极点计算.

证明　设在 C 内 $f(z)$ 只有 n_k 级零点 $a_k(k=1,2,\cdots,s)$, 且只有 p_k 级极点 $b_k(k=1,2,\cdots,t)$, 显然有 $n_1+n_2+\cdots+n_s=N, p_1+p_2+\cdots+p_t=P$. 由留数定理, 只需证明对 $f(z)$ 的每个零点和极点有

$$\mathrm{Res}\left[\frac{f'(z)}{f(z)}, a_k\right] = n_k, \quad \mathrm{Res}\left[\frac{f'(z)}{f(z)}, b_k\right] = -p_k.$$

事实上, $f(z)$ 在零点 a_k 的邻域 $|z-a_k|<\delta$ 内可表示为

$$f(z) = (z-a_k)^{n_k}\varphi_k(z),$$

其中 $\varphi_k(z)$ 在该邻域内解析且 $\varphi_k(a_k)\neq 0$, 于是有

$$f'(z) = n_k(z-a_k)^{n_k-1}\varphi_k(z) + (z-a_k)^{n_k}\varphi'_k(z).$$

由于零点 a_k 是孤立的, 因此存在 a_k 的一个去心邻域使得在该邻域内 $\varphi_k(z)\neq 0$, 从而在该去心邻域内有

$$\frac{f'(z)}{f(z)} = \frac{n_k}{z-a_k} + \frac{\varphi'_k(z)}{\varphi_k(z)}.$$

由于在 $|z-a_k|<\delta$ 内, $\varphi_k(z)$ 解析, 因而 $\varphi'_k(z)$ 也解析, 且 $\varphi_k(z)\neq 0$, 因此 $\dfrac{\varphi'_k(z)}{\varphi_k(z)}$ 是此邻域内的解析函数, 从而 a_k 为函数 $\dfrac{f'(z)}{f(z)}$ 的 1 级极点, 且有

$$\mathrm{Res}\left[\frac{f'(z)}{f(z)}, a_k\right] = \lim_{z\to a_k}(z-a_k)\frac{f'(z)}{f(z)} = n_k.$$

同样地, 由于 b_k 是 $f(z)$ 在 C 内的 p_k 级极点, 则在 b_k 的去心邻域 $0 < |z - b_k| < \delta'$ 内, 有

$$f(z) = \frac{1}{(z - b_k)^{p_k}} \psi_k(z),$$

其中 $\psi_k(z)$ 是邻域 $|z - b_k| < \delta'$ 内的一个解析函数, 且 $\psi_k(b_k) \neq 0$, 从而在这个邻域内有 $\psi_k(z) \neq 0$. 由上式得

$$f'(z) = -p_k(z - b_k)^{-p_k - 1} \psi_k(z) + (z - b_k)^{-p_k} \psi_k'(z),$$

故在 $0 < |z - b_k| < \delta'$ 内, 有

$$\frac{f'(z)}{f(z)} = \frac{-p_k}{z - b_k} + \frac{\psi_k'(z)}{\psi_k(z)}.$$

由于在 $|z - b_k| < \delta'$ 内, $\psi_k(z)$ 解析, 因而 $\psi_k'(z)$ 也解析, 且 $\psi_k(z) \neq 0$, 因此 $\dfrac{\psi_k'(z)}{\psi_k(z)}$ 是此邻域内的解析函数. 由上式知 b_k 是函数 $\dfrac{f'(z)}{f(z)}$ 的 1 级极点且留数为 $-p_k$, 于是

$$\frac{1}{2\pi \mathrm{i}} \oint_C \frac{f'(z)}{f(z)} \mathrm{d}z = (n_1 + n_2 + \cdots + n_s) - (p_1 + p_2 + \cdots + p_t) = N - P.$$

定理 5.4.1 可用于计算式 (5.4.1) 中的复积分.

例 5.4.1 计算复积分 $I = \oint_{|z|=4} \dfrac{7z^8}{z^9 - 1} \mathrm{d}z$.

解 设 $f(z) = z^9 - 1$, 则 $f(z)$ 在正向圆周 $|z| = 4$ 上解析且无零点, 而且在其内部也解析, 有 9 个零点, 则 $N = 9, P = 0$, 由定理 5.4.1, 得

$$I = \frac{7}{9} \oint_{|z|=4} \frac{(z^9 - 1)'}{z^9 - 1} \mathrm{d}z = \frac{7}{9} \cdot 2\pi \mathrm{i}(9 - 0) = 14\pi \mathrm{i}.$$

5.4.2 辐角原理

下面讨论定理 5.4.1 中对数留数的几何意义.

考虑变换 $w = f(z)$, 当 z 沿简单闭曲线 C 的正向绕行一周时, 对应点 w 在 w 平面内就画出一条连续的封闭曲线 $\varGamma$; $\varGamma$ 不一定是简单的闭曲线, 它可以按正向绕原点若干圈, 也可以按负向绕原点若干圈. 由于 $f(z)$ 在 C 上不为零, 因此在 w 平面内 $\varGamma$ 也不经过原点, 如图 5-5 所示.

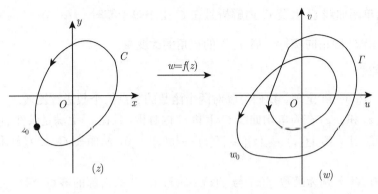

图 5-5

设简单闭曲线 C 为 $z = z(t)(\alpha \leqslant t \leqslant \beta)$, z_0 为 C 上一点, $z_0 = z(\alpha) = z(\beta)$, 则函数 $f(z)$ 关于闭曲线 C 的对数留数

$$
\begin{aligned}
\frac{1}{2\pi i}\oint_C \frac{f'(z)}{f(z)}\mathrm{d}z &= \frac{1}{2\pi i}\int_\alpha^\beta \frac{f'[z(t)]}{f[z(t)]}\cdot z'(t)\mathrm{d}t = \frac{1}{2\pi i}\int_\alpha^\beta \{\mathrm{Ln}\, f[z(t)]\}'_t\mathrm{d}t \\
&= \frac{1}{2\pi i}\int_\alpha^\beta \{\ln|f[z(t)]| + \mathrm{i}\mathrm{Arg}\, f[z(t)]\}'_t\mathrm{d}t \\
&= \frac{1}{2\pi i}\int_\alpha^\beta \{\ln|f[z(t)]|\}'_t\mathrm{d}t + \frac{\mathrm{i}}{2\pi i}\int_\alpha^\beta \{\mathrm{Arg}\, f[z(t)]\}'_t\mathrm{d}t \\
&= \frac{1}{2\pi i}\ln|f[z(t)]|\,\Big|_\alpha^\beta + \frac{1}{2\pi}\mathrm{Arg}[f(t)]\,\Big|_\alpha^\beta \\
&= \frac{1}{2\pi i}[\ln|f(z_0)| - \ln|f(z_0)|] + \frac{1}{2\pi}\{\mathrm{Arg}\, f[z(\beta)] - \mathrm{Arg}\, f[z(\alpha)]\} \\
&= \frac{1}{2\pi}\{\mathrm{Arg}\, f[z(\beta)] - \mathrm{Arg}\, f[z(\alpha)]\} \\
&= \frac{1}{2\pi}(2k\pi) = k \quad (k \in \mathbb{Z}).
\end{aligned}
$$

由此可见, 函数 $f(z)$ 关于 C 的对数留数的几何意义就是曲线 Γ 绕原点 $w = 0$ 回转次数的代数和 (Γ 绕 $w = 0$ 逆时针转一周次数为 1, 顺时针转一周次数为 -1).

称 $\mathrm{Arg}\, f[z(\beta)] - \mathrm{Arg}\, f[z(\alpha)]$ 为动点 z 沿闭曲线 C 一周函数 $f(z)$ 的辐角的改变量, 记作

$$
\Delta_C \mathrm{Arg}\, f(z),
$$

于是定理 5.4.1 可叙述为以下形式.

定理 5.4.2(辐角原理) 若 $f(z)$ 在正向简单曲线 C 上解析且不为零, 在 C 的内部除去有限个极点外处处解析, 则有

$$
\frac{1}{2\pi}\Delta_C \mathrm{Arg}\, f(z) = N - P. \tag{5.4.2}
$$

在定理 5.4.2 中, 若 $P = 0$, 则有

$$
N = \frac{1}{2\pi}\Delta_C \mathrm{Arg}\, f(z), \tag{5.4.3}
$$

即当 $f(z)$ 在简单闭曲线 C 上及 C 内解析且在 C 上不等于零时，$f(z)$ 在 C 内零点的个数等于 $\dfrac{1}{2\pi}$ 乘以 z 沿 C 的正向绕行一周 $f(z)$ 的辐角的改变量.

5.4.3 路西定理

利用路西 (Rouché) 定理，我们可以对两个函数的零点的个数进行比较.

设函数 $f(z)$ 和 $g(z)$ 在简单闭曲线 C 上和 C 内解析，且在 C 上满足条件 $|f(z)| > |g(z)|$，则在 C 上有 $|f(z)| > 0$，$|f(z) + g(z)| \geqslant |f(z)| - |g(z)| > 0$，从而在 C 上 $f(z)$ 和 $f(z) + g(z)$ 都不等于零.

又设 N 和 N' 分别为函数 $f(z)$ 与 $f(z) + g(z)$ 在 C 的内部的零点个数，由于这两个函数在 C 的内部解析，因此根据辐角原理有

$$N = \frac{1}{2\pi} \Delta_C \mathrm{Arg}\, f(z),$$

$$\begin{aligned} N' &= \frac{1}{2\pi} \Delta_C \mathrm{Arg}[f(z) + g(z)] \\ &= \frac{1}{2\pi} \Delta_C \mathrm{Arg} \left\{ f(z) \left[1 + \frac{g(z)}{f(z)} \right] \right\} \\ &= \frac{1}{2\pi} \Delta_C \mathrm{Arg}\, f(z) + \frac{1}{2\pi} \Delta_C \mathrm{Arg} \left[1 + \frac{g(z)}{f(z)} \right]. \end{aligned}$$

由于当 z 在 C 上时有 $|f(z)| > |g(z)|$，因此点 $w = 1 + \dfrac{g(z)}{f(z)}$ 总在平面上的圆域 $|w - 1| < 1$ 内，如图 5-6 所示，于是当 z 在闭曲线 C 上连续变动一周时，动点 w 在圆周 $|w - 1| = 1$ 的内部画一封闭曲线 Γ，它不围绕点 $w = 0$，故得

$$\Delta_C \mathrm{Arg} \left[1 + \frac{g(z)}{f(z)} \right] = 0,$$

因此有

$$\frac{1}{2\pi} \Delta_C \mathrm{Arg}\, f(z) = N',$$

即 $N = N'$，函数 $f(z)$ 与 $f(z) + g(z)$ 在 C 内的零点个数相同，于是得到以下定理.

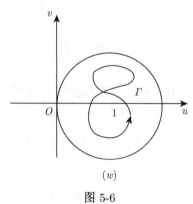

(w)

图 5-6

定理 5.4.3(路西定理) 设 $f(z)$ 与 $g(z)$ 在简单闭曲线 C 上和 C 内解析,且在 C 上满足条件 $|f(z)| > |g(z)|$,则在 C 内 $f(z)$ 与 $f(z) + g(z)$ 的零点的个数相同.

路西定理是辐角原理的一个推论,在考察函数的零点分布时,用起来特别方便. 路西定理也称为零点个数比较定理.

例 5.4.2 试确定方程 $3z^3 - 6z^2 + 1 = 0$ 在圆 $|z| < 1$ 内以及在圆环 $1 < |z| < 3$ 内根的个数.

解 令 $f(z) = -6z^2, g(z) = 3z^3 + 1$. 因为在 $|z| = 1$ 上有

$$|f(z)| = 6|z|^2 = 6 > 4 \geqslant |3z^3 + 1| = |g(z)|,$$

而函数 $f(z)$ 在 $|z| < 1$ 内仅以 $z = 0$ 为 2 级零点,所以由路西定理,方程 $f(z) + g(z) = 3z^3 - 6z^2 + 1 = 0$ 在 $|z| < 1$ 内有 2 个根.

令 $f(z) = 3z^3, g(z) = -6z^2 + 1$. 因为在 $|z| = 3$ 上有

$$|f(z)| = 3|z|^3 = 81 > 55 \geqslant |-6z^2 + 1| = |g(z)|,$$

而函数 $f(z)$ 在 $|z| < 3$ 内仅以 $z = 0$ 为 3 级零点,所以由路西定理,$f(z) + g(z) = 3z^3 - 6z^2 + 1 = 0$ 在 $|z| < 3$ 内有 3 个根,结合上述结果可以得到该方程在 $1 < |z| < 3$ 内只有 1 个根.

应用路西定理可以证明代数学基本定理,证明过程如例 5.4.3 所示.

例 5.4.3 试证方程

$$p(z) = a_0 z^n + a_1 z^{n-1} + \cdots + a_{n-1} z + a_n = 0 \quad (a_0 \neq 0)$$

有且仅有 n 个根.

证明 设 $f(z) = a_0 z^n, g(z) = a_1 z^{n-1} + \cdots + a_{n-1} z + a_n$,因为

$$\lim_{R = |z| \to \infty} \frac{g(z)}{f(z)} = 0,$$

所以存在 $R > 0$,使得当 $|z| \geqslant R$ 时有 $\left| \dfrac{g(z)}{f(z)} \right| < 1$,即 $|g(z)| < |f(z)|$,其中 $f(z), g(z)$ 均在 $|z| \leqslant R$ 上解析,且 $f(z)$ 在 $|z| < R$ 内仅以 $z = 0$ 为 n 级零点. 由路西定理,方程 $p(z) = f(z) + g(z) = 0$ 在 $|z| < R$ 内也有 n 个根;另外,当 $|z| \geqslant R$ 时有 $|f(z) + g(z)| \geqslant |f(z)| - |g(z)| > 0$,这时方程 $p(z) = 0$ 无根,从而方程 $p(z) = 0$ 有且仅有 n 个根.

5.5 小 结

本章首先对解析函数的孤立奇点进行了分类.

设 z_0 为解析函数 $f(z)$ 的孤立奇点,若 $f(z)$ 在以 z_0 为中心的洛朗展开式

$$f(z) = \sum_{n=1}^{\infty} c_{-n}(z - z_0)^{-n} + \sum_{n=0}^{\infty} c_n(z - z_0)^n$$

中, 不含、只含有限个、含无数个 $z - z_0$ 的负幂项, 则分别称 z_0 为 $f(z)$ 的可去奇点、极点、本性奇点, z_0 为 $f(z)$ 的可去奇点、极点、本性奇点的充要条件分别为当 $z \to z_0$ 时, $f(z)$ 的极限为有限数、为无穷大、不存在且不为无穷大.

称 $R < |z| < +\infty$ 为无穷远点 $z = \infty$ 的去心邻域, 特别地, 当 $R = 0$ 时, 邻域 $R < |z| < +\infty$ 既是 $z = \infty$ 的去心邻域又是 $z = 0$ 的去心邻域. 若函数 $f(z)$ 在 $z = \infty$ 的某个去心邻域内解析, 则称 $z = \infty$ 为 $f(z)$ 的孤立奇点. 函数 $f(z)$ 在 $z = \infty$ 处的性态是由 $f\left(\dfrac{1}{\zeta}\right)$ 在 $\zeta = 0$ 处的性态定义的, 即若 $\zeta = 0$ 为 $f\left(\dfrac{1}{\zeta}\right)$ 的可去奇点、极点、本性奇点, 则 $z = \infty$ 为 $f(z)$ 的可去奇点、极点、本性奇点.

关于极点, 有如下形式的等价定义.

若函数 $f(z)$ 可表示成

$$f(z) = (z - z_0)^{-m} \varphi(z),$$

其中 $\varphi(z)$ 在点 z_0 处解析, 并且 $\varphi(z_0) \neq 0$, 则称 z_0 为 $f(z)$ 的 m 级极点.

为判断极点的级, 我们引入解析函数零点的概念.

若函数 $f(z)$ 能表示成

$$f(z) = (z - z_0)^m \psi(z),$$

其中 $\psi(z)$ 在点 z_0 处解析, 并且 $\psi(z_0) \neq 0$, 则称 z_0 为 $f(z)$ 的 m 级零点. z_0 为 $f(z)$ 的 m 级零点的充要条件为

$$f(z_0) = f'(z_0) = \cdots = f^{(m-1)}(z_0) = 0, f^{(m)}(z_0) \neq 0,$$

z_0 为 $f(z)$ 的 m 级零点的充要条件是 z_0 为 $\dfrac{1}{f(z)}$ 的 m 级极点.

本章的中心问题是留数和留数定理, 在有限点和无穷远点的留数的定义不相同.

设 z_0 为 $f(z)$ 的孤立奇点, 则 $f(z)$ 在 z_0 处的留数

$$\operatorname{Res}[f(z), z_0] = c_{-1} = \frac{1}{2\pi \mathrm{i}} \oint_C f(z) \mathrm{d}z,$$

其中 C 为去心邻域 $0 < |z - z_0| < R$ 内的任意一条正向简单闭曲线, c_{-1} 为 $f(z)$ 在该去心邻域内的洛朗展开式中 $(z - z_0)^{-1}$ 的系数.

如果 $z = \infty$ 为 $f(z)$ 的孤立奇点, 那么 $f(z)$ 在 $z = \infty$ 处的留数

$$\operatorname{Res}[f(z), \infty] = \frac{1}{2\pi \mathrm{i}} \oint_{C^-} f(z) \mathrm{d}z = -c_{-1},$$

其中 C 为 $R < |z| < +\infty$ 内绕原点的任意一条正向简单闭曲线, c_{-1} 为 $f(z)$ 在 $z = \infty$ 的去心邻域内的洛朗展开式中 z_{-1} 的系数, 要特别注意的是, 在 $z = \infty$ 的去心邻域内的洛朗级数是被看作以原点为中心的圆环域展开的, 即 $z_0 = 0$.

留数定理　若函数 $f(z)$ 在简单闭曲线 C 上处处解析，在 C 的内部除有限个孤立奇点 $z_1, z_2, \cdots, z_n$ 外解析，则有

$$\oint_C f(z)\mathrm{d}z = 2\pi\mathrm{i} \sum_{k=1}^{n} \text{Res}[f(z), z_k].$$

上述定理把求沿封闭曲线 C 的积分，转化为求被积函数在 C 中的各孤立奇点处的留数.

由闭路变形原理可以直观地看出留数定理的正确性，如图 5-7 所示.

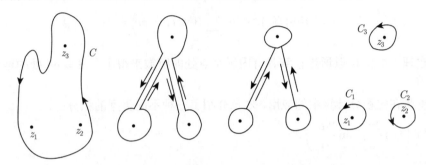

图 5-7

关于留数的计算，应根据奇点的类型选用不同的方法. 当 z_0 为 $f(z)$ 的可去奇点时，$\text{Res}[f(z), z_0] = 0$；当 z_0 为 $f(z)$ 的本性奇点时，一般通过将 $f(z)$ 展开成洛朗级数的方法求留数；当 z_0 为 $f(z)$ 的极点时，可用以下规则计算留数.

规则 1°　若 z_0 为 $f(z)$ 的 1 级极点，则有

$$\text{Res}[f(z), z_0] = \lim_{z \to z_0} (z - z_0) f(z).$$

规则 2°　若 z_0 为 $f(z)$ 的 m 级极点，则有

$$\text{Res}[f(z), z_0] = \frac{1}{(m-1)!} \lim_{z \to z_0} \frac{\mathrm{d}^{m-1}}{\mathrm{d}z^{m-1}}[(z - z_0)^m f(z)].$$

规则 3°　设 $f(z) = \dfrac{P(z)}{Q(z)}$，其中 $P(z)$ 和 $Q(z)$ 在点 z_0 处都解析，若 $P(z_0) \neq 0$，$Q(z_0) = 0$ 且 $Q'(z_0) \neq 0$，则 z_0 为 $f(z)$ 的 1 级极点，且有

$$\text{Res}[f(z), z_0] = \frac{P(z_0)}{Q'(z_0)}.$$

但是当 z_0 为 $f(z)$ 的 m 级极点，而 m 较大时，由于求导次数太多，计算较复杂，也可通过将 $f(z)$ 展开成洛朗级数的方法求留数.

关于无穷远点处的留数，应特别注意的是，当 $z = \infty$ 为 $f(z)$ 的可去奇点时，留数不一定等于零，例如，$z = \infty$ 是 $f(z) = 1 - \dfrac{1}{z}$ 的可去奇点，但由于 $c_{-1} = -1$，因此 $\text{Res}[f(z), \infty] = 1 \neq 0$，这与有限点的留数的情况不同.

关于无穷远点的留数的计算，可以通过将函数 $f(z)$ 在 $z=\infty$ 的去心邻域内展开成洛朗级数的方法求留数，也可以通过以下定理计算留数.

定理 5.5.1 若函数 $f(z)$ 在环域 $R<|z|<\infty$ 内解析，则有

$$\operatorname{Res}[f(z),\infty]=-\operatorname{Res}\left[f\left(\frac{1}{z}\right)\cdot\frac{1}{z^2},0\right].$$

定理 5.5.2 如果函数 $f(z)$ 在扩充复平面上除孤立奇点 $z_k(k=1,2,\cdots,n)$ 与 ∞ 外处处解析，那么

$$\operatorname{Res}[f(z),\infty]+\sum_{k=1}^{n}\operatorname{Res}[f(z),z_k]=0.$$

利用定理 5.5.2，可以通过计算各有限远奇点处的留数来得出在 $z=\infty$ 处的留数，也可以反过来用.

关于留数在定积分计算中的应用，本章介绍了三种不同类型的积分：

① $\displaystyle\int_0^\alpha f\left(\cos\frac{2\pi\theta}{\alpha},\sin\frac{2\pi\theta}{\alpha}\right)$；

② $\displaystyle\int_{-\infty}^{+\infty}f(x)\mathrm{d}x$；

③ $\displaystyle\int_{-\infty}^{+\infty}f(x)\mathrm{e}^{\mathrm{i}\beta x}\mathrm{d}x\ (\beta>0)$.

利用留数计算定积分的基本思想是把所给定积分化为解析函数沿某条闭曲线的积分，然后利用留数定理来计算其积分值，这种方法通常称为**围道积分法**.

在本章的最后是对数留数和辐角原理，它们可用于判断方程 $f(z)=0$ 的各个根所在的范围.

习 题 5

1. 下列函数有些什么类型的奇点？如果是极点，指出它的级.

(1) $\dfrac{1}{z(z^2+1)}$；　　(2) $\dfrac{1}{\sin z}$；　　(3) $\dfrac{1}{z(\mathrm{e}^z-1)}$；

(4) $\dfrac{\sin z}{z}$；　　(5) $\dfrac{1}{(1+z^2)(1+\mathrm{e}^z)}$；　　(6) $\dfrac{z^{2n}}{1+z^n}$；

(7) $\dfrac{1}{z^3-z^2-z+1}$；　　(8) $\mathrm{e}^{\frac{1}{z-1}}$；　　(9) $\dfrac{1}{\sin z^2}$.

2. 求证：如果 z_0 是 $f(z)$ 的 m 级零点，则 z_0 是 $f'(z)$ 的 $m-1$ 级零点.

3. 设 z_0 是函数 $f(z)$ 的 m 级极点，又是 $g(z)$ 的 n 级极点，试问下列函数在 z_0 处具有何种性质？

(1) $f(z)+g(z)$；　　(2) $f(z)\cdot g(z)$；　　(3) $\dfrac{f(z)}{g(z)}$.

4. 函数 $f(z) = \dfrac{1}{z(z-1)^2}$ 在 $z = 1$ 处有一个 2 级极点，这个函数又有下列洛朗展开式：

$$\frac{1}{z(z-1)^2} = \frac{1}{(z-1)^3} - \frac{1}{(z-1)^4} + \frac{1}{(z-1)^5} + \cdots \quad (1 < |z-1| < +\infty),$$

于是就说"$z = 1$ 又是 $f(z)$ 的本性奇点"，这个说法正确吗？

5. 下列函数在扩充复平面内有些什么类型的奇点？如果是极点，指出它的级.

(1) $\dfrac{1}{z^2} + \dfrac{1}{z^3}$;　　　　(2) $\dfrac{\sin z - z}{z^3}$;　　　　(3) $\dfrac{z^5}{(1-z)^2}$.

6. 求下列函数 $f(z)$ 在有限奇点处的留数.

(1) $\dfrac{1 - \cos z}{z^2}$;　　　　(2) $\dfrac{z+1}{z^2 - 2z}$;　　　　(3) $\dfrac{z\mathrm{e}^z}{z^2 - 1}$;

(4) $\dfrac{z}{\cos z}$;　　　　(5) $\dfrac{2}{z \sin z}$;　　　　(6) $\dfrac{1 - \mathrm{e}^{2z}}{z^4}$;

(7) $\cos \dfrac{1}{1 - z}$;　　　　(8) $\dfrac{1 + z^4}{(z^2 + 1)^3}$;　　　　(9) $z^n \sin \dfrac{1}{z}$(n 为自然数).

7. 利用留数计算下列沿正向圆周的积分.

(1) $\displaystyle\oint_{|z| = \frac{1}{2}} \frac{\ln(1+z)}{z} \mathrm{d}z$;　　(2) $\displaystyle\oint_{|z| = 3} \frac{z}{z^2 - 1} \mathrm{d}z$;　　(3) $\displaystyle\oint_{|z| = \frac{1}{3}} \sin \frac{2}{z} \mathrm{d}z$;

(4) $\displaystyle\oint_{|z| = 2} \frac{\mathrm{e}^{2z}}{(z-1)^2} \mathrm{d}z$;　　(5) $\displaystyle\oint_{|z| = 3} \tan z \mathrm{d}z$;　　(6) $\displaystyle\oint_{|z| = \frac{3}{2}} \frac{1 - \cos z}{z^m} \mathrm{d}z(m \in \mathbb{Z})$.

8. 求 $\mathrm{Res}[f(z), \infty]$ 的值：

(1) $f(z) = \dfrac{\mathrm{e}^z}{z^2 - 1}$;　　　　　　　(2) $f(z) = \dfrac{1}{(z-3)(z^5 - 1)}$.

9. 计算下列积分，C 为正向圆周.

(1) $\displaystyle\oint_C \frac{z^{10}}{(z^4 + 2)^2 (z-2)^3} \mathrm{d}z$, $C : |z| = 3$;

(2) $\displaystyle\oint_C \frac{z^3}{1 + z} \mathrm{e}^{\frac{1}{z}} \mathrm{d}z$, $C : |z| = 2$;

(3) $\displaystyle\oint_C \frac{z^{2n}}{1 + z^n} \mathrm{d}z(n \in \mathbb{N}^*)$, $C : |z| = r > 1$.

10. 设 $P(z)$ 与 $Q(z)$ 是多项式，其中 $Q(z)$ 的次数至少比 $P(z)$ 的次数高两次，证明：$\dfrac{P(z)}{Q(z)}$ 在有限奇点处的留数的和等于零.

11. 若函数 $\varphi(z)$ 在点 z_0 处解析且 $\varphi'(z_0) \neq 0$，又 $f(\xi)$ 在 $\xi = \varphi(z_0)$ 处有留数为 A 的简单极点，求 $\mathrm{Res}\{f[\varphi(z)], z_0\}$.

12. 计算 $I = \displaystyle\int_0^{2\pi} \frac{\cos 2\theta}{1 - 2p\cos\theta + p^2} \mathrm{d}\theta(0 < p < 1)$ 的值.

13. 计算积分 $I = \int_{-\infty}^{+\infty} \dfrac{x^2 \mathrm{d}x}{(x^2+a^2)(x^2+b^2)}(a>0,b>0)$ 的值.

14. 计算拉普拉斯积分 $\int_0^{+\infty} \dfrac{\cos\alpha x}{1+x^2}\mathrm{d}x(\alpha>0)$.

15. 利用留数计算下列积分.

(1) $\int_0^{2\pi} \dfrac{1}{5+3\sin\theta}\mathrm{d}\theta$;

(2) $\int_0^{2\pi} \cos^{2n}\theta\mathrm{d}\theta(n\in\mathbb{N})$;

(3) $\int_{-\infty}^{+\infty} \dfrac{1}{(1+x^2)^2}\mathrm{d}x$;

(4) $\int_{-\infty}^{+\infty} \dfrac{\cos x}{x^2+4x+5}\mathrm{d}x$;

(5) $\int_0^{+\infty} \dfrac{x\sin x}{x^2+a^2}\mathrm{d}x(a>0)$.

16. 试用图 5-8 中的积分路线, 求积分 $\int_0^{+\infty} \dfrac{\sin x}{x}\mathrm{d}x$.

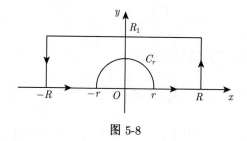

图 5-8

17. 利用公式 (5.4.1) 计算下列积分.

(1) $\oint_{|z|=3} \dfrac{1}{z}\mathrm{d}z$;

(2) $\oint_{|z|=3} \dfrac{z}{z^2-1}\mathrm{d}z$;

(3) $\oint_{|z|=3} \dfrac{1}{(z+1)}\mathrm{d}z$.

18. 求方程 $z^7-5z^4+z^2-2=0$ 在 $|z|<1$ 内根的个数.

19. 设 $\varphi(z)$ 在圆周 $C:|z|=1$ 上及其内部解析, 且在 C 上 $|\varphi(z)|<1$, 证明: 在 C 内只有一个点 z_0 使 $\varphi(z_0)=z_0$.

20. 证明: 当 $|a|>\mathrm{e}$ 时, 方程 $\mathrm{e}^z-az^n=0$ 在单位圆周 $|z|=1$ 内有 n 个根.

21. 证明: 方程 $z^5-z+3=0$ 的所有根都在圆环 $1<|z|<2$ 内.

22. 下列函数有些什么奇点? 如果是极点, 指出它的级.

(1) $\dfrac{1}{z(z^2+1)^3}$;

(2) $\dfrac{\ln(z+1)}{z}$;

(3) $\dfrac{1}{\mathrm{e}^{z-1}}$;

(4) $\dfrac{z}{(1+z^2)(1+\mathrm{e}^{\pi z})}$;

(5) $\dfrac{1}{z^2(\mathrm{e}^z-1)}$;

(6) $\dfrac{1}{\sin z^2}$.

23. 求下列函数在有限奇点处的留数.

(1) $z^2\sin\dfrac{1}{z}$;

(2) $\dfrac{1}{z\sin z}$;

(3) $z^m\cos\dfrac{1}{z}\ (m\in\mathbb{N})$.

24. 求 $\mathrm{Res}[f(z),\infty]$ 的值:

(1) $f(z) = \dfrac{ze^z}{z^2 - 1}$; 　　　　　　　　(2) $f(z) = \dfrac{1}{z(z+1)^4(z-4)}$.

25. 求函数 $f(z) = \dfrac{z^{10}}{(z^4+2)^2(z-2)^3}$ 在其所有有限奇点处的留数之和.

26. 利用留数计算下列积分.

(1) $\displaystyle\oint_C \dfrac{1}{z^4+1}\mathrm{d}z$, $C : x^2 + y^2 = 2x$;

(2) $\displaystyle\oint_{|z|=1} \dfrac{2\mathrm{i}}{z^2+2az+1}\mathrm{d}z (a > 1)$;

(3) $\displaystyle\oint_C \dfrac{1-\cos z}{z^m}\mathrm{d}z (m > 2$ 为整数$)$, $C : |z| = r > 1$.

27. 计算积分 $\displaystyle\oint_C \dfrac{z^{15}}{(z^2+1)^2(z^4+2)^3}\mathrm{d}z$, $C : |z| = 3$, C 为正向圆周.

28. 计算积分 $\displaystyle\oint_C \dfrac{e^{z^3}}{(z-1-\mathrm{i})z^2}\mathrm{d}z$, 其中 C 是圆环域 $1 < |z| < 3$ 的正向边界.

29. 计算积分 $\displaystyle\oint_{|z|=2} \dfrac{1}{(z+\mathrm{i})^{10}(z-1)(z-3)}\mathrm{d}z$.

30. 利用留数计算下列定积分.

(1) $\displaystyle\int_0^{2\pi} \dfrac{\sin^2\theta}{a+b\cos\theta}\mathrm{d}\theta (a > b > 0)$; 　　　　(2) $\displaystyle\int_{-\infty}^{+\infty} \dfrac{1}{(1+x^2)^2}\mathrm{d}x$;

(3) $\displaystyle\int_{-\infty}^{+\infty} \dfrac{\cos 2x}{x^2+x+1}\mathrm{d}x$.

31. 计算积分 $\displaystyle\oint_{|z|=r} \dfrac{e^z}{z^{n+1}}\mathrm{d}z, n \in \mathbb{Z}^+$, 并由此证明:

$$I_1 = \int_0^{2\pi} e^{r\cos\theta}\cos(r\sin\theta - n\theta)\mathrm{d}\theta = \frac{2\pi}{n!}r^n,$$

$$I_2 = \int_0^{2\pi} e^{r\cos\theta}\sin(r\sin\theta - n\theta)\mathrm{d}\theta = 0.$$

32. 设函数 $f(z)$ 与 $g(z)$ 均在点 $z_0 = a$ 处解析, 且 a 为它们的 n 级零点, 试证: a 为 $\dfrac{f(z)}{g(z)}$ 的可去奇点, 且有 $\lim\limits_{z \to a} \dfrac{f(z)}{g(z)} = \dfrac{f^{(n)}(a)}{g^{(n)}(a)}$.

33. 设函数 $f(z)$ 在正向简单闭曲线 C 上解析, 在 C 的内部 D 除去有限个点 $z_k(k = 1, 2, \cdots, m)$ 外处处解析, 如果对每个 z_k 都有 $\lim\limits_{z \to z_k}(z - z_k)f(z) = 0$, 试证: $\displaystyle\oint_C f(z)\mathrm{d}z = 0$.

34. 设函数 $f(z)$ 在正向简单闭曲线 C 的外部 D 内解析, 在 C 上也解析, 并且 $\lim\limits_{z \to \infty} f(z) = A(A$ 为常数$)$, 试证:

$$\frac{1}{2\pi\mathrm{i}}\oint_C \frac{f(\zeta)}{\zeta - z_0}\mathrm{d}\zeta = \begin{cases} -f(z_0 + A), & z_0 \in D, \\ A, & z_0 在 C 内部. \end{cases}$$

35. 设函数 $f(z)$ 在简单闭曲线 C 上及其内部 D 内解析，如果 $f(z)$ 在 D 内的点 z_0 处有 n 级零点，而在 D 内及 C 上无其他零点，试证：对 C 的正向有

$$nz_0 = \frac{1}{2\pi i} \oint_C \frac{zf'(z)}{f(z)} \mathrm{d}z.$$

36. 设函数 $f(z)$ 在简单闭曲线 C 上及其内部 D 除在 D 内有 m 级极点 z_0 外处处解析，且在 C 上及 D 内无零点，试证：对 C 的正向有

$$-mz_0 = \frac{1}{2\pi i} \oint_C \frac{zf'(z)}{f(z)} \mathrm{d}z.$$

37. 若 $f(z)$ 在分段光滑闭曲线 C 上及其所围区域内除点 $z=a$ 外处处解析，且 a 是 $f(z)$ 的 n 级极点，求证：当 $(z-a)^n f(z) = g(z)$ 时，

$$\oint_C f(z)\mathrm{d}z = \frac{2\pi i}{(n-1)!} g^{(n-1)}(a).$$

38. 证明：方程 $z^7 - z^3 + 12 = 0$ 的根都在圆环域 $1 \leqslant |z| \leqslant 2$ 内.

第6章 保角映射

本章首先叙述解析函数导数的几何意义并给出保角映射的概念，保角映射的重要性在于它能把在比较复杂的区域上所讨论的问题转到比较简单的区域上去；然后具体讨论分式线性函数和几个基本初等函数所构成的保角映射的性质；最后介绍施瓦茨-克里斯托费尔映射和拉普拉斯方程的边值问题，以供有关专业选用.

6.1 保角映射的概念

为了给出解析函数导数的几何意义和保角映射的概念，首先介绍有向曲线的切线方向和两条相交曲线的夹角.

6.1.1 曲线的切线方向和两条曲线的夹角

设 C 是 z 平面内的一条有向连续曲线，其参数方程为

$$z = z(t) \quad (\alpha \leqslant t \leqslant \beta),$$

C 的正向取为 t 增大时点 z 移动的方向. $z(t)$ 是一个连续函数，若 $z'(t_0) \neq 0, \alpha < t_0 < \beta$，则 $z'(t_0)$ 就是曲线 C 在点 $z_0 = z(t_0)$ 处的切线方向，如图 6-1 所示.

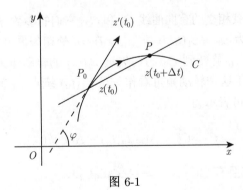

图 6-1

事实上，曲线 C 上 P_0 点的切线就是割线 P_0P 当 P 沿曲线 C 趋于 P_0 时的极限位置. 由于割线 P_0P 的方向与表示

$$\frac{z(t_0 + \Delta t) - z(t_0)}{\Delta t}$$

的向量的方向一致，其中 $z(t_0 + \Delta t)$ 与 $z(t_0)$ 分别为点 P 与点 P_0 所对应的复数，当 $\Delta t \to 0$ 时，点 P 沿 C 无限趋向于点 P_0，因此

$$z'(t_0) = \lim_{\Delta t \to 0} \frac{z(t_0 + \Delta t) - z(t_0)}{\Delta t},$$

其方向与 C 的正向一致, 如果规定这个向量的方向作为 C 上点 z_0 处的切线的正向, 则有以下定义.

定义 6.1.1　对于给定的有向光滑曲线 C: $z = z(t)(\alpha \leqslant t \leqslant \beta)$, 称复向量 $z'(t_0)$ 为曲线 C 在点 $z_0 = z(t_0)$ 处的**切矢量**, 称 $\mathrm{Arg}\, z'(t_0)$ 为**正实轴到矢量 $z'(t_0)$ 的夹角**.

在定义 6.1.1 中, 由于 C 是光滑曲线, 因此 $z'(t_0) \neq 0$, 即切矢量总是存在的, $\mathrm{Arg}\, z'(t_0)$ 实际上是正实轴方向绕原点旋转到切矢量 $z'(t_0)$ 的转动角.

相交于一点的两条曲线的夹角, 定义为这两条曲线在该点处切线的夹角, 如图 6-2 所示.

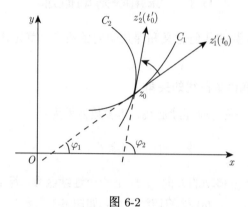

图 6-2

定义 6.1.2　设有两条相交的有向曲线 C_1 和 C_2, 它们的参数方程分别为 $z = z_k(t)(\alpha_k \leqslant t \leqslant \beta_k; k = 1, 2)$, 其交点为 $z_0 = z_1(t_0) = z_2(t_0')$, 在 z_0 处切矢量分别为 $z_1'(t_0)$ 和 $z_2'(t_0')$, 则称 C_1 的切矢量 $z_1'(t_0)$ 绕 z_0 旋转到 C_2 的切矢量 $z_2'(t_0')$ 的转动角为 C_1 到 C_2 在点 z_0 处的夹角, 记为 $\angle C_1 z_0 C_2$. 由于这个转动角可看作矢量 $z_1'(t_0)$ 绕点 z_0 旋转到实轴正向再旋转到矢量 $z_2'(t_0')$ 的复合, 因此可表示为

$$\angle C_1 z_0 C_2 = \mathrm{Arg}\, z_2'(t_0') - \mathrm{Arg}\, z_1'(t_0),$$

显然 $\angle C_1 z_0 C_2$ 是多值的, 且有 $\angle C_2 z_0 C_1 = -\angle C_1 z_0 C_2$.

6.1.2　解析函数导数的几何意义

设 $w = f(z)$ 在区域 D 内解析, $z_0 \in D$, 且 $f'(z_0) \neq 0$, C 为 z 平面内通过点 z_0 的一条有向光滑曲线〔图 6-3(a)〕:

$$C : z = z(t) \quad (\alpha \leqslant t \leqslant \beta),$$

$z_0 = z(t_0)$, 且 $z'(t_0) \neq 0$, 在映射 $w = f(z)$ 下, C 的象曲线 Γ〔图 6-3(b)〕为

$$\Gamma : w = w(t) = f[z(t)] \quad (\alpha \leqslant t \leqslant \beta),$$

$w(t_0) = w_0, \Gamma$ 的正向为参数 t 增大的方向.

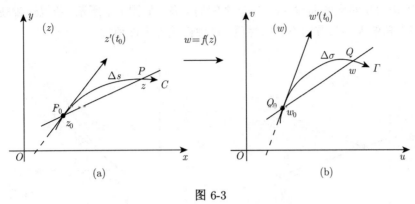

图 6-3

根据复合函数的求导法则, 有

$$w'(t_0) = f'(z_0)z'(t_0) \neq 0,$$

因此, 在 Γ 上点 w_0 处的切线存在, 并且切线的正向与 u 轴正向之间的夹角是

$$\text{Arg } w'(t_0) = \text{Arg } f'(z_0) + \text{Arg } z'(t_0),$$

即

$$\text{Arg } f'(z_0) = \text{Arg } w'(t_0) - \text{Arg } z'(t_0). \tag{6.1.1}$$

这表明, 曲线 Γ 在 $w_0 = f(z_0)$ 处的切线方向, 可看作由曲线 C 在 z_0 处的切线方向旋转一个角度 $\text{Arg } f'(z_0)$ 得到, 转动角的大小和方向只与 z_0 有关, 而与过 z_0 的曲线 C 的形状和方向无关.

假设曲线 C_1 与 C_2 相交于点 z_0, 它们的参数方程分别是 $z = z_1(t)$ 与 $z = z_2(t)(\alpha \leqslant t \leqslant \beta)$, 并且 $z_0 = z_1(t_0) = z_2(t_0')$, $z_1'(t_0) \neq 0$, $z_2'(t_0') \neq 0$, $\alpha < t_0 < \beta, \alpha < t_0' < \beta$. 又设映射 $w = f(z)$ 将 C_1 与 C_2 分别映射为相交于点 $w_0 = f(z_0)$ 的曲线 Γ_1 及 Γ_2, 它们的参数方程分别是 $w = w_1(t)$ 与 $w = w_2(t)(\alpha \leqslant t \leqslant \beta)$. 由式 (6.1.1), 有

$$\text{Arg } w_1'(t_0) - \text{Arg } z_1'(t_0) = \text{Arg } f'(z_0),$$
$$\text{Arg } w_2'(t_0') - \text{Arg } z_2'(t_0') = \text{Arg } f'(z_0),$$

从而

$$\text{Arg } w_1'(t_0) - \text{Arg } z_1'(t_0) = \text{Arg } w_2'(t_0') - \text{Arg } z_2'(t_0'),$$

即

$$\text{Arg } w_2'(t_0') - \text{Arg } w_1'(t_0) = \text{Arg } z_2'(t_0') - \text{Arg } z_1'(t_0). \tag{6.1.2}$$

上式两端分别是 Γ_1 与 Γ_2 以及 C_1 与 C_2 之间的夹角, 因此,

$$\angle C_1 z_0 C_2 = \angle \Gamma_1 w_0 \Gamma_2,$$

即相交于点 z_0 的任意两条曲线 C_1 与 C_2 之间的夹角, 其大小和方向都等同于经过 $w = f(z)$ 映射后和 C_1 与 C_2 对应的曲线 Γ_1 与 Γ_2 之间的夹角, 如图 6-4 所示. 所以这种映射具有保持两曲线间夹角的大小与方向不变的性质, 这种性质称为**保角性**.

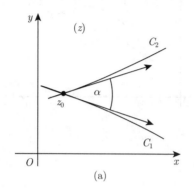 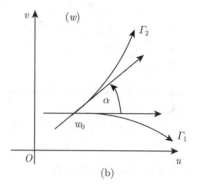

图 6-4

下面讨论函数 $f(z)$ 在 z_0 处的导数的模 $|f'(z_0)|$ 的几何意义.

设 $z_0 = z(t_0)$, $z = z(t_0 + \Delta t)$, 又设曲线 C 上从 z_0 到 z 的曲线弧 $\overset{\frown}{z_0 z}$ 在映射 $w = f(z)$ 下变为 Γ 上从 w_0 到 w 的曲线弧 $\overset{\frown}{w_0 w}$, 这两段弧长分别为 Δs 和 $\Delta \sigma$, 如图 6-3 所示. 于是比值 $\dfrac{\Delta \sigma}{\Delta s}$ 可看作曲线 C 经过映射 $w = f(z)$ 后对于曲线弧 $\overset{\frown}{z_0 z}$ 的平均伸缩率. 当 z 沿曲线 C 趋向于 z_0 时, 称极限

$$\lim_{z \to z_0} \frac{\Delta \sigma}{\Delta s}$$

为曲线 C 经映射 $w = f(z)$ 后在点 z_0 处的**伸缩率**.

由于 $f'(z_0) = \lim\limits_{z \to z_0} \dfrac{w - w_0}{z - z_0} = \lim\limits_{\Delta z \to 0} \dfrac{\Delta w}{\Delta z}$, 因此

$$|f'(z_0)| = \left| \lim_{\Delta z \to 0} \frac{\Delta w}{\Delta z} \right| = \lim_{\Delta z \to 0} \frac{|\Delta w|}{|\Delta z|} = \lim_{\Delta z \to 0} \frac{\Delta \sigma}{\Delta s} = \frac{\mathrm{d}\sigma}{\mathrm{d}s},$$

即

$$\mathrm{d}\sigma = |f'(z_0)| \mathrm{d}s,$$

则 $|f'(z_0)|$ 就是映射 $w = f(z)$ 在点 z_0 处的伸缩率, 它只与 z_0 有关, 而与过 z_0 的曲线 C 的形状和方向无关, 这一性质称为**伸缩率不变性**.

综上所述, 有以下定理.

定理 6.1.1 设函数 $w = f(z)$ 在区域 D 内解析, z_0 为 D 内的一点, 且 $f'(z_0) \neq 0$, 则映射 $w = f(z)$ 在 z_0 处具有以下两个性质.

① **保角性**: 通过 z_0 的两条曲线间的夹角与经过映射后所得两曲线间的夹角在大小和方向上保持不变.

② **伸缩率的不变性**: 通过 z_0 的任意一条曲线的伸缩率均为 $|f'(z_0)|$, 与其形状和方向无关.

6.1.3　保角映射的概念

定义 6.1.3　设函数 $w = f(z)$ 在点 z_0 的邻域内有定义, 且在 z_0 处具有保角性和伸缩率的不变性, 则称映射 $w = f(z)$ 在 z_0 点是保角映射, 如果映射 $w = f(z)$ 在区域内的每一点都是保角的, 则称 $w = f(z)$ 是区域内的保角映射.

保角映射也称为保形映射或共形映射.

在复变函数中还存在另一类保角映射, 此类保角映射具有伸缩率的不变性, 但仅保持夹角的绝对值不变而方向相反, 这种映射称为第二类保角映射, 从而相对地称定义 6.1.3 中所述的保角映射为第一类保角映射, 简称保角映射. 今后如无特殊声明, 所说的保角映射都是指第一类保角映射.

由定义 6.1.3 和定理 6.1.1, 有以下定理.

定理 6.1.2　若函数 $f(z)$ 在某区域 D 内解析, 且 $f'(z) \neq 0$, 则 $w = f(z)$ 在 D 内是保角映射, 并且 $\operatorname{Arg} f'(z)$ 和 $|f'(z)|$ 分别为该映射在 D 内点 z 处的转动角和伸缩率.

例 6.1.1　函数 $w = -z$ 是保角映射.

解　由于 $w' = -1 \neq 0$, 由定理 6.1.2 即得.

例 6.1.2　$w = \bar{z}$ 在整个复平面都是第二类保角映射.

解　对于复平面上任一点 z_0, 由于

$$\lim_{\Delta z \to 0} \left| \frac{\Delta w}{\Delta z} \right| = \lim_{\Delta z \to 0} \left| \frac{\overline{z_0 + \Delta z} - \overline{z_0}}{\Delta z} \right| = \lim_{\Delta z \to 0} \left| \frac{\overline{\Delta z}}{\Delta z} \right| = 1,$$

因此 $w = \bar{z}$ 具有伸缩率不变性.

$w = \bar{z}$ 把 z 平面上的任意曲线变为关于实轴对称的曲线, 两曲线间的夹角大小不变, 方向相反, 如图 6-5 所示.

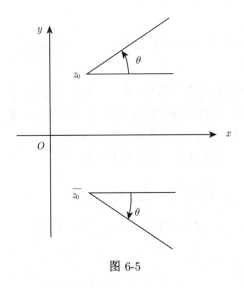

图 6-5

综上所述, $w = \bar{z}$ 是第二类保角映射.

更一般地, 若 $w = f(z)$ 为第一类保角映射, 则 $w = \overline{f(z)}$ 为第二类保角映射, 反之亦然.

6.2 分式线性映射

分式线性映射是很重要的一类映射，在实际中有广泛的应用. 分式线性映射是指

$$w = f(z) = \frac{az + b}{cz + d} \quad (ad - bc \neq 0), \tag{6.2.1}$$

其中 a, b, c, d 为复常数.

由于 $f'(z) = \dfrac{ad - bc}{(cz + d)^2}$，为了保证映射的保角性，应要求 $ad - bc \neq 0$，否则将有 $f'(z) = 0$，从而 $f(z)$ 恒为常数，它将整个 z 平面映射成 w 平面上的一个点.

用 $cz + d$ 乘式 (6.2.1) 的两边，得

$$cwz + dw - az - b = 0,$$

对每一个固定的 w，上式关于 z 是线性的，而对每一个固定的 z，它关于 w 也是线性的，即上式是双线性的，因此，分式线性映射又称**双线性映射**. 分式线性映射是德国数学家默比乌斯 (Möbius, 1790—1868 年) 首先研究的，所以也称**默比乌斯映射**.

由式 (6.2.1) 可解得 z 的 w 表达式，即逆映射：

$$z = \frac{-dw + b}{cw - a} \quad (ad - bc \neq 0),$$

所以分式线性映射的逆映射也是一个分式线性映射.

容易证明，两个分式线性映射的复合仍是一个分式线性映射.

6.2.1 保角性

对于式 (6.2.1) 给出的分式线性映射，由于 $f'(z) = \dfrac{ad - bc}{(cz + d)^2} \neq 0$，因此 $f(z)$ 在分母不为零的区域内是保角映射.

若对于式 (6.2.1) 给出的分式线性映射，当 $c \neq 0$ 时，规定 $f\left(-\dfrac{d}{c}\right) = \infty$，$f(\infty) = \dfrac{a}{c}$，当 $c = 0$ 时，规定 $f(\infty) = \infty$，则分式线性映射将扩充 z 平面一一对应地映射为扩充 w 平面. 下面将说明分式线性映射在整个扩充复平面上都是保角的.

规定两条曲线在 $z = \infty$ 处的夹角，等于它们通过变换 $w = \dfrac{1}{z}$ 得到的象曲线在 $w = 0$ 处的夹角.

对于反演变换 $w = \dfrac{1}{z}$，由于 $\dfrac{\mathrm{d}w}{\mathrm{d}z} = -\dfrac{1}{z^2}$，因此除去 $z = 0$ 与 $z = \infty$，它是保角的.

在 $z = 0$ 处，象点 $w = \infty$，通过变换 $w^* = \dfrac{1}{w}$ 将其变换到 $w^* = 0$ 处看是否保角，由于 $w = \dfrac{1}{z}$，得到 $w^* = z$，且

$$\frac{\mathrm{d}w^*}{\mathrm{d}z} = 1 \neq 0,$$

从而 $w = \dfrac{1}{z}$ 在 $z = 0$ 处是保角的.

在 $z = \infty$ 处, 令 $z^* = \dfrac{1}{z}$, 则 $z = \infty$ 变为 $z^* = 0$, 由于 $w = \dfrac{1}{z}$, 则 $w = z^*$ 且

$$\frac{\mathrm{d}w}{\mathrm{d}z^*} = 1 \neq 0,$$

即 $w = \dfrac{1}{z}$ 在 $z = \infty$ 处也是保角的.

对于整线性映射 $w = az + b(a \neq 0)$, 由于

$$\frac{\mathrm{d}w}{\mathrm{d}z} = a \neq 0,$$

因此在 $z \neq \infty$ 时是保角的. 在 $z = \infty$ 时, 其象点 $w = \infty$, 令 $z^* = \dfrac{1}{z}$, $w^* = \dfrac{1}{w}$, 则由 $w = az + b$, 得

$$w^* = \frac{1}{az + b} = \frac{z^*}{a + bz^*}.$$

由

$$\left. \frac{\mathrm{d}w^*}{\mathrm{d}z^*} \right|_{z^* = 0} = \frac{1}{a} \neq 0$$

知, $w = az + b$ 在 $z = \infty$ 处也是保角的, 因而 $w = az + b$ 是扩充复平面上的保角映射.

我们可以把一个一般形式的分式线性映射分解成一些简单映射的复合.

当 $c \neq 0$ 时, 式 (6.2.1) 可写成

$$w = \frac{bc - ad}{c^2} \cdot \frac{1}{z + \dfrac{d}{c}} + \frac{a}{c},$$

即

$$w = A \cdot \frac{1}{z + C} + B.$$

当 $c = 0$ 时, 式 (6.2.1) 可写成

$$w = \frac{a}{d}z + \frac{b}{d},$$

即

$$w = Ez + F.$$

由此可见, 一个一般形式的分式线性映射由下列 3 种特殊映射复合而成:

$$① \; w = z + b; \qquad ② \; w = az; \qquad ③ \; w = \frac{1}{z}.$$

定理 6.2.1　分式线性映射在扩充复平面上是一一对应的, 且具有保角性.

6.2.2 保圆性

第 1 章已经提出, 如果把直线看作半径为无穷大的圆周, 则 $w = \dfrac{1}{z}$ 在扩充复平面内具有保圆性. 下面说明整线性映射在扩充复平面内也具有保圆性.

令 $a = |a|\mathrm{e}^{l\theta}$, 则整线性映射 $w = az + b$ 可分解成

$$w = \eta + b, \qquad \eta = \mathrm{e}^{l\theta}\xi, \qquad \xi = |a|z.$$

对于 $w = z + b$, 由复向量的加法, 对复平面上任一点 z, 点 $w = z + b$ 是点 z 沿向量 b 的方向平移了 $|b|$ 的距离, 因此它的作用是把复平面上的任何图形沿复向量 b 的方向平移距离 $|b|$, 称该映射为平移.

对于 $w = \mathrm{e}^{l\theta}z(\theta$ 为实数$)$, 由于当 $z \neq 0$ 时, 有 $|w| = |z|$ 且 $\mathrm{Arg}\, w = \mathrm{Arg}\, z + \theta$, 因此对任一点 $z \neq 0$, 其象 w 只是点 z 绕坐标原点旋转了角度 θ, 其作用是把复平面上的任何图形绕坐标原点旋转角度 a, 称该映射为旋转.

对于 $w = |a|z$, 因为 $|w| = |a||z|$, 且对 $z \neq 0$ 有 $\arg w = \arg z$, 所以对复平面上任一点 z, 该映射的作用只是将复向量 z 的模放大或缩小为 $|w| = |a||z|$, 其方向不变, 称该映射为伸缩.

由于平移和旋转映射将直线变为直线, 且将圆周变为圆周, 而 $w = |a|z$ 的逆映射为 $z = \dfrac{w}{|a|}$, 代入圆周或直线方程

$$A z\bar{z} + \overline{\beta} z + \beta \bar{z} + D = 0,$$

其象曲线显然还是圆周或直线, 因此这三种映射都具有保圆性, 它们的复合映射 $w = az + b$ 也具有保圆性.

定理 6.2.2 分式线性映射在扩充复平面上是一一对应的映射, 具有保圆性. 当圆周 (含直线) 上有一点被映射为 ∞ 时, 该圆周被映射为直线, 否则为普通圆周.

6.2.3 保交比性

定义 6.2.1 由扩充复平面上 4 个有序的相异点 z_1, z_2, z_3, z_4 构成的比式

$$\frac{z_3 - z_1}{z_3 - z_2} : \frac{z_4 - z_1}{z_4 - z_2}$$

称为它们的 **交比**, 记作 (z_1, z_2, z_3, z_4).

若 4 个有序的相异点中有一个为 ∞, 应将包含此点的分子或分母用 1 代替, 如 $z_1 = \infty$, 则有

$$(\infty, z_2, z_3, z_4) = \frac{1}{z_3 - z_2} : \frac{1}{z_4 - z_2}.$$

对于扩充 z 平面上 4 个有序的相异点 z_1, z_2, z_3, z_4 经整线性映射 $w = az + b$ 得到的扩充

w 平面上的 4 个点 w_1, w_2, w_3, w_4, 由于

$$
\begin{aligned}
(w_1, w_2, w_3, w_4) &= \frac{w_3 - w_1}{w_3 - w_2} : \frac{w_4 - w_1}{w_4 - w_2} \\
&= \frac{(az_3 + b) - (az_1 + b)}{(az_3 + b) - (az_2 + b)} : \frac{(az_4 + b) - (az_1 + b)}{(az_4 + b) - (az_2 + b)} \\
&= \frac{z_3 - z_1}{z_3 - z_2} : \frac{z_4 - z_1}{z_4 - z_2},
\end{aligned}
$$

因此整线性映射具有交比不变性. 同样可验证 $w = \dfrac{1}{z}$ 具有交比不变性.

综上可知, 分式线性映射具有 **保交比性**.

分式线性映射 $w = \dfrac{az + b}{cz + d}$ 在形式上有 4 个常数, 但实际只有 3 个独立常数.

定理 6.2.3　扩充 z 平面的 3 个点 z_1, z_2, z_3 在分式线性映射下, 分别映射为扩充 w 平面的 3 个点 w_1, w_2, w_3, 则此分式线性映射为

$$
\frac{w - w_1}{w - w_2} : \frac{w_3 - w_1}{w_3 - w_2} = \frac{z - z_1}{z - z_2} : \frac{z_3 - z_1}{z_3 - z_2}, \tag{6.2.2}
$$

即

$$
(w_1, w_2, w, w_3) = (z_1, z_2, z, z_3).
$$

证明　易见式 (6.2.2) 确定了一个分式线性映射, 使 z_1, z_2, z_3 分别变为 w_1, w_2, w_3. 反过来, 所求的分式线性映射存在, 由于其保持交比不变, 即得式 (6.2.2).

推论 (边界对应原理)　若分式线性映射将圆周 C 上的 3 个点 z_1, z_2, z_3 分别变为圆周 Γ 上的 3 个点 w_1, w_2, w_3, 则该分式线性映射将 C 映射为 Γ.

例 6.2.1　求分式线性映射, 使单位圆周 $|z| = 1$ 上的 3 个点 $\mathrm{i}, -\mathrm{i}, 1$ 分别对应 $0, \infty, -1$.

解　由定理 6.2.2 得此分式线性映射为

$$
(0, \infty, w, -1) = (\mathrm{i}, -\mathrm{i}, z, 1),
$$

即

$$
\frac{w - 0}{w - \infty} : \frac{-1 - 0}{-1 - \infty} = \frac{z - \mathrm{i}}{z + \mathrm{i}} : \frac{1 - \mathrm{i}}{1 + \mathrm{i}},
$$

由

$$
\frac{w - 0}{1} : \frac{-1 - 0}{1} = \frac{z - \mathrm{i}}{z + \mathrm{i}} : \frac{1 - \mathrm{i}}{1 + \mathrm{i}},
$$

得到所求的分式线性映射为

$$
w = \frac{-\mathrm{i}(z - \mathrm{i})}{z + \mathrm{i}}.
$$

6.2.4　保对称性

定义关于一个已知圆周的一对对称点. 设 C 为以原点为中心, 以 R 为半径的圆周, 在以圆心为起点的一条射线上, 若有两点 P 与 P' 满足关系式

$$
OP \cdot OP' = R^2,
$$

则称这两点为关于该圆周的**对称点**.

设 P 在 C 外, 从 P 作圆周 C 的切线 PT, 由 T 作 OP 的垂直线 TP' 与 OP 交于 P', 那么 P 与 P' 互为对称点, 如图 6-6 所示. 这是由于 $\triangle OP'T \sim \triangle OTP$, 因此 $OP' : OT = OT : OP$, 即 $OP \cdot OP' = OT^2 = R^2$.

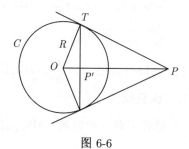

图 6-6

在扩充复平面上, 规定无穷远点的对称点是圆心 O.

关于直线的对称点, 如点 z 关于 x 轴的对称点是 $\bar{z}$, 其余类推.

分式线性映射具有保持对称性不变的性质, 简称**保对称性**.

定理 6.2.4 设点 z_1, z_2 是关于圆周 C 的一对对称点, 则在分式线性映射下, 它们的象点 w_1 与 w_2 也是关于 C 的象曲线 $\varGamma$ 的一对对称点.

6.2.5 保侧性

对于扩充复平面上的任意一个圆周 (含直线), 它的任意有序的不同三点都给出了该圆周的一个绕向.

设 z_1, z_2, z_3 为普通圆周 C 上的任意三个不同点. 动点 z 沿圆周 C 从点 z_1 移动到点 z_2 有两个绕向, 一个过点 z_3, 另一个不过点 z_3, 这表明沿圆周 C 从点 z_1 到点 z_2 的方向不是唯一的, 不能用它来表示 C 的方向. 但是当动点 z 沿 C 移动时, 依次通过点 z_1, z_2, z_3 的绕向是唯一的, 于是可用 C 上有序的三点 $z_1 z_2 z_3$ 来表示这个绕向, 即 C 的方向, 图 6-7 所示, 同理, C 的方向也可用有序的三点 $z_2 z_3 z_1$ 或 $z_3 z_1 z_2$ 来表示, 逆序排列都表示 C 的相反方向.

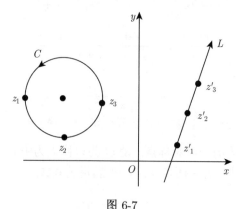

图 6-7

在扩充复平面上直线的两端都通向点 ∞, 可将它看作在点 ∞ 处闭合的圆周, 这种圆周的绕向 (即直线的方向) 也可用其上的有次序的三个不同点来表示. 图 6-7 中, $z_1' z_2' z_3'$ 给出了直线 L 的方向, 把它看作圆周, 其绕向是沿 L 依次通过点 z_1', z_2', z_3' 和点 ∞, 再从直线的另一端返回点 z_1' 的方向. 同理, 直线 L 的方向也可用 $z_2' z_3' z_1'$ 或 $z_3' z_1' z_2'$ 来表示, 逆序排列表示 L 的相反方向.

由分式线性映射的保圆性和边界对应原理可知, 当某分式线性映射 $w = f(z)$ 将圆周 C 上的不同三点 z_1, z_2, z_3 分别映射为 w_1, w_2, w_3 时, C 将映射为过点 w_1, w_2, w_3 的圆周 (包括直线)Γ. 这时可设 C 为 $z = z(t)(\alpha \leqslant t \leqslant \beta)$, C 的方向由 $z_1 z_2 z_3$ 给出, 其中 $z_k = z(t_k)$, $w_k = f[z(t_k)](k = 1, 2, 3; t_1 < t_2 < t_3)$, 当 t 增加时, 动点 z 将沿 C 依次通过点 z_1, z_2, z_3, 对应点 $w = f[z(t)]$ 将沿 Γ 变动, 且依次通过点 w_1, w_2, w_3, Γ 的绕向如图 6-8 所示.

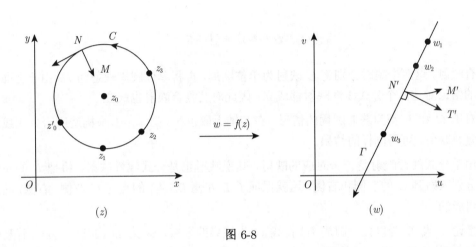

图 6-8

因此, 对于扩充复平面上任一有向圆周, 若给出它的一个方向, 经分式线性映射后, 仍为有向圆周.

扩充复平面上任一有向圆周 C 把该平面分成以 C 为边界的两个区域, 按照这两个区域的位置, 分别称其为 C 的左侧 (内侧) 和右侧 (外侧). 当 C 为直线时, 点 ∞ 在 C 上, 它既不属于 C 的左侧, 也不属于 C 的右侧. 下面证明, 分式线性映射将扩充复平面上的有向圆周映射为有向圆周的同时, 对有向圆周还具有**保侧性**.

定理 6.2.5 若分式线性映射将扩充复平面上的有向圆周 (含直线)C 映射为有向圆周 Γ, 则它将 C 的左侧映射为 Γ 的左侧, 将 C 的右侧映射为 Γ 的右侧.

证明 先证 C 为普通圆周, Γ 为直线的情形, 如图 6-8 所示. 此时, C 上有一点 z_0' 映射为 Γ 上的点 ∞. 在有向圆周 C 的左侧任取一点 M, 过点 M 的 C 的直径与 C 的两个交点中至少有一个映射不为点 ∞, 可设该点为 N, 有向线段 $\overline{NM}$ 被映射为有向圆弧 $\overset{\frown}{N'M'}$ 或有向直线段 $N'T'$. 由于分式线性映射的保角性, 有向圆周 C 在点 N 处的切矢量到 $\overline{NM}$ 的夹角将等于有向直线 Γ 到 $\overset{\frown}{N'M'}$ 的夹角, 使点 M 的对应点 M' 也在 Γ 的左侧. 由于所取点 M 为有向圆周 C 左侧的任意一点, 因此 C 左侧的所有点都映射到有向直线 Γ 的左侧.

同理可证 C 的右侧一定被映射到 Γ 的右侧，以及 C 为直线，Γ 为普通圆周的情形.

对于 C 和 Γ 都为直线的情形，可设该分式线性映射将 C 上有序的三个不同点 z_1, z_2, z_3 依次映射为 Γ 上的点 w_1, w_2, w_3，于是该映射可表示为

$$(w_1, w_2, w, w_3) = (z_1, z_2, z, z_3),$$

可分解为分式线性映射

$$(1, \mathrm{i}, \eta, -1) = (z_1, z_2, z, z_3)$$

和

$$(w_1, w_2, w, w_3) = (1, \mathrm{i}, \eta, -1)$$

的复合映射，这两个映射分别将 C 映射为单位圆周，再将单位圆周映射为 Γ. 由于上面已经证明的结论对这两个分式线性映射都成立，因此对其复合映射也成立.

对于 C 和 Γ 都为普通圆周的情形，在实轴上取点 $\eta = 1, 0, -1$ 来构造所给分式线性映射的复合映射，可得同样的结果.

由于分式线性映射是一一对应的映射，其逆映射也是分式线性映射，将把 Γ 的左侧和右侧分别映射到 C 的左侧和右侧，这就保证了 Γ 左侧 (右侧) 的点与 C 左侧 (右侧) 的点是一一对应的.

推论　设 D 为以任一圆周 (或直线)C 为边界的区域，z_0 为 D 内任一定点. 若某分式线性映射将 C 映射为 Γ，且将 z_0 映射为 w_0，则该映射将 D 映射为 w_0 所在的区域 D'，D' 的边界为 Γ.

例 6.2.2　$w = f(z) = \dfrac{z - 3\mathrm{i}}{z + 3\mathrm{i}}$ 将区域

$$D : |z + 4| < 5, |z - 4| < 5, \operatorname{Im} z > 0$$

映射为 w 平面上的什么区域?

解　由于 $f(3\mathrm{i}) = 0$，$f(-3\mathrm{i}) = \infty$，因此圆周 $|z + 4| = 5$，$|z - 4| = 5$ 都被映射为过原点的直线.

由 $f(-1) = \dfrac{-1 - 3\mathrm{i}}{-1 + 3\mathrm{i}} = \dfrac{-4 + 3\mathrm{i}}{5}$ (记为 A')，则圆弧 $\overset{\frown}{EA}$ 映射为线段 $\overline{OA'}$. 又由 $f(1) = \dfrac{-4 - 3\mathrm{i}}{5}$ (记为 B')，则圆弧 $\overset{\frown}{EB}$ 映射为线段 $\overline{OB'}$. 在 AB 上取点 $z = 0$，由于 $f(0) = -1$，得线段 $\overline{AB}$ 映射为圆弧 $\overset{\frown}{A'B'}$. 由分式线性映射的保侧性，区域 D' 应当位于有向边界 $\overline{OA'}$，$\overset{\frown}{A'B'}$，$\overline{B'O}$ 的左侧，从而完全确定了区域 D'，如图 6-9 所示.

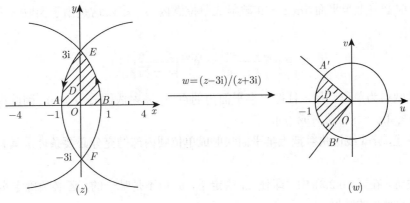

图 6-9

6.2.6 三种特殊的分式线性映射

1. 将上半平面 $\operatorname{Im} z > 0$ 映射为单位圆内 $|w| < 1$ 的分式线性映射

设所求的分式线性映射为 $w = f(z) = \dfrac{az + b}{cz + d}$，它将 $\operatorname{Im} z = 0$ 映射为 $|w| = 1$，将上半平面内一点 z_0 映射为圆心 $w = 0$，根据分式线性映射保对称性的特点，点 z_0 关于实轴的对称点应该映射为点 $w = 0$ 关于单位圆周对称的点 $w = \infty$，由

$$f(z_0) = 0, \ f(\overline{z_0}) = \infty$$

可得

$$az_0 + b = 0, \ c\overline{z_0} + d = 0,$$

即

$$z_0 = -\frac{b}{a}, \ \overline{z_0} = -\frac{d}{c},$$

从而

$$w = f(z) = \frac{az + b}{cz + d} = \frac{a}{c} \cdot \frac{z + \dfrac{b}{a}}{z + \dfrac{d}{c}} = \frac{a}{c} \cdot \frac{z - z_0}{z - \overline{z_0}}.$$

因为边界 $\operatorname{Im} z = 0$ 映射为边界 $|w| = 1$，所以取 $z = x$(实轴上的点)，则

$$|w| = \left| \frac{a}{c} \cdot \frac{x - z_0}{x - \overline{z_0}} \right| = \left| \frac{a}{c} \right| = 1,$$

得

$$\frac{a}{c} = \mathrm{e}^{\mathrm{i}\theta},$$

因此所求的分式线性映射为

$$w = \mathrm{e}^{\mathrm{i}\theta} \frac{z - z_0}{z - \overline{z_0}} \quad (\theta \in \mathbb{R}, \operatorname{Im} z_0 > 0). \tag{6.2.3}$$

反之，该映射必将上半平面 $\operatorname{Im} z > 0$ 映射成单位圆内 $|w| < 1$, 这是由于当取 $z = x$(实轴上的点) 时有

$$w = \left| \mathrm{e}^{\mathrm{i}\theta} \frac{x - z_0}{x - \overline{z_0}} \right| = |\mathrm{e}^{\mathrm{i}\theta}| \left| \frac{x - z_0}{x - \overline{z_0}} \right| = 1,$$

即它把实轴映射为单位圆周，且把上半平面内的点 z_0 映射成圆心 $w = 0$，因此由边界对应原理，它必将 $\operatorname{Im} z > 0$ 映射成 $|w| < 1$.

综上所述，分式线性映射把上半平面映射成单位圆内部的充分必要条件是具有式 (6.2.3) 的形式.

但应注意，在式 (6.2.3) 中，即使 z_0 给定了，w 也不是唯一的，还必须确定实参数 θ 的值，才能得到唯一的映射.

例 6.2.3 求分式线性映射，将 $\operatorname{Im} z > 0$ 保角地映射成 $|w| < 1$，并且

① 把点 $z = \mathrm{i}$ 映射成 $w = 0$;

② 从点 $z = \mathrm{i}$ 出发平行于正实轴的方向，对应从点 $w = 0$ 出发的虚轴正向，如图 6-10 所示.

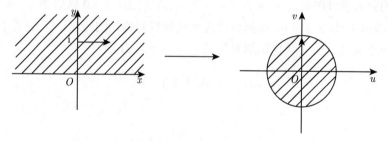

图 6-10

解 可设所求的映射为 $w = f(z) = \mathrm{e}^{\mathrm{i}\theta} \dfrac{z - \mathrm{i}}{z + \mathrm{i}}$, 由于

$$\begin{aligned}
f'(\mathrm{i}) &= \mathrm{e}^{\mathrm{i}\theta} \frac{(z + \mathrm{i}) - (z - \mathrm{i})}{(z + \mathrm{i})} \bigg|_{z = 1} \\
&= \mathrm{e}^{\mathrm{i}\theta} \cdot \frac{1}{2\mathrm{i}} \\
&= \frac{1}{2} \mathrm{e}^{\mathrm{i}(\theta - \frac{\pi}{2})},
\end{aligned}$$

即 $\arg f'(\mathrm{i}) = \theta - \dfrac{\pi}{2}$, 由条件② 及 $\arg f'(\mathrm{i})$ 的几何意义（将 z 平面的矢量旋转角度 $\arg f'(\mathrm{i})$），可得

$$\theta - \frac{\pi}{2} = \frac{\pi}{2},$$

于是 $\theta = \pi$, 从而所求的分式线性映射为

$$w = \mathrm{e}^{\mathrm{i}\pi} \frac{z - \mathrm{i}}{z + \mathrm{i}} = -\frac{z - \mathrm{i}}{z + \mathrm{i}}.$$

2. 将单位圆内 $|z| < 1$ 映射为单位圆内 $|w| < 1$ 的分式线性映射

设分式线性映射 $w = f(z) = \dfrac{az + b}{cz + d}$ 把单位圆内 $|z| < 1$ 映射为单位圆内 $|w| < 1$，则它必将 $|z| < 1$ 内一点 z_0 映射为 $w = 0$，由分式线性映射的保对称性可知，点 z_0 关于单位圆周 $|z| = 1$ 的对称点 $\dfrac{1}{\overline{z_0}}$ 应该映射成点 $w = 0$ 关于单位圆周 $|w| = 1$ 的对称点 $w = \infty$，如图 6-11 所示，因此，由

$$f(z_0) = 0, \ f\left(\frac{1}{\overline{z_0}}\right) = \infty$$

可得

$$az_0 + b = 0, \ c \cdot \frac{1}{\overline{z_0}} + d = 0,$$

即

$$z_0 = -\frac{b}{a}, \ \frac{1}{\overline{z_0}} = -\frac{d}{c},$$

从而

$$w = f(z) = \frac{a}{c} \cdot \frac{z + \dfrac{b}{a}}{z + \dfrac{d}{c}} = \frac{a}{c} \cdot \frac{z - z_0}{z - \dfrac{1}{\overline{z_0}}} = \frac{a}{c} \cdot \overline{z_0} \cdot \frac{z - z_0}{z\overline{z_0} - 1}.$$

由于外界 $|z| = 1$ 映射为边界 $|w| = 1$，取 $z = 1$，则

$$w = \frac{a}{c} \cdot \overline{z_0} \cdot \frac{1 - z_0}{\overline{z_0} - 1},$$

于是由

$$|w| = \left| \frac{a}{c} \cdot \overline{z_0} \cdot \frac{1 - z_0}{\overline{z_0} - 1} \right| = \left| \frac{a}{c} \cdot \overline{z_0} \right| = 1$$

得

$$\frac{a}{c} \overline{z_0} = \mathrm{e}^{\mathrm{i}\theta},$$

因此

$$w = \mathrm{e}^{\mathrm{i}\theta} \frac{z - z_0}{\overline{z_0} z - 1} \quad (\theta \in \mathbb{R}, |z_0| < 1). \tag{6.2.4}$$

反之，式 (6.2.4) 必将 $|z| < 1$ 映射成 $|w| < 1$，因为当 $z = \mathrm{e}^{\mathrm{i}\theta}$ 时，有

$$|w| = \left| \mathrm{e}^{\mathrm{i}\theta} \frac{\mathrm{e}^{\mathrm{i}\varphi} - z_0}{\overline{z_0}\mathrm{e}^{\mathrm{i}\varphi} - 1} \right| = \left| \mathrm{e}^{\mathrm{i}\theta} \right| \left| \frac{1}{\mathrm{e}^{\mathrm{i}\varphi}} \right| \left| \frac{\mathrm{e}^{\mathrm{i}\varphi} - z_0}{\overline{z_0} - \mathrm{e}^{-\mathrm{i}\varphi}} \right| = 1,$$

由保圆性，它将 $|z| = 1$ 映射为 $|w| = 1$，又 $w(z_0) = 0$，由保侧性，它必将 $|z| < 1$ 映射为 $|w| < 1$.

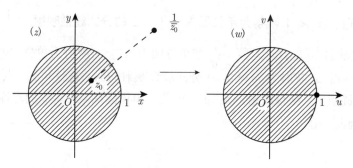

图 6-11

例 6.2.4 试求一分式线性映射，将 $|z| < 1$ 映射为 $|w| < 1$，把 $z = \dfrac{1}{2}$ 映射为 $w = 0$，并满足 $f'\left(\dfrac{1}{2}\right) > 0$.

解 由条件可知，所求的映射将 $|z| < 1$ 内的点 $z = \dfrac{1}{2}$ 映射为 $|w| < 1$ 的中心，所以由式 (6.2.4) 得

$$w = f(z) = \mathrm{e}^{\mathrm{i}\theta} \frac{z - \dfrac{1}{2}}{\dfrac{1}{2}z - 1},$$

于是得

$$f'\left(\frac{1}{2}\right) = \mathrm{e}^{\mathrm{i}\theta} \left.\frac{\left(\dfrac{1}{2}z - 1\right) - \left(z - \dfrac{1}{2}\right)\dfrac{1}{2}}{\left(\dfrac{1}{2}z - 1\right)^2}\right|_{z=\frac{1}{2}} = -\mathrm{e}^{\mathrm{i}\theta}\frac{4}{3}.$$

由于 $f'\left(\dfrac{1}{2}\right) > 0$，因此 $f'\left(\dfrac{1}{2}\right)$ 为正实数，从而 $\theta = (2k+1)\pi(k = 0, \pm 1, \cdots)$，于是可得所求的映射为

$$w = -\frac{z - \dfrac{1}{2}}{\dfrac{1}{2}z - 1} = \frac{2z - 1}{2 - z}.$$

3. 将上半平面 $\mathbf{Im}\, z > 0$ 映射为上半平面 $\mathbf{Im}\, w > 0$ 的分式线性映射

设分式线性映射 $w = \dfrac{az + b}{cz + d}$ 将上半平面映射成上半平面，根据边界对应原理，它必把实轴映射成实轴，因此 a, b, c, d 必为实数. 设将 z 平面的实轴上的点 $x_1 < x_2 < x_3$ 映射成 w 平面上的点 $w_1 < w_2 < w_3$，即保持正实轴的方向不变，因此，当 z 为实数时，w 在 $z = x$ 处的旋转角为零，即

$$\mathrm{Arg}\, w' = 0 \quad \text{或} \quad \frac{\mathrm{d}w}{\mathrm{d}z} = \frac{ad - bc}{(cz + d)^2} > 0,$$

从而有 $ad - bc > 0$，于是

$$w = \frac{az + b}{cz + d} \quad (ad - bc > 0). \tag{6.2.5}$$

反之，对任意一个分式线性映射 $w = \dfrac{az+b}{cz+d}$，其中 a, b, c, d 是实数，只要 $ad - bc > 0$，它必然将上半平面映射成上半平面.

例 6.2.5 求将 $\operatorname{Im} z > 0$ 映射成 $\operatorname{Im} w > 0$ 的分式线性映射 $w = f(z)$，且 $f(0) = 0$，$f(\mathrm{i}) = \dfrac{\mathrm{i}}{2}$.

解 设 $w = f(z) = \dfrac{az+b}{cz+d}$，由 $f(0) = 0$，得 $b = 0$，于是

$$w = \frac{az}{cz+d} = \frac{z}{\dfrac{c}{a}z + \dfrac{d}{a}} = \frac{z}{hz+k},$$

其中 $h = \dfrac{c}{a}, k = \dfrac{d}{a}$. 由 $f(\mathrm{i}) = \dfrac{\mathrm{i}}{2}$ 得

$$\frac{\mathrm{i}}{2} = \frac{\mathrm{i}}{h\mathrm{i}+k},$$

即

$$k + \mathrm{i}h = 2,$$

于是

$$k = 2, \ h = 0.$$

令 $a = 1$，则 $c = 0, d = 2$，因此所求的分式线性映射为

$$w = \frac{z}{2}.$$

实际问题中经常需要将某些复杂的区域变为单位圆或上半平面的映射，并且要求该映射满足某些条件，但有时会遇到求出的映射不满足个别条件的情况，这时可考虑再利用单位圆到单位圆，或上半平面到上半平面的分式线性映射.

6.3 几个初等函数所构成的映射

6.3.1 幂函数与根式函数

幂函数 $w = z^n (n \geqslant 2$ 为自然数$)$ 在 z 平面上处处可导，且除原点外导数不为零，因此，在 z 平面上除原点外是处处保角的.

下面讨论 $w = z^n$ 在原点的性质. 若令 $z = r\mathrm{e}^{\mathrm{i}\theta}$，$w = \rho\mathrm{e}^{\mathrm{i}\varphi}$，则由 $\rho\mathrm{e}^{\mathrm{i}\varphi} = r^n\mathrm{e}^{\mathrm{i}n\theta}$，得

$$\rho = r^n, \ \varphi = n\theta,$$

由此可知，在 $w = z^n$ 映射下，z 平面上的圆周 $|z| = r$ 映射为 w 平面上的圆周 $|w| = r^n$，射线 $\arg z = \theta_0$ 映射为射线 $\arg w = \varphi = n\theta_0$，正实轴 $\theta = 0$ 映射为正实轴 $\varphi = 0$，角形域 $0 < \theta < \theta_0 \left(\theta_0 < \dfrac{2\pi}{n}\right)$ 映射为角形域 $0 < \varphi < n\theta_0$，如图 6-12 所示.

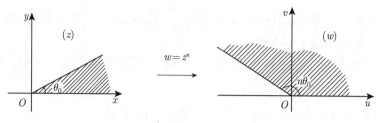

图 6-12

由幂函数 $w = z^n$ 所构成的映射的特点是: 把以原点为顶点的角形域映射为以原点为顶点的角形域, 但张角变成了原来的 n 倍. 因此, 如果要把角形域映射成角形域, 一般利用幂函数.

例 6.3.1 求把角形域 $0 < \arg z < \dfrac{\pi}{4}$ 映射成单位圆 $|w| < 1$ 的一个映射.

解 由于 $\xi = z^4$ 将所给角形域 $0 < \arg z < \dfrac{\pi}{4}$〔图 6-13(a)〕映射成上半平面 $\mathrm{Im}\, \xi > 0$〔图 6-13(b)〕, 又由于分式线性映射 $w = \dfrac{\xi - \mathrm{i}}{\xi + \mathrm{i}}$ 将上半平面映射成单位圆 $|w| < 1$〔图 6-13(c)〕, 因此所求的映射为

$$w = \frac{z^4 - \mathrm{i}}{z^4 + \mathrm{i}}.$$

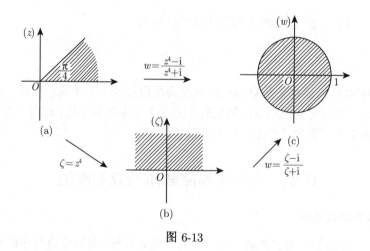

图 6-13

例 6.3.2 求一函数, 它把半月形域: $|z| < 2$, $\mathrm{Im}\, z > 1$ 保角地映射成上半平面.

解 设 $|z| = 2$ 和 $\mathrm{Im}\, z = 1$ 的交点分别为 z_1, z_2, 解方程组

$$\begin{cases} x^2 + y^2 = 4, \\ y = 1 \end{cases}$$

得 $x = \pm\sqrt{3}$, 即 $z_1 = -\sqrt{3} + \mathrm{i}$, $z_2 = \sqrt{3} + \mathrm{i}$, 且可知在点 z_1 处 $|z| = 2$ 与 $\mathrm{Im}\, z = 1$ 得交角 $\alpha = \dfrac{\pi}{3}$.

先将圆弧和直线段映射为从原点出发的两条射线, 目的是将半月形域映射成角形域, 则

z_1, z_2 分别映射成 $w_1 = 0$ 和 $w_1 = \infty$，作分式线性映射

$$w_1 = k\frac{z - z_1}{z - z_2} = k\frac{z - (-\sqrt{3} + \mathrm{i})}{z - (\sqrt{3} + \mathrm{i})},$$

其中 k 为常数，若取 $k = -1$，可将半月形域保角地映射成角形域 $0 < \arg w_1 < \dfrac{\pi}{3}$（可用线段 $\mathrm{i} < y < 2\mathrm{i}$ 在角形域内确定 k 的值).

再通过幂函数 $w = w_1^3$ 将角形域 $0 < \arg w_1 < \dfrac{\pi}{3}$ 映射成上半平面，如图 6-14 所示，将上述两个函数复合起来，便得所求的映射

$$w = -\left[\frac{z + \sqrt{3} - \mathrm{i}}{z - \sqrt{3} - \mathrm{i}}\right]^3.$$

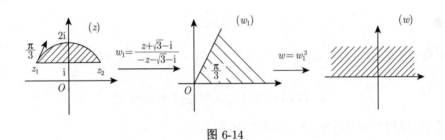

图 6-14

6.3.2　指数函数与对数函数

指数函数 $w = \mathrm{e}^z$ 在全平面上解析，且 $(\mathrm{e}^z)' = \mathrm{e}^z \neq 0$，因此在全平面上都是保角的.

设 $z = x + \mathrm{i}y$，$w = \rho\mathrm{e}^{\mathrm{i}\varphi}$，则由 $\rho\mathrm{e}^{\mathrm{i}\varphi} = \mathrm{e}^x \cdot \mathrm{e}^{\mathrm{i}y}$ 得

$$\rho = \mathrm{e}^x, \ \varphi = y,$$

由此可知，在 $w = \mathrm{e}^z$ 映射下，z 平面上的直线 $x = x_0$(实常数) 映射为 w 平面上的圆周 $\rho = \mathrm{e}^{x_0}$，直线 $y = y_0$(实常数) 映射为射线 $\arg w = \varphi = y_0$，带形域 $0 < y < y_0(y_0 \leqslant 2\pi)$ 映射为角形域 $0 < \arg w < y_0$. 特别地，带形域 $0 < y < 2\pi$ 映射为沿正实轴剪开的 w 平面：$0 < \arg w < 2\pi$，如图 6-15 所示，且它们之间的点是一一对应的.

对数函数 $w = \ln z$ 是指数函数 $z = \mathrm{e}^w$ 的反函数，它在区域 $D: -\pi < \arg z < \pi$ 内解析，在 D 内

$$w = \ln z = \ln|z| + \mathrm{i}\arg z, \ (\ln z)' = \frac{1}{z} \neq 0,$$

因此它在 D 内是保角映射.

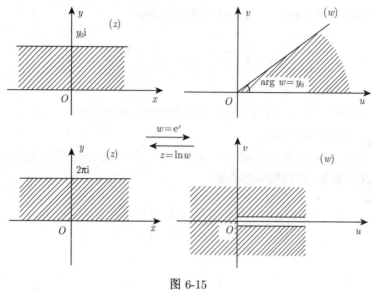

图 6-15

对于角形区域 $D_1 : \alpha < \arg z < \beta (-\pi \leqslant \alpha < \beta \leqslant \pi)$，在 D_1 中 $z \neq 0$，设 $w = u + \mathrm{i}v$，由于

$$u = \operatorname{Re} w = \ln |z|, \quad v = \arg z = \operatorname{Im} w,$$

因此区域 D_1 映射为带形区域 D_1^*，如图 6-16 所示：

$$D_1^* : \alpha < \operatorname{Im} w < \beta.$$

其逆映射 $z = \mathrm{e}^w$ 将带形区域 D_1^* 映射为角形区域 D_1.

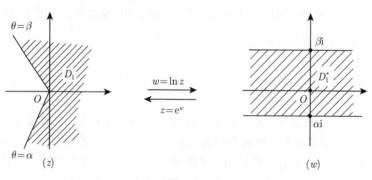

图 6-16

例 6.3.3 试讨论对数映射 $w = \ln z$ 分别将下列区域映射为什么区域.

(1) $D_1 : |z| < 1, 0 < \arg z < \pi$；

(2) $D_2 : |z| > 1, 0 < \arg z < \pi$.

解 由于 $w = \ln |z| + \mathrm{i} \arg z$，因此

$$u = \ln |z|, v = \arg z.$$

当 $z \in D_1$ 时, 有 $-\infty < u < 0, 0 < v < \pi$; 当 $z \in D_2$ 时, 有 $0 < u < \infty, 0 < v < \pi$. 这表明, 映射 $w = \ln z$ 分别将区域 D_1 和 D_2 映射为 D_1' 和 D_2', 如图 6-17 所示:

$$D_1^* : \operatorname{Re} w < 0, 0 < \operatorname{Im} w < \pi,$$

$$D_2^* : \operatorname{Re} w > 0, 0 < \operatorname{Im} w < \pi.$$

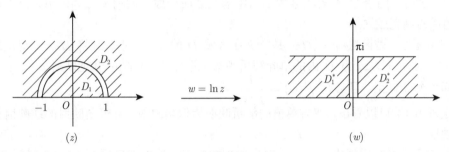

图 6-17

例 6.3.4　求一函数, 它把新月形域: $|z| < 1, \left| z - \dfrac{\mathrm{i}}{2} \right| > \dfrac{1}{2}$ 保角地映射为上半平面.

解　首先把新月形域映射成带形域, 作分式线性映射 $w_1 = \dfrac{z}{z - \mathrm{i}}$, 则 z 平面上的点 $0, \mathrm{i}, -\mathrm{i}$ 分别映射为 w_1 平面上的 $0, \infty, \dfrac{1}{2}$, 所给区域映射为竖带形域, 带宽为 $\dfrac{1}{2}$.

其次作映射 $w_2 = \mathrm{e}^{\frac{\pi}{2}\mathrm{i}} w_1 = \mathrm{i} w_1$, 将竖带形域逆时针旋转 $\dfrac{\pi}{2}$, 映射成横带形域.

再作映射 $w_3 = 2\pi w_2$, 将带宽放大到 π.

最后通过指数函数 $w = \mathrm{e}^{w_3}$ 将横带形域映射为上半平面, 如图 6-18 所示.

将上述函数复合, 得到所求的函数为

$$w = \mathrm{e}^{2\pi\mathrm{i} \frac{z}{z-\mathrm{i}}}.$$

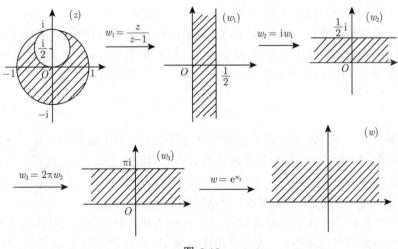

图 6-18

6.4 保角映射的几个一般性定理及其应用

下面简单介绍有关保角映射的几个一般性定理以及一些应用.

6.4.1 保角映射的几个一般性定理

本章已经证明了解析函数在导数不为零的点处所构成的映射是保角映射，以下定理指出，它的逆命题也成立.

定理 6.4.1 若函数 $w = f(z)$ 是定义在区域 D 的保角映射，且将 D 一一对应地映射为区域 G，则 $w = f(z)$ 为 D 内的单叶解析函数，总有 $f'(z) \neq 0$；其逆映射 $z = \varphi(w)$ 也是 G 内的单叶解析映射，且必有 $\varphi'(w) = \dfrac{1}{f'(z)} \neq 0$.

由定理 6.4.1 可以看出，双方单值的解析映射为保角映射，且保角映射的逆映射也一定是保角映射.

实际应用中经常需要求一个一一对应的保角映射，使扩充复平面上的单连通域映射为另一个单连通域. 扩充复平面上的单连通域的概念是有限复平面情形的推广，对于有限复平面上的单连通域和多连通域，在扩充复平面上看来它们都是不包含点 ∞ 的区域，也分别称它们为单连通域和多连通域. 但是在扩充复平面上需要对包含点 ∞ 的区域 D 作补充规定：若区域 D 内任意一条简单闭曲线的内部点都属于 D 或外部点 (包括点 ∞) 都属于 D，则称 D 为单连通域；否则称 D 为多连通域.

因此，在扩充复平面上没有边界点的单连通域就是该扩充复平面，只有一个边界点的单连通域只可能是除去有限点 z_0 或点 ∞ 的区域，只有两个或三个边界点的区域一定是多连通域.

以下定理给出了使某个单连通域 D 一一对应地映射为单连通域 G 且具有保角性的映射唯一存在的条件. 考虑包含点 ∞ 的单连通域，如果它的边界点至少有一个点 z_0，那么可用在整个扩充复平面具有保角性的映射 $\eta = \dfrac{1}{z - z_0}$，使该单连通域对应地映射为不含点 $\eta = \infty$ 的单连通域. 以下定理只讨论 D 和 G 不包含点 ∞ 的情形.

定理 6.4.2(黎曼定理) 若 D 和 G 是不包含点 ∞ 的单连通域，其中它们的边界点都多于一个，则对任意给定的点 $z_0 \in D$ 和 $w_0 \in G$，以及实数 $\theta_0(-\pi < \theta_0 \leqslant \pi)$，一定存在唯一一个在 D 内具有保角性的解析映射 $w = f(z)$ 将 D 一一对应地映射为 G，且使

$$f(z_0) = w_0, \quad \arg f'(z_0) = \theta_0.$$

将上半平面一一对应地映射为单位圆的分式线性映射有无穷多个，其一般表达式中含有两个任意常数，要确定这些常数就需要给出含有它们的两个等式. 由此可以看出上式中的这两个条件是不可少的，其中 $f(z_0) = w_0$ 的实部和虚部分别相等，以及 $\arg f'(z_0) = \theta_0$ 可用于确定 $w = f(z)$ 所依赖的 3 个实参数，使该映射是唯一的.

黎曼定理并没有给出寻求映射函数 $w = f(z)$ 的方法，但肯定了这种函数总是存在的.

定理 6.4.3(边界对应原理) 设有界单连通域 D 和 G 的边界分别是简单闭曲线 C 和 Γ，C 和 Γ 的绕向分别使 D 和 G 保持在其边界的左侧，即它们都取正向. 若函数 $w = f(z)$

在 D 内解析, 且在 C 上连续, w 使 C 一一对应地映射为 Γ, 又使当动点 z 沿 C 的正向移动时, 对应点 w 也沿 Γ 的正向移动, 则 $w = f(z)$ 在 D 内是保角的, 且将 D 一一对应地映射为 G.

$f(z)$ 在 C 上连续是指: 对于 C 上任意定点 z_0, 当 z 从闭域 $\overline{D}$ 上趋向于 z_0 时, 总有 $f(z) \to f(z_0)$.

实际中经常遇到 D 和 G 为无界的单连通域, 它们的边界 C 和 Γ 都是分段光滑的简单闭曲线 (包括曲线在点 ∞ 处闭合的情形). 这时, 可取 C 和 Γ 的方向使 D 和 G 分别保持在边界曲线绕向的左侧, 又可取 z_0 和 w_0 分别为 $\overline{D}$ 和 $\overline{G}$ 之外的两个定点, 利用分式线性映射 $\eta = \dfrac{1}{z - z_0}$ 和 $\xi = \dfrac{1}{w - w_0}$ 将 D 和 G 分别映射为有界单连通域 D' 和 G', 其边界曲线可分别记为 C' 和 Γ', 可以证明分式线性映射对这样的边界曲线也具有保侧性, 即映射后 C' 和 Γ' 的方向也分别使 D' 和 G' 保持在其边界曲线的左侧. 然后根据边界对应原理, 利用满足该定理中边界条件的解析映射 $\xi = f(\eta)$, 可使 D' 一一对应且保角地映射为 G', 于是映射

$$\eta = \frac{1}{z - z_0}, \ \xi = f(\eta), \ w = w_0 + \frac{1}{\xi}$$

的复合映射将 $w = \varphi(z)$ 一一对应且保角地映射为 G.

以上分析表明, 对 D 和 G 为无界单连通域的情形, 当 $w = f(z)$ 在 D 内解析时, 只要把定理 6.4.3 中关于 $w = f(z)$ 在 C 上连续的定义理解为对 C 上的点 $z_0 = \infty$ 或使 $f(z_0) = \infty$ 的点也适用, 该定理仍然成立.

6.4.2 施瓦茨-克里斯托费尔映射

实际应用中经常需要利用把上半平面一一对应地映射为某个多角形区域的保角映射及其逆映射, 使问题先化简再求解, 其中多角形区域是指各边为直线段的多边形内部区域, 其顶角 (内角)α_k 满足 $0 < \alpha_k < 2\pi (k = 1, 2, \cdots, n)$. 由定理 6.4.1 和定理 6.4.2, 这样的映射一定存在, 且其逆映射也是一一对应的保角映射. 这类映射称为**施瓦茨-克里斯托费尔 (Schwarz-Christoffel) 映射**或**多角形映射**.

幂函数 $w = z^n$ 把以 $z = 0$ 为顶点, 张角为 $a_1 (0 \leqslant a_1 \leqslant 2\pi)$ 的角形域映射成以 $w = 0$ 为顶点, 张角为 na_1 的角形域, 从而, 映射

$$w - w_1 = (z - x_1)^{\frac{a_1}{\pi}} \tag{6.4.1}$$

将 x 轴上的点 x_1 映射为 w 平面上的点 w_1, 将 z 平面的上半平面映射为顶点在 w_1, 张角为 a_1 的角形域, 如图 6-19 所示.

映射 (6.4.1) 可由方程

$$\frac{\mathrm{d}w}{\mathrm{d}z} = \frac{a_1}{\pi}(z - x_1)^{\frac{a_1}{\pi} - 1}$$

表示, 进而把上半平面映射为一般的多角形区域的映射可由方程

$$\frac{\mathrm{d}w}{\mathrm{d}z} = B(z - x_1)^{\frac{a_1}{\pi} - 1}(z - x_2)^{\frac{a_2}{\pi} - 1} \cdots (z - x_n)^{\frac{a_n}{\pi} - 1} \tag{6.4.2}$$

表示, 其中 $B, x_1, x_2, \cdots, x_n$ 和 $a_1, a_2, \cdots, a_n$ 都是实常数, 且 $x_1 < x_2 < \cdots < x_n$.

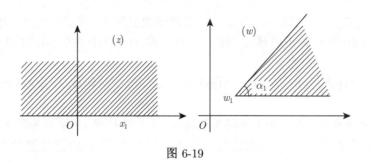

图 6-19

定理 6.4.4(多角形映射)   设多角形区域 P_n 的 n 个顶点沿其边界正向排列依次为 $w_1, w_2, \cdots, w_n$，对应的顶角依次为 $a_1, a_2, \cdots, a_n$，若映射

$$w = f(z) = B \int_{z_0}^{z} (z - x_1)^{\frac{a_1}{\pi} - 1} (z - x_2)^{\frac{a_2}{\pi} - 1} \cdots (z - x_n)^{\frac{a_n}{\pi} - 1} \mathrm{d}z + E \tag{6.4.3}$$

把实轴上的点 x_k 映射为 P_n 的顶点 $w_k (k = 1, 2, \cdots, n; x_1 < x_2 < \cdots < x_n)$，则该映射一定将上半平面 $\mathrm{Im}\, z > 0$ 一一对应且保角地映射为多角形区域 P_n．其中 B 和 E 为待定常数，z_0 为 z 平面的上半平面的某一定点，并且

$$(z - x_k)^{\frac{a_k}{\pi} - 1} = \mathrm{e}^{(\frac{a_k}{\pi} - 1) \ln(z - x_k)} \quad (k = 1, 2, \cdots, n). \tag{6.4.4}$$

证明从略．

式 (6.4.3) 是由式 (6.4.2) 积分得到的．若式 (6.4.3) 中 x_1，x_2 和 x_n 是任意给定的，并且可选取 B 和 E 使 $f(x_1) = w_1$，$f(x_2) = w_2$，又可取 $x_3, x_4, \cdots, x_{n-1}$ 使 $f(x_k) = w_k (k = 3, 4, \cdots, n-1)$，则该多边形 P_n 的 $n - 2$ 条边已经确定，另外两条边也由该式中的顶角 w_1 和 w_{n-1} 确定，从而这两条边的交点 w_n 也由此给定，即所取 z_0, B, E 和 $x_1 < x_2 < \cdots < x_n$，可使 $f(x_n) = w_n$．因此，式 (6.4.2) 中点 $x_k (k = 1, 2, \cdots, n)$ 有三个可以任意选取 (用于确定 B, E 和 z_0)，适当选取这些点可使求该映射的积分计算比较简便．

选取 ∞ 作为多角形的一个顶点，即取 $x_n = \infty$，此时，式 (6.4.3) 就成为

$$w = B' \int_{z_0}^{z} (z - x_1)^{\frac{a_1}{\pi} - 1} (z - x_2)^{\frac{a_2}{\pi} - 1} \cdots (z - x_{n-1})^{\frac{a_{n-1}}{\pi} - 1} \mathrm{d}z + E, \tag{6.4.5}$$

容易验证，映射 $\eta = -\dfrac{1}{z} + x'_n$ 把 z 平面的上半平面映射成 η 平面的上半平面，并且把点

$$x_1, x_2, x_3, \cdots, x_{n-1}, x_n = \infty$$

映射成点

$$x'_1, x'_2, x'_3, \cdots, x'_{n-1}, x'_n,$$

其中

$$x'_k = -\frac{1}{x_k} + x'_n \quad \text{或} \quad x_k = \frac{1}{x'_n - x'_k}.$$

由定理 6.4.4 知, 把 η 平面的上半平面映射成多角形区域的映射为

$$w = B \int_{z_0}^z (\eta - x_1')^{\frac{a_1}{\pi}-1}(\eta - x_2')^{\frac{a_2}{\pi}-1}\cdots(\eta - x_n')^{\frac{a_n}{\pi}-1}\mathrm{d}\eta + E,$$

从而得到把 z 平面的上半平面映射成多角形区域的映射为

$$w = B \int_{z_0}^z \left(\frac{1}{x_1} - \frac{1}{z}\right)^{\frac{a_1}{\pi}-1}\left(\frac{1}{x_2} - \frac{1}{z}\right)^{\frac{a_2}{\pi}-1}\cdots\left(-\frac{1}{z}\right)^{\frac{a_n}{\pi}-1}\cdot\frac{1}{z^2}\mathrm{d}z + E$$

$$= B' \int_{z_0}^z \frac{(z - x_1')^{\frac{a_1}{\pi}-1}(z - x_2')^{\frac{a_2}{\pi}-1}\cdots(z - x_{n-1}')^{\frac{a_{n-1}}{\pi}-1}}{z^{\frac{1}{\pi}(a_1+a_2+\cdots+a_n)-n+2}}\mathrm{d}z + E,$$

由于 $a_1 + a_2 + \cdots + a_n = (n-2)\pi$, 因此式 (6.4.5) 成立.

式 (6.4.5) 的被积函数比式 (6.4.3) 的少了一个因子, 此时, 在 $x_1, x_2, \cdots, x_{n-1}$ 中就只有两个是可以任意选择的了.

在实际问题中, 多角形往往是变态多角形, 即它的顶点有一个或几个在无穷远处. 例如, A_k 在无穷远处, 即 $w_k = \infty$, 如图 6-20 所示.

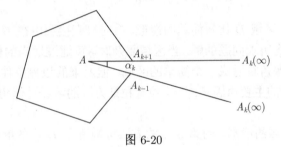

图 6-20

如果规定在无穷远点 A_k 处两条射线的交角 α_k 等于这两条射线的反向延长线在有限远交点 A 处的交角乘以 -1, 则施瓦茨–克里斯托费尔映射仍然成立.

例 6.4.1 求将上半平面 $\mathrm{Im}\, z > 0$ 一一对应地映射为角形域 $0 < \arg w < \dfrac{\pi}{3}$ 的保角映射 $w = f(z)$, 并且使 $f(0) = 0, f(\infty) = \infty, f(1) = 1$.

解 由式 (6.4.5), 该映射可表示为

$$w = B \int_0^z z^{\frac{1}{3}-1}\mathrm{d}z + E = 4Bz^{\frac{1}{3}} + E,$$

由于 $f(0) = 0, f(1) = 1$, 因此 $E = 0, 4B = 1$, 所求映射为 $w = z^{\frac{1}{3}}$.

由此可见, 对于变态二角形区域, 要使所求映射是唯一的, 需要在该二角形边界上再取一点作为顶点把它视为三角形区域, 并且给出这三个顶点在实轴上所对应的三个不同点.

例 6.4.2 求将上半平面 $\mathrm{Im}\, z > 0$ 一一对应地映射为带形域 $0 < \mathrm{Im}\, w < \dfrac{\pi}{2}$ 的保角映射 $w = f(z)$, 使 $f(1) = 0$, $f(\infty) = w_2$, $f(0) = w_1$, 其中 w_1 和 w_2 分别为该带形域左、右两端的无穷远点, 即所构成二角形区域的两个顶点.

解 该二角形区域在点 w_1 和 w_2 的顶角都为零, 由式 (6.4.5), 所求映射为

$$w = \int_1^z Bz^{-1}\mathrm{d}z + E = B\ln z + E,$$

由 $f(1) = 0$ 得 $E = 0$. 再由条件 $f(0) = w_1$ 和 $f(\infty) = w_2$ 可以看出，当 z 从点 $z = 1$ 沿实轴减少到 0 再无限减小时，对应点 w 沿上述二角形边界的绕向是从 $w = 0$ 沿负实轴减少到 $w_1 = f(0)$，再沿直线 $\text{Im}\, w = \pi$ 从顶点 w_1 变到顶点 w_2，这表明，B 为正实数，且当 $-\infty < x < 0$ 时有

$$f(x) = B(\ln|x| + \pi\mathrm{i}) = u + \frac{\pi}{2}\mathrm{i} \quad (-\infty < u < +\infty),$$

于是 $B = \dfrac{1}{2}$，所求映射为 $w = \dfrac{1}{2}\ln z$.

6.4.3 拉普拉斯方程的边值问题

实际应用中经常遇到这样的拉普拉斯方程的边值问题——**广义狄利克雷 (Dirichlet) 问题**，即设 Γ 是有限复平面上单连通域 D 的边界，又定义函数 $g(p)$ 在 Γ 上连续，或至多有有限个第一类间断点，试求在 D 内有界的调和函数 $\varphi(x, y)$，使对 $g(p)$ 在 Γ 上的连续点 P 满足

$$\lim_{(x,y) \to P} \varphi(x, y) = g(P), \ (x, y) \in D. \tag{6.4.6}$$

这类问题中，对于区域 D 比较简单的情形，有时可直接利用在 D 内解析函数的实部或虚部都是调和函数得到所求问题的解. 当区域复杂时，可通过适当的保角映射将问题简化，也就是把复杂的区域保角映射成一个简单的区域，但原来的边界条件也变成了新的边界条件. 这样做能取得成效的主要原因是：一个拉普拉斯方程的解经过保角映射仍然是相应的拉普拉斯方程的解.

对于 D 为复杂区域的情形，用第 3 章的方法可构造在 D 内的解析函数 $w = \varphi(x, y) + \mathrm{i}\psi(x, y)$ 或 $w = \psi(x, y) + \mathrm{i}\varphi(x, y)$，然后利用一一对应的保角映射 $w = f(z)$ 将 D 映射为比较简单的区域 G(如上半平面)，由定理 6.4.1 知其逆映射也是解析的，可表示为

$$z = x + \mathrm{i}y = x(u, v) + \mathrm{i}y(u, v),$$

于是复合函数

$$w = \varphi[x(u, v), y(u, v)] + \mathrm{i}\psi[x(u, v) + y(u, v)]$$

或

$$w = \psi[x(u, v), y(u, v)] + \mathrm{i}\varphi[x(u, v) + y(u, v)]$$

一定在 G 内解析，其实部或虚部

$$\phi(u, v) = \varphi[x(u, v), y(u, v)]$$

也是 G 内的调和函数.

另外，如果 $w = f(z)$ 将 D 的边界 Γ 映射为 Γ^*，使 Γ 上的点 $P(x', y')$ 映射为 Γ^* 上的点 $P^*(u', v')$，且使函数 $g(P) = g[x(u', v'), y(u', v')]$，那么当 $\phi(u, v)$ 满足边界条件

$$\lim_{(u,v) \to (u', v')} \phi(u, v) = g[x(u', v'), y(u', v')], \ (u, v) \in G \tag{6.4.7}$$

时，只要 $f(z)$ 在 $\overline{D} = D + \Gamma$ 上连续，函数 $\varphi(x, y)$ 一定满足边界条件 (6.4.6). 于是得到以下定理.

定理 6.4.5 设 D 和 G 是有限复平面上分别以 Γ 和 Γ^* 为边界的单连通域，若函数 $w = f(z)$ 是将 $\overline{D}$ 一一对应地映射为 $\overline{G}$ 的保角映射，它在 $\overline{D} = D + \Gamma$ 上连续，其逆映射为 $z = x(u, v) + iy(u, v)$，且使在 D 内的调和函数 $\varphi(x, y)$ 映射为 $\phi(u, v)$，则 $\phi(u, v)$ 为 G 内的调和函数；且当 $\phi(u, v)$ 满足边界条件 (6.4.7) 时，$\varphi(x, y)$ 一定满足边界条件 (6.4.6).

利用定理 6.4.5，可将复杂区域 D 上的拉普拉斯方程的边值问题转化为简单区域 G 上对应的边值问题来求解.

例 6.4.3 求在角形域 $0 < \arg z < \dfrac{\pi}{2}$ 内的调和函数 $\varphi(x, y)$，使它满足边界条件

$$\lim_{y \to 0^+} \varphi(x, y) = \varphi(x, 0) = \begin{cases} 1, & x > 2, \\ 0, & 0 \leqslant x < 2, \end{cases}$$

$$\lim_{x \to 0^+} \varphi(x, y) = \varphi(0, y) = \begin{cases} 1, & y > 1, \\ 0, & 0 \leqslant y < 1. \end{cases}$$

解 先利用一一对应的保角映射 $w = z^2$ 将该角形域映射为上半平面 $\operatorname{Im} w > 0$，并且设 $\phi(u, v) = \varphi[x(u, v), y(u, v)]$，由于 $w = z^2 = (x + iy)^2 = x^2 - y^2 + 2xyi$，则 $u = x^2 - y^2$，$v = 2xy$，所给边界条件变为新的边界条件

$$\lim_{v \to 0^+} \phi(u, v) = \phi(u, 0) = \begin{cases} 0, & -1 < u < 4, \\ 1, & u < -1 \text{或} u > 4. \end{cases}$$

注意到分式线性映射

$$\eta = \frac{w + 1}{4 - w}$$

将 w 的上半平面映射为 η 的上半平面，于是

$$\xi = \frac{1}{\pi} \ln \frac{w + 1}{4 - w} = \frac{1}{\pi} \ln \left| \frac{w + 1}{4 - w} \right| + \frac{1}{\pi} \arg \left(\frac{w + 1}{4 - w} \right)$$

在 $\operatorname{Im} w > 0$ 内解析，且将该上半平面映射为带形域 $0 < \operatorname{Im} \xi < 1$.

记

$$\phi(u, v) = \frac{1}{\pi} \arg \left(\frac{w + 1}{-w + 4} \right), \quad 0 < \arg \left(\frac{w + 1}{-w + 4} \right) < \pi,$$

由于 $\phi(u, v)$ 是解析函数的虚部，因此是 $\operatorname{Im} w > 0$ 内的调和函数，易见 $\phi(u, v)$ 满足新的边界条件.

将 $u = x^2 - y^2, v = 2xy$ 或 $w = z^2$ 代入可得

$$\begin{aligned}
\varphi(x, y) &= \phi(x^2 - y^2, 2xy) \\
&= \frac{1}{\pi} \arg\left(\frac{z^2 + 1}{4 - z^2}\right) \\
&= \frac{1}{\pi} \arg\left(\frac{-|z|^4 - \bar{z}^2 + 4z^2 + 4}{|4 - z^2|^2}\right) \\
&= \frac{1}{\pi} \arg(-|z|^4 - \bar{z}^2 + 4z^2 + 4) \\
&= \frac{1}{\pi} \arg[-(x^2 + y^2)^2 + 3(x^2 - y^2) + 4 + 10xy\mathrm{i}],
\end{aligned}$$

所求调和函数为

$$\varphi(x, y) = \frac{1}{\pi} \arccos\left(\frac{A}{\sqrt{A^2 + B^2}}\right),$$

其中 $A = -(x^2 + y^2)^2 + 3(x^2 - y^2) + 4, B = 10xy$.

6.5 小   结

本章首先介绍了解析函数导数的几何意义. 设 $w = f(z)$ 是区域 D 内的解析函数, z_0 为 D 内一点, 导数 $f'(z) \neq 0$ 的辐角 $\arg f'(z_0)$ 是曲线 C 经过 $w = f(z)$ 映射后在 z_0 处的转动角, 它的大小与方向和曲线 C 的形状与方向无关, $|f'(z_0)|$ 是经过映射 $w = f(z)$ 后通过 z_0 的任何曲线 C 在 z_0 处的伸缩率, 它和曲线 C 的形状与方向无关. 然后给出了曲线的切线方向和两条曲线的夹角的定义.

设 $w = f(z)$ 为区域 D 内的解析函数, z_0 为 D 内一点, 如果 $f'(z_0) \neq 0$, 那么通过 z_0 的任意两条曲线 C_1 与 C_2 之间的夹角, 其大小和方向都等同于经过 $w = f(z)$ 映射后和 C_1 与 C_2 对应的曲线 Γ_1 与 Γ_2 之间的夹角, 即映射 $w = f(z)$ 具有保持两曲线间夹角的大小和方向不变的性质, 称为保角性. 具有保角性和伸缩率不变性的映射称为保角映射.

本章重点讨论了分式线性映射. 分式线性映射 $w = \dfrac{az + b}{cz + d}$ 可以看成由下列各映射复合而成:

① $\xi = z + b$, 平移变换;

② $\eta = a\xi$, 旋转与伸缩变换;

③ $w = \dfrac{1}{\eta}$, 反演变换.

由于上述映射在扩充平面上都是一一对应的, 且具有保角性、保圆性、保对称性、保交比性和保侧性, 因此, 分式线性映射也具有这些性质.

利用保交比性, 可以用三对相异的对应点写出所求的分式线性映射. 设三个相异点 z_1, z_2, z_3 对应于三个相异点 w_1, w_2, w_3, 则分式线性映射为

$$\frac{w - w_1}{w - w_2} \cdot \frac{w_3 - w_2}{w_3 - w_1} = \frac{z - z_1}{z - z_2} \cdot \frac{z_3 - z_2}{z_3 - z_1}.$$

本章介绍了以下三种典型的分式线性映射.

① 上半平面映射为单位圆内部的映射，它的形式是

$$w = \mathrm{e}^{\mathrm{i}\theta}\left(\frac{z - z_0}{z + \overline{z_0}}\right),$$

其中 θ 为实数，z_0 为上半平面内映射为圆心 $w = 0$ 的点.

② 单位圆映射为单位圆的映射，它的形式是

$$w = \mathrm{e}^{\mathrm{i}\theta}\left(\frac{z - z_0}{\overline{z_0}z - 1}\right) \quad (|z_0| < 1),$$

其中 φ 为实数，z_0 为单位圆 $|z| < 1$ 内的任意一点.

③ 上半平面映射为上半平面的映射，它的形式是

$$w = \frac{az + b}{cz + d},$$

其中 a, b, c, d 都为实常数，且 $ad - bc > 0$.

本章还介绍了几个初等函数所构成的映射. 由幂函数 $w = z^n$ 所构成的映射的特点是：把以原点为顶点的角形域映射成以原点为顶点的角形域，但张角变成了原来的 n 倍. 因此，如果要把角形域映射为角形域，常利用幂函数，根式函数 $w = \sqrt[n]{z}$ 是幂函数 $z = w^n$ 的反函数，它所构成的映射把角形域映射为角形域，但张角缩小到原来的 $\frac{1}{n}$. 由指数函数所构成的映射的特点是：把水平的带形域 $0 < \mathrm{Im}\, z < a(a \leqslant 2\pi)$ 映射为角形域 $0 < \arg w < a$. 因此，如果要把带形域映射为角形域，常利用指数函数. 对数函数 $w = \ln z$ 是指数函数 $z = \mathrm{e}^w$ 的反函数，它所构成的映射把角形区域 $\alpha < \arg z < \beta(-\pi \leqslant \alpha < \beta \leqslant \pi)$ 映射为带形区域 $\alpha < \mathrm{Im}\, w < \beta$.

应根据区域的形状选取适当的映射，有些问题还需要用到上述多个映射进行复合.

习 题 6

1. 求下列映射在给定点 z_0 处的伸缩率和转动角的主值.

(1) $\omega = z^2(z_0 = \mathrm{i})$;　　(2) $\omega = \sin z(z_0 = \pi)$;　　(3) $\omega = \mathrm{e}^z(z_0 = 1 + \mathrm{i})$.

2. 在映射 $\omega = z^2$ 下，求双曲线

$$C_1 : x^2 - y^2 = 3;\ C_2 : xy = 2$$

的象曲线，并利用该映射的保角性说明 C_1 和 C_2 在点 $z_0 = 2+\mathrm{i}$ 处正交.

3. 试求映射 $\omega = f(z) = z^2 + 2z$ 在 $z = -1 + 2\mathrm{i}$ 处的转动角，并说明它将 z 平面的哪一部分放大？哪一部分缩小？

4. 求下列区域在映射 $\omega = \dfrac{\mathrm{i}}{z}$ 下的象.

(1) $0 < \mathrm{Im}\, z < \dfrac{1}{2}$;　　(2) $\mathrm{Re}\, z > 1$,　$\mathrm{Im}\, z > 0$.

5. 求使点 $z = 1, i, -i$ 分别映射为 $\omega = i, 1, -1$ 的分式线性映射，并求单位圆 $|z| < 1$ 在该映射下的象区域.

6. 求把右半平面 $\operatorname{Re} z > 0$ 映射为单位圆 $|\omega| < 1$ 的分式线性映射的一般形式.

7. 求满足下列条件的分式线性映射 $\omega = f(z)$.

(1) 使 $|z| < 1$ 映射为 $|\omega| < 1, f\left(\dfrac{1}{2}\right) = 0, f(-1) = i$;

(2) 使 $|z| < 1$ 映射为 $|\omega| < 1$，且 $f\left(\dfrac{1}{2}\right) = 0, \arg f'\left(\dfrac{1}{2}\right) = -\dfrac{\pi}{2}$;

(3) 使 $\operatorname{Im} z > 0$ 映射为 $|\omega| < 1, f(i) = 0, f(-1) = i$;

(4) 使 $\operatorname{Im} z > 0$ 映射为 $|\omega| < 1, f(i) = 0, \arg f'(i) = \pi$;

(5) $f(-1) = 0, f(0) = \infty, f(1) = -1$.

8. 利用映射 $\omega = \dfrac{z+1}{z-1}$ 的特性，证明它使区域 $|z| > 1, \operatorname{Im} z > 0$ 映射为 $\dfrac{-\pi}{2} < \arg \omega < 0$，并作图.

9. 试写出根式映射 $\omega = \sqrt{z}$ 的一个单值解析分支，使割去射线 $z = te^{2al}(0 \leqslant t \leqslant \infty)$ 的 z 平面映射为半平面 $a < \operatorname{Arg} \omega < \pi + a$.

10. 求一一对应的保角映射 $\omega = f(z)$，使带有割痕 l 的上半 z 平面映射为上半 ω 平面，如图 6-21 所示.

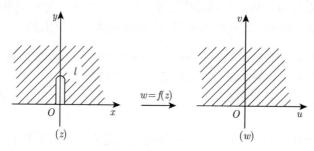

图 6-21

11. 设有扇形区域 $D : |z| < 1, 0 < \arg z < \dfrac{\pi}{4}$，求一个一一对应的保角映射，使 D 映射为上半 ω 平面 $D' : \operatorname{Im} \omega > 0$.

12. 求一一对应的保角映射 $\omega = f(z)$，使带有割痕的单位圆

$$D : 0 < \operatorname{Arg} z < 2\pi, |z| < 1$$

映射为单位圆 $|\omega| < 1$，且使当 $\theta \to 0^+$ 时，$f(e^{i\theta}) \to 1$，又当 $\theta \to 2\pi^-$ 时，$f(e^{i\theta}) \to -1$.

13. 设 L 为半直线 $z = x(-\infty \leqslant x \leqslant a), D_0$ 为带形域 $-H < \operatorname{Im} z < H(H > 0)$ 割去半直线 L 所构成的区域，试求一个一一对应的保角映射，使区域 D_0 映射为上半 ω 平面 $\operatorname{Im} \omega > 0$.

14*. 求下列区域在所给映射下的象.

(1)$D : 0 < \operatorname{Im} z < \pi, \operatorname{Re} z > 0(\omega = \cosh z)$;

(2)$D : 0 < \operatorname{Im} z < \pi, \operatorname{Re} z < 0(\omega = \cosh z)$;

(3)$D : 0 < \operatorname{Re} z < \pi, \operatorname{Im} z > 0(\omega = \cos z)$;

(4)$D : -\pi < \operatorname{Re} z < 0, \operatorname{Im} z > 0(\omega = \cos z)$;

(5)$D : -\dfrac{\pi}{2} < \operatorname{Im} z < \dfrac{\pi}{2}, \operatorname{Re} z > 0(\omega = \sinh z)$;

(6)$D : -\dfrac{\pi}{2} < \operatorname{Im} z < \dfrac{\pi}{2}, \operatorname{Re} z < 0(\omega = \sinh z)$;

(7)$D : -\dfrac{\pi}{2} < \operatorname{Re} z < \dfrac{\pi}{2}, \operatorname{Im} z < 0(\omega = \sin z)$;

(8)$D : -\dfrac{\pi}{2} < \operatorname{Re} z < \dfrac{\pi}{2}, \operatorname{Im} z > 0(\omega = \sin z)$.

15. 求将上半平面 $\operatorname{Im} z > 0$ 一一对应地映射为角形域 $0 < \arg \omega < \dfrac{3}{2}\pi$ 的保角映射 $\omega = f(z)$，并使 $f(0) = 0, f(1) = 2, f(\infty) = \infty$.

16. 求将上半平面 $\operatorname{Im} z > 0$ 一一对应地映射为图 6-22(b) 所示三角形区域的保角映射，并使点 $z = -1, z = 0, z = \infty$ 分别映射为该三角形的顶点 A, B, C，其中 A 为 $\omega = 2\pi i$.

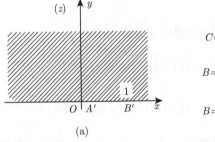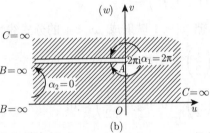

图 6-22

17. 求将上半平面 $\operatorname{Im} z > 0$ 一一对应地映射为半带形域 $D(D : \operatorname{Re} \omega > 0, 0 < \operatorname{Im} \omega < \pi)$ 的保角映射 $\omega = f(z)$，并使 $z = -1, z = 1, z = \infty$ 分别映射为三角形区域 D 的顶点 $\omega_1 = \pi i, \omega_2 = 0, \omega_3 = \infty$.

18. 试求在角形域 $0 < \arg z < \dfrac{\pi}{2}$ 内的调和函数 $\varphi(x, y)$，使它分别满足边界条件

(1) $\lim\limits_{x \to 0^+} \varphi(x, y) = \varphi(0, y) = 1 \ (y > 0)$,

$\quad \lim\limits_{y \to 0^+} \varphi(x, y) = \varphi(x, 0) = 0 \ (x > 0)$;

(2) $\lim\limits_{x \to 0^+} \varphi(x, y) = \varphi(0, y) = \begin{cases} 0, & y > 1, \\ 1, & 0 \leqslant y < 1, \end{cases}$

$\quad \lim\limits_{y \to 0^+} \varphi(x, y) = \varphi(x, 0) = \begin{cases} 0, & x > 1, \\ 1, & 0 \leqslant x < 1. \end{cases}$

19. 求 $\omega = z^2$ 在 $z = i$ 处的伸缩率和转动角. 试问：$\omega = z^2$ 将经过点 $z = i$ 且平行于实轴正向的曲线的切线方向映射成 ω 平面上的哪一个方向？请作图说明.

20. 一个解析函数所构成的映射在什么条件下具有伸缩率和转动角的不变性？映射 $\omega = z^2$ 在 z 平面上每一点处都具有这个性质吗？

21. 证明：映射 $\omega = z + \dfrac{1}{z}$ 把圆周 $|z| = c$ 映射成椭圆

$$u = \left(c + \frac{1}{c}\right)\cos\theta, \quad v = \left(c - \frac{1}{c}\right)\sin\theta.$$

22. 证明：在映射 $\omega = e^{lz}$ 下，互相正交的直线族 $\operatorname{Re} z = c_1$ 与 $\operatorname{Im} z = c_2$ 依次映射成互相正交的直线族 $v = u\tan c_1$ 与圆族 $u^2 + v^2 = e^{-2c_2}$.

23. 设 $\omega = e^{i\varphi}\left(\dfrac{z - a}{1 - \bar{a}z}\right)$，试证：$\varphi = \arg\omega'(a)$.

24. 求把上半平面 $\operatorname{Im} z > 0$ 映射成单位圆内 $|\omega| < 1$ 的分式线性映射 $\omega = f(z)$，并满足条件：

(1) $f(\mathrm{i}) = 0, f(-1) = 1$；

(2) $f(\mathrm{i}) = 0, \arg f'(\mathrm{i}) = 0$；

(3) $f(1) = 1, f(\mathrm{i}) = \dfrac{1}{\sqrt{5}}$.

25. 求把 $|z| < 1$ 映射成 $|\omega| < 1$ 的分式线性映射，并满足条件：

(1) $f\left(\dfrac{1}{2}\right) = 0, f(-1) = 1$；　　　　　(2) $f\left(\dfrac{1}{2}\right) = 0, \arg f'\left(\dfrac{1}{2}\right) = \dfrac{\pi}{2}$；

(3) $f\left(\dfrac{1}{2}\right) = 0, \arg f'\left(\dfrac{1}{2}\right) = 0$；　　　　(4) $f(a) = a, \arg f'(a) = \varphi$.

26. 把点 $z = 1, z = \mathrm{i}, z = -\mathrm{i}$ 分别映射成点 $\omega = 1, w = 0, w = -1$ 的分式线性映射把单位圆的内部 $|z| < 1$ 映射成什么？并求出这个映射.

27. 求出一个把右半平面 $\operatorname{Re} z > 0$ 映射成单位圆 $|\omega| < 1$ 的映射.

28. 证明儒可夫斯基映射

$$\omega = \frac{z + a^2/z}{2} \quad (a > 0)$$

在圆外区域 $|z| > a$ 内为保角映射，并证明：

(1) 对于任意 $r > a$，它把圆周 $z = re^{\mathrm{i}\theta}(0 \leqslant \theta \leqslant 2\pi)$ 映射为 ω 平面上的椭圆

$$u = \frac{1}{2}\left(r + \frac{a^2}{r}\right)\cos\theta, \quad v = \frac{1}{2}\left(r - \frac{a^2}{r}\right)\sin\theta;$$

(2)* 它把圆周 $|z| = a$ 映射为线段 $v = 0, -a \leqslant u \leqslant a$，并且把区域 $|z| > a$ 映射为割去该线段的 ω 平面；又把区域 $|z| > a, \operatorname{Im} z > 0$ 映射为 $\operatorname{Im} \omega > 0$.

29*. 求把上半 z 平面映射成 ω 平面中如图 6-23 所示的阴影部分的映射，并使 $x = 0$ 对应于 A 点，$x = -1$ 对应于 B 点.

30*. 求把图 6-24 所示的阴影部分映射为上半平面的映射，并使 A 点对应于 $x = -1$，O 点对应于 $x = 1$.

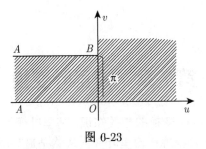

图 6-23

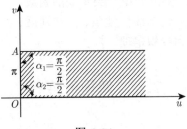

图 6-24

第7章　傅里叶变换

本章将讲述傅里叶 (Fourier) 变换的相关知识, 傅里叶变换在很多领域都有着重要的应用, 尤其是在信号处理领域, 直至现在傅里叶变换依然是最基础的分析和处理工具. 本章首先引进傅里叶变换的相关定义, 然后介绍一类重要的函数 ——δ 函数及其傅氏变换, 再详细地讲述傅里叶变换的基本性质, 包括线性性质、位移性质、相似性质、对称性质、微分性质和积分性质等, 最后介绍卷积和卷积定理.

7.1　傅里叶变换

7.1.1　傅里叶积分公式

定理 7.1.1 (傅氏积分定理)　若函数 $f(x)$ 在 $(-\infty, +\infty)$ 内有定义, 且满足

① 在任意有限区间上满足狄利克雷条件, 即在任意区间内满足: 连续或只有有限个第一类间断点, 只有有限个极值点,

② 在无限区间 $(-\infty, +\infty)$ 内绝对可积 (即积分 $\int_{-\infty}^{+\infty} |f(t)|\, dt$ 收敛), 则在 $f(x)$ 的连续点上有

$$f(t) = \frac{1}{2\pi} \int_{-\infty}^{+\infty} \left[\int_{-\infty}^{+\infty} f(\tau) e^{-iw\tau} d\tau \right] e^{iwt} dw \qquad (7.1.1)$$

成立, 而在 $f(t)$ 的间断点 t 处, 应用

$$\frac{f(t+0) + f(t-0)}{2} = \frac{1}{2\pi} \int_{-\infty}^{+\infty} \left[\int_{-\infty}^{+\infty} f(\tau) e^{-iw\tau} d\tau \right] e^{iwt} dw \qquad (7.1.2)$$

来代替.

定理 7.1.1 称为傅里叶积分定理, 简称傅氏积分定理, 其中所列的条件是充分的, 它的证明需要用到较多的基础理论, 证明从略.

利用欧拉公式还可以把傅里叶积分公式化为三角形式:

$$
\begin{aligned}
f(t) &= \frac{1}{2\pi} \int_{-\infty}^{+\infty} \left[\int_{-\infty}^{+\infty} f(\tau) e^{-iw\tau} d\tau \right] e^{iwt} dw \\
&= \frac{1}{2\pi} \int_{-\infty}^{+\infty} \left[\int_{-\infty}^{+\infty} f(\tau) e^{iw(t-\tau)} d\tau \right] dw \\
&= \frac{1}{2\pi} \int_{-\infty}^{+\infty} \left[\int_{-\infty}^{+\infty} f(\tau) \cos[w(t-\tau)] d\tau + i \int_{-\infty}^{+\infty} f(\tau) \sin[w(t-\tau)] d\tau \right] dw.
\end{aligned}
$$

由于积分 $\int_{-\infty}^{+\infty} f(\tau) \sin[w(t-\tau)] d\tau$ 是 w 的奇函数, $\int_{-\infty}^{+\infty} f(\tau) \cos[w(t-\tau)] d\tau$ 是 w 的偶函数,

因此

$$f(t) = \frac{1}{\pi} \int_0^{+\infty} \left[\int_{-\infty}^{+\infty} f(\tau) \cos[w(t-\tau)] \mathrm{d}\tau \right] \mathrm{d}w. \tag{7.1.3}$$

式 (7.1.3) 又可以表示为

$$f(t) = \frac{1}{\pi} \int_0^{+\infty} \left[\int_{-\infty}^{+\infty} f(\tau)(\cos w\tau \cos wt + \sin w\tau \sin wt) \mathrm{d}\tau \right] \mathrm{d}w$$
$$= \frac{1}{\pi} \int_0^{+\infty} \left[\int_{-\infty}^{+\infty} f(\tau) \cos w\tau \mathrm{d}\tau \right] \cos wt \mathrm{d}w + \frac{1}{\pi} \int_0^{+\infty} \left[\int_{-\infty}^{+\infty} f(\tau) \sin w\tau \mathrm{d}\tau \right] \sin wt \mathrm{d}w.$$

若记

$$A(w) = \frac{1}{\pi} \int_{-\infty}^{+\infty} f(\tau) \cos w\tau \mathrm{d}\tau, B(w) = \frac{1}{\pi} \int_{-\infty}^{+\infty} f(\tau) \sin w\tau \mathrm{d}\tau, \tag{7.1.4}$$

则

$$f(t) = \int_0^{+\infty} [A(w) \cos wt + B(w) \sin wt] \mathrm{d}w. \tag{7.1.5}$$

可以看出, 傅氏积分式 (7.1.5) 及系数公式 (7.1.4) 与函数的傅氏级数及系数公式在形式上极其相似, 所不同的是级数的累加是离散的, 积分形式的累加是连续的.

当 $f(t)$ 为偶函数时, $A(w) = \frac{2}{\pi} \int_0^{+\infty} f(\tau) \cos w\tau \mathrm{d}\tau, B(w) = 0$, 此时

$$f(t) = \int_0^{+\infty} A(w) \cos wt \mathrm{d}w = \frac{2}{\pi} \int_0^{+\infty} \cos wt \int_0^{+\infty} f(\tau) \cos w\tau \mathrm{d}\tau \mathrm{d}w,$$

称上式为 $f(t)$ 的**余弦傅氏积分公式**.

当 $f(t)$ 为奇函数时, $A(w) = 0, B(w) = \frac{2}{\pi} \int_0^{+\infty} f(\tau) \sin w\tau \mathrm{d}\tau$, 此时

$$f(t) = \int_0^{+\infty} B(w) \sin wt \mathrm{d}w = \frac{2}{\pi} \int_0^{+\infty} \sin wt \int_0^{+\infty} f(\tau) \sin w\tau \mathrm{d}\tau \mathrm{d}w,$$

称上式为 $f(t)$ 的**正弦傅氏积分公式**.

若函数 $f(t)$ 只在 $(0, +\infty)$ 上有定义, 且满足傅氏积分定理的条件, 则只要作函数的偶式延拓或奇式延拓, 便可得到 $f(t)$ 的余弦傅氏积分公式或 $f(t)$ 的正弦傅氏积分公式.

例 7.1.1 已知函数 $f(t) = \begin{cases} t+1, & t \in [-1, 0), \\ 1, & t \in [0, 1], \\ 0, & 其他, \end{cases}$ 其傅里叶变换为 $F(w)$, 试计算:

(1) $F(w)|_{w=0}$; (2) $\int_{-\infty}^{+\infty} F(w) \mathrm{d}w$.

解 (1)

$$F(w) = \int_{-\infty}^{+\infty} f(t) \mathrm{e}^{-\mathrm{i}wt} \mathrm{d}t,$$

所以

$$F(0) = F(w)|_{w=0} = \int_{-\infty}^{+\infty} f(t) \mathrm{d}t = 1.5;$$

(2)

$$f(t) = \frac{1}{2\pi}\int_{-\infty}^{+\infty}F(w)\mathrm{e}^{\mathrm{i}wt}\mathrm{d}w,$$

令 $t = 0$, 有

$$f(0) = \frac{1}{2\pi}\int_{-\infty}^{+\infty}F(w)\mathrm{d}w,$$

则

$$\int_{-\infty}^{+\infty}F(w)\mathrm{d}w = 2\pi f(0) = 2\pi.$$

7.1.2 傅里叶变换

本节主要研究将任意函数分解为正弦曲线的问题, 我们知道如何将周期函数表示为一个傅里叶级数, 因此, 对于非周期函数, 我们也希望找到类似的表达.

如果函数 $f(t)$ 满足傅氏积分定理的条件, 在 $f(t)$ 的连续点处有

$$f(t) = \frac{1}{2\pi}\int_{-\infty}^{+\infty}\left[\int_{-\infty}^{+\infty}f(\tau)\mathrm{e}^{-\mathrm{i}w\tau}\mathrm{d}\tau\right]\mathrm{e}^{\mathrm{i}wt}\mathrm{d}w,$$

若令

$$F(w) = \int_{-\infty}^{+\infty}f(\tau)\mathrm{e}^{-\mathrm{i}w\tau}\mathrm{d}\tau, \tag{7.1.6}$$

则

$$f(t) = \frac{1}{2\pi}\int_{-\infty}^{+\infty}F(w)\mathrm{e}^{\mathrm{i}wt}\mathrm{d}w. \tag{7.1.7}$$

式 (7.1.6) 和式 (7.1.7) 表明, $f(t)$ 和 $F(w)$ 可以通过积分运算相互表示.

式 (7.1.6) 称为 $f(t)$ 的**傅里叶变换式**(简称**傅氏变换**), 记作

$$F(w) = \mathcal{F}[f(t)],$$

$F(w)$ 称为 $f(t)$ 的傅氏变换的**象函数**. 式 (7.1.7) 称为 $F(w)$ 的**傅里叶逆变换式**(简称**傅氏逆变换**), 记作

$$f(t) = \mathcal{F}^{-1}[F(w)],$$

$f(t)$ 称为 $F(w)$ 的傅氏变换的**象原函数**. 通常称象函数 $F(w)$ 和象原函数 $f(t)$ 构成一个**傅氏变换对**, 即 $f(t) \underset{\mathcal{F}^{-1}}{\overset{\mathcal{F}}{\rightleftharpoons}} F(w)$.

例 7.1.2 求函数 $F(t) = \dfrac{1}{t^2+4}$ 的傅里叶变换, 并验证 F 的傅里叶反演公式.

解 函数 $F(t) = \dfrac{1}{t^2+4} = \dfrac{1}{(t-2\mathrm{i})(t+2\mathrm{i})}$ 除去极点 $t = \pm 2\mathrm{i}$ 外解析, 利用留数定理求傅里叶变换, 并取积分的主值:

$$G(w) = \frac{1}{2\pi}\mathrm{p.v.}\int_{-\infty}^{+\infty}\frac{\mathrm{e}^{-\mathrm{i}wt}}{t^2+4}\mathrm{d}t.$$

若 $w \geqslant 0$，在下半平面内用不断扩大的半圆周作闭合周线得到

$$G(w) = \frac{1}{2\pi}(-2\pi i)\text{Res}\left[\frac{e^{-iwt}}{t^2+4}, -2i\right]$$
$$= -i\lim_{t\to-2i}\frac{e^{-iwt}}{t-2i} = \frac{e^{-2w}}{4} \quad (w\geqslant 0).$$

同理，对于 $w<0$，在上半平面内作闭合周线，得

$$G(w) = \frac{1}{2\pi}(2\pi i)\text{Res}\left[\frac{e^{-iwt}}{t^2+4}, 2i\right]$$
$$= \frac{e^{2w}}{4} \quad (w<0),$$

所以 $G(w) = \dfrac{e^{-2|w|}}{4}$.

为了验证傅里叶反演公式，计算

$$\int_{-\infty}^{+\infty}G(x)e^{iwt}\mathrm{d}w = \int_{-\infty}^{+\infty}\frac{e^{-2|w|}}{4}\cdot e^{iwt}\mathrm{d}w.$$

由对称性知，上式的虚部等于 0，积分等于

$$\text{Re}\int_{-\infty}^{+\infty}\frac{e^{-2|w|}}{4}\cdot e^{iwt}\mathrm{d}w = 2\text{Re}\int_{0}^{+\infty}\frac{e^{-2w}}{4}\cdot e^{iwt}\mathrm{d}w = \frac{1}{t^2+4},$$

因此

$$\frac{1}{t^2+4} = \int_{-\infty}^{+\infty}\frac{e^{-2|w|}}{4}e^{iwt}\mathrm{d}w.$$

7.2　单位脉冲函数及其傅氏变换

7.2.1　单位脉冲函数

脉冲函数也称 δ 函数，是英国物理学家狄拉克 (Dirac) 在 20 世纪 20 年代引入的，用于描述瞬间或空间几何点上的物理量，如瞬时的冲击力、脉冲电流或电压等急速变化的物理量，以及质点的质量分布、点电荷的电量分布等在空间或时间上高度集中的物理量.

下面将通过计算点电荷的电荷密度引入脉冲函数的概念.

设一条中心位于 x_0，长度为 l，总电量为 1 的均匀带电细线，其线电荷密度 $\rho(x)$ 及总电量 Q 分别为

$$\rho(x) = \begin{cases} 0, & |x-x_0| > \dfrac{l}{2}, \\ \dfrac{1}{l}, & |x-x_0| < \dfrac{l}{2}, \end{cases}$$

$$Q = \int_{-\infty}^{+\infty}\rho(x)\mathrm{d}x = 1.$$

当 $l \to 0$ 时，电荷分布可看作位于 x_0 的单位点电荷，此时线密度及总电量分别为

$$\rho(x) = \begin{cases} 0, & x \neq x_0, \\ \infty, & x = x_0, \end{cases}$$

$$Q = \int_{-\infty}^{+\infty} \rho(x)\mathrm{d}x = 1.$$

由此引入脉冲函数的定义.

定义 7.2.1 称具有下列性质的函数为狄拉克函数或脉冲函数，简称 δ 函数.

$$\delta(x - x_0) = \begin{cases} 0, & x \neq x_0, \\ \infty, & x = x_0, \end{cases}$$

$$\int_a^b \delta(x - x_0)\mathrm{d}x = \begin{cases} 0, & x_0 \notin (a, b), \\ 1, & x_0 \in (a, b). \end{cases}$$

7.2.2 δ 函数的筛选性质

下面给出的 δ 函数的筛选性质也可以作为 δ 函数的定义，不加证明.

δ 函数的筛选性质 对 $\mathbb{R}$ 上**任意无穷次可微函数** $f(t)$ 及 $t_0 \in \mathbb{R}$ 有

$$\int_{-\infty}^{+\infty} \delta(t - t_0)f(t)\mathrm{d}t = f(t_0),$$

特别是

$$\int_{-\infty}^{+\infty} \delta(t)f(t)\mathrm{d}t = f(0).$$

下面利用 δ 函数的筛选性质形式地证明它的两个性质.

例 7.2.1 (1) 证明 $\delta(t)$ 为偶函数；

(2) 设 $g(t)$ 是连续函数，证明 $g(t)\delta(t) = g(0)\delta(t)$.

证明 (1) 对任意无穷次可微函数 $f(t)$，由于

$$\int_{-\infty}^{+\infty} \delta(-t)f(t)\mathrm{d}t = \int_{-\infty}^{+\infty} \delta(t)f(-t)\mathrm{d}t = f(-t)\Big|_{t=0} = f(0),$$

而

$$\int_{-\infty}^{+\infty} \delta(t)f(t)\mathrm{d}t = f(0),$$

因此 $\delta(-t) = \delta(t)$，即 $\delta(t)$ 为偶函数.

(2) 对任意无穷次可微函数 $f(t)$，因为

$$\int_{-\infty}^{+\infty} g(t)\delta(t)f(t)\mathrm{d}t = \int_{-\infty}^{+\infty} \delta(t)g(t)f(t)\mathrm{d}t = g(0)f(0),$$

而

$$\int_{-\infty}^{+\infty} g(0)\delta(t)f(t)\mathrm{d}t = g(0)\int_{-\infty}^{+\infty} \delta(t)f(t)\mathrm{d}t = g(0)f(0),$$

所以 $g(t)\delta(t) = g(0)\delta(t)$.

由 δ 函数的筛选性质以及例 7.2.1 可以看出, δ 函数的确切意义及性质可以通过积分运算来理解.

7.2.3　广义傅氏变换

傅里叶变换是一个强大的数学工具, 但是在物理和工程问题中, 有许多函数不满足绝对可积条件, 即不满足条件

$$\int_{-\infty}^{+\infty} |f(t)|\mathrm{d}t < +\infty,$$

如常数函数、正弦函数等. 利用傅里叶变换的定义及 δ 函数的结果, 也可以求出这类函数的傅里叶变换, 但是不同于 7.1 节所讲的傅里叶变换, 这里是广义傅里叶变换, 但一般也将广义傅里叶变换直接称为傅里叶变换.

由傅氏变换的定义和 δ 函数的筛选性质,

$$\mathcal{F}[\delta(t)] = \int_{-\infty}^{+\infty} \delta(t)\mathrm{e}^{-\mathrm{i}wt}\mathrm{d}t = \mathrm{e}^{-\mathrm{i}wt}\Big|_{t=0} = 1.$$

由于傅氏变换与傅氏逆变换是一个变换对, 因此得到 1 的傅氏逆变换为

$$\mathcal{F}^{-1}[1] = \delta(t).$$

一般有

$$\mathcal{F}[\delta(t - t_0)] = \int_{-\infty}^{+\infty} \delta(t - t_0)\mathrm{e}^{-\mathrm{i}wt}\mathrm{d}t = \mathrm{e}^{-\mathrm{i}wt_0},$$
$$\mathcal{F}^{-1}[\mathrm{e}^{-\mathrm{i}wt_0}] = \delta(t - t_0).$$

因为

$$\mathcal{F}^{-1}[2\pi\delta(w)] = \frac{1}{2\pi}\int_{-\infty}^{+\infty} 2\pi\delta(w)\mathrm{e}^{\mathrm{i}wt}\mathrm{d}w = \int_{-\infty}^{+\infty} \delta(w)\mathrm{e}^{\mathrm{i}wt}\mathrm{d}w = \mathrm{e}^{\mathrm{i}wt}\Big|_{w=0} = 1,$$

所以

$$\mathcal{F}[1] = \int_{-\infty}^{+\infty} \mathrm{e}^{-\mathrm{i}wt}\mathrm{d}t = 2\pi\delta(w).$$

同样地, 因为

$$\mathcal{F}^{-1}[2\pi\delta(w - w_0)] = \frac{1}{2\pi}\int_{-\infty}^{+\infty} 2\pi\delta(w - w_0)\mathrm{e}^{\mathrm{i}wt}\mathrm{d}w = \mathrm{e}^{\mathrm{i}wt}\Big|_{w=w_0} = \mathrm{e}^{\mathrm{i}w_0 t},$$

所以

$$\mathcal{F}[\mathrm{e}^{\mathrm{i}w_0 t}] = \int_{-\infty}^{+\infty} \mathrm{e}^{\mathrm{i}w_0 t}\mathrm{e}^{-\mathrm{i}wt}\mathrm{d}t = 2\pi\delta(w - w_0).$$

这样便得到了 4 个有用的傅氏变换对:

$$\delta(t) \underset{\mathcal{F}^{-1}}{\overset{\mathcal{F}}{\rightleftharpoons}} 1, \quad \delta(t-t_0) \underset{\mathcal{F}^{-1}}{\overset{\mathcal{F}}{\rightleftharpoons}} \mathrm{e}^{-\mathrm{i}wt_0}, \quad 1 \underset{\mathcal{F}^{-1}}{\overset{\mathcal{F}}{\rightleftharpoons}} 2\pi\delta(w), \quad \mathrm{e}^{\mathrm{i}w_0t} \underset{\mathcal{F}^{-1}}{\overset{\mathcal{F}}{\rightleftharpoons}} 2\pi\delta(w-w_0).$$

由于 $\delta(t), 1, \mathrm{e}^{\mathrm{i}w_0t}$ 等都不是 $(-\infty, +\infty)$ 上的绝对可积函数, 按照常义它们与 $\mathrm{e}^{-\mathrm{i}wt}$ 的乘积在 $(-\infty, +\infty)$ 上不收敛, 因此它们的傅氏变换都是广义的. 例 7.2.2 中函数的傅氏变换也是广义傅氏变换, 为了叙述简单, 以后广义傅氏变换也称为傅氏变换.

例 7.2.2 求正弦函数 $f(t) = \sin w_0 t$ 的傅里叶变换.

解

$$\begin{aligned}
F(w) = F[f(t)] &= \int_{-\infty}^{+\infty} \sin w_0 t e^{-\mathrm{i}wt} \mathrm{d}t \\
&= \int_{-\infty}^{+\infty} \frac{\mathrm{e}^{\mathrm{i}w_0t} - \mathrm{e}^{-\mathrm{i}w_0t}}{2\mathrm{i}} \mathrm{e}^{-\mathrm{i}w_0t} \mathrm{d}t \\
&= \frac{1}{2\mathrm{i}} \int_{-\infty}^{+\infty} [\mathrm{e}^{-\mathrm{i}(w-w_0)t} - \mathrm{e}^{-\mathrm{i}(w+w_0)t}] \mathrm{d}t \\
&= \mathrm{i}\pi[\delta(w+w_0) - \delta(w-w_0)].
\end{aligned}$$

类似地,

$$F[\cos w_0 t] = \pi[\delta(w+w_0) + \delta(w-w_0)].$$

7.3 傅里叶变换的基本性质

本节将介绍傅氏变换的几个重要性质, 为了叙述方便, 假定以下需求傅氏变换的函数都满足傅氏积分定理中的条件.

1. 线性性质

设 $F_1(w) = \mathcal{F}[f_1(t)]$, $F_2(w) = \mathcal{F}[f_2(t)]$, α, β 为常数, 则

$$\mathcal{F}[\alpha f_1(t) + \beta f_2(t)] = \alpha F_1(w) + \beta F_2(w),$$

$$\mathcal{F}^{-1}[\alpha F_1(w) + \beta F_2(w)] = \alpha f_1(t) + \beta f_2(t).$$

由于傅氏变换、傅氏逆变换是由积分定义的, 而积分具有线性性质, 因此傅氏变换、傅氏逆变换也具有线性性质.

2. 位移性质

设 $\mathcal{F}[f(t)] = F(w)$, 则

$$\mathcal{F}[f(t\pm t_0)] = \mathrm{e}^{\pm\mathrm{i}wt_0} \mathcal{F}[f(t)].$$

这个性质也称时移性, 它表明时间函数 $f(t)$ 沿 t 轴向左或向右移 t_0 的傅氏变换, 等于 $f(t)$ 的傅氏变换乘以因子 $\mathrm{e}^{\mathrm{i}wt_0}$ 或 $\mathrm{e}^{-\mathrm{i}wt_0}$.

证明　由傅氏变换的定义，令 $u = t \pm t_0$，得

$$\mathcal{F}[f(t \pm t_0)] = \int_{-\infty}^{+\infty} f(t \pm t_0) \mathrm{e}^{-\mathrm{i}wt} \mathrm{d}t$$

$$= \int_{-\infty}^{+\infty} f(u) \mathrm{e}^{-\mathrm{i}w(u \mp t_0)} \mathrm{d}u$$

$$= \mathrm{e}^{\pm \mathrm{i}wt_0} \int_{-\infty}^{+\infty} f(u) \mathrm{e}^{-\mathrm{i}wu} \mathrm{d}u$$

$$= \mathrm{e}^{\pm \mathrm{i}wt_0} \mathcal{F}[f(t)].$$

同样地，傅氏逆变换有类似的位移性质，即

$$\mathcal{F}^{-1}[F(w \pm w_0)] = f(t) \mathrm{e}^{\mp \mathrm{i}w_0 t}.$$

例 7.3.1　求矩形脉冲 $f(t) = \begin{cases} E, & 0 < t < \tau, \\ 0, & \text{其他} \end{cases}$ 的傅氏变换.

解　由傅氏变换的定义，

$$F(w) = \mathcal{F}[f(t)] = \int_{-\infty}^{+\infty} f(t) \mathrm{e}^{-\mathrm{i}wt} \mathrm{d}t$$

$$= \int_0^\tau E \mathrm{e}^{-\mathrm{i}wt} = -\frac{E}{\mathrm{i}w} \mathrm{e}^{-\mathrm{i}wt} \Big|_0^\tau = \frac{E}{\mathrm{i}w} (1 - \cos w\tau + \mathrm{i} \sin w\tau)$$

$$= \frac{E}{\mathrm{i}w} \left(2\sin^2 \frac{w\tau}{2} + \mathrm{i}2 \sin \frac{w\tau}{2} \cos \frac{w\tau}{2} \right) = \frac{2E}{w} \mathrm{e}^{-\mathrm{i}\frac{w\tau}{2}} \sin \frac{w\tau}{2}.$$

下面利用平移性质来计算.

设

$$f_1(t) = \begin{cases} E, & -\frac{\tau}{2} < t < \frac{\tau}{2}, \\ 0, & \text{其他}, \end{cases}$$

则

$$F_1(w) = \mathcal{F}[f_1(t)] = \int_{-\infty}^{+\infty} f_1(t) \mathrm{e}^{-\mathrm{i}wt} \mathrm{d}t$$

$$= \int_{-\frac{\tau}{2}}^{\frac{\tau}{2}} E \mathrm{e}^{-\mathrm{i}wt} \mathrm{d}t = \frac{2E}{w} \sin \frac{w\tau}{2}.$$

由位移性质，

$$F(w) = \mathcal{F}[f(t)] = \mathcal{F}\left[f_1 \left(t - \frac{\tau}{2} \right) \right] = \frac{2E}{w} \mathrm{e}^{-\mathrm{i}\frac{w\tau}{2}} \sin \frac{w\tau}{2}.$$

例 7.3.2　设 $\mathcal{F}[f(t)] = F(w)$，求 $\mathcal{F}[f(t)\cos w_0 t]$ 和 $\mathcal{F}[f(t)\sin w_0 t]$.

解　由傅氏逆变换的平移性质，可得

$$\mathcal{F}[f(t) \mathrm{e}^{\mp \mathrm{i}w_0 t}] = F(w \pm w_0),$$

因此

$$\mathcal{F}[f(t)\cos w_0 t] = \frac{1}{2}\mathcal{F}[f(t)(\mathrm{e}^{\mathrm{i}w_0 t} + \mathrm{e}^{-\mathrm{i}w_0 t})]$$

$$= \frac{1}{2}[F(w - w_0) + F(w + w_0)].$$

同样地，

$$\mathcal{F}[f(t)\sin w_0 t] = \frac{\mathrm{i}}{2}[F(w + w_0) - F(w - w_0)].$$

3. 相似性质

设 $\mathcal{F}[f(t)] = F(w)$，a 为非零常数，则

$$\mathcal{F}[f(at)] = \frac{1}{|a|}F\left(\frac{w}{a}\right).$$

证明　设 $u = at$，则当 $a > 0$ 时，

$$\mathcal{F}[f(at)] = \int_{-\infty}^{+\infty} f(at)\mathrm{e}^{-\mathrm{i}wt}\mathrm{d}t$$

$$= \frac{1}{a}\int_{-\infty}^{+\infty} f(u)\mathrm{e}^{-\mathrm{i}\frac{w}{a}u}\mathrm{d}u = \frac{1}{a}F\left(\frac{w}{a}\right),$$

当 $a < 0$ 时，

$$\mathcal{F}[f(at)] = \int_{-\infty}^{+\infty} f(at)\mathrm{e}^{-\mathrm{i}wt}\mathrm{d}t$$

$$= \frac{1}{a}\int_{+\infty}^{-\infty} f(u)\mathrm{e}^{-\mathrm{i}\frac{w}{a}u}\mathrm{d}u = -\frac{1}{a}F\left(\frac{w}{a}\right),$$

即

$$\mathcal{F}[f(at)] = \frac{1}{|a|}F\left(\frac{w}{a}\right).$$

特别地，当 $a = -1$ 时，有以下翻转性质：

$$\mathcal{F}[f(-t)] = F(-w).$$

同样地，傅氏逆变换也有类似的相似性质，即

$$\mathcal{F}^{-1}[f(aw)] = \frac{1}{|a|}F\left(\frac{t}{a}\right) \quad (a \neq 0).$$

4. 对称性质

设 $\mathcal{F}[f(t)] = F(w)$，则

$$\mathcal{F}[F(t)] = 2\pi f(-w).$$

证明 由 $f(t) = \dfrac{1}{2\pi}\displaystyle\int_{-\infty}^{+\infty} F(w)\mathrm{e}^{\mathrm{i}wt}\mathrm{d}w$ 得

$$f(-t) = \frac{1}{2\pi}\int_{-\infty}^{+\infty} F(w)\mathrm{e}^{-\mathrm{i}wt}\mathrm{d}w,$$

将 t 与 w 互换，有

$$\mathcal{F}[F(t)] = 2\pi f(-w).$$

5. 微分性质

如果 $f'(t)$ 在 $(-\infty, +\infty)$ 上连续或只有有限个可去间断点，且当 $|t|\to+\infty$ 时，$f(t) \to 0$，$\mathcal{F}[f(t)] = F(w)$，则

$$\mathcal{F}[f'(t)] = \mathrm{i}wF(w).$$

证明 由傅氏变换的定义，并利用分部积分可得

$$\mathcal{F}[f'(t)] = \int_{-\infty}^{+\infty} f'(t)\mathrm{e}^{-\mathrm{i}wt}\mathrm{d}t$$

$$= f(t)\mathrm{e}^{-\mathrm{i}wt}\Big|_{-\infty}^{+\infty} + \mathrm{i}w\int_{-\infty}^{+\infty} f(t)\mathrm{e}^{-\mathrm{i}wt}\mathrm{d}t = \mathrm{i}wF(w).$$

推论 如果 $f^{(n)}(t)$ 在 $(-\infty, +\infty)$ 上连续或只有有限个可去间断点，且当 $|t| \to +\infty$ 时，$f^{(k)}(t) \to 0$ $(k = 1, 2, \cdots, n-1)$，$\mathcal{F}[f(t)] = F(w)$，则

$$\mathcal{F}[f^{(n)}(t)] = (\mathrm{i}w)^n F(w).$$

注 为了证明简单起见，这里附加了条件当 $|t| \to +\infty$ 时，$f(t) \to 0$. 事实上，满足傅氏积分定理条件的函数，此附加条件必成立，且推论中的附加条件，当 $|t| \to +\infty$ 时，$f^{(k)}(t) \to 0$ $(k = 1, 2, \cdots, n-1)$ 也成立.

同样地，傅氏逆变换也有类似的性质，即若 $\mathcal{F}^{-1}[F(w)] = f(t)$，则

$$\mathcal{F}^{-1}[F'(w)] = -\mathrm{i}tf(t), \mathcal{F}^{-1}[F^{(n)}(w)] = (-\mathrm{i}t)^n f(t),$$

换一种表示形式为

$$F'(w) = \mathcal{F}[-\mathrm{i}tf(t)], F^{(n)}(w) = \mathcal{F}[(-\mathrm{i}t)^n f(t)].$$

6. 积分性质

设 $\mathcal{F}[f(t)] = F(w)$，如果 $t \to +\infty$ 时，$g(t) = \displaystyle\int_{-\infty}^{t} f(\tau)\mathrm{d}\tau \to 0$，则

$$\mathcal{F}\left[\int_{-\infty}^{t} f(\tau)\mathrm{d}\tau\right] = \frac{1}{\mathrm{i}w}F(w).$$

证明 因为

$$\left[\int_{-\infty}^{t} f(\tau)\mathrm{d}\tau\right]' = f(t),$$

所以

$$\mathcal{F}\left[\left(\int_{-\infty}^{t} f(\tau)\mathrm{d}\tau\right)'\right] = \mathcal{F}[f(t)].$$

由微分性质

$$\mathcal{F}\left[\left(\int_{-\infty}^{t} f(\tau)\mathrm{d}\tau\right)'\right] = \mathrm{i}w\mathcal{F}\left[\int_{-\infty}^{t} f(\tau)\mathrm{d}\tau\right],$$

于是

$$\mathcal{F}\left[\int_{-\infty}^{t} f(\tau)\mathrm{d}\tau\right] = \frac{1}{\mathrm{i}w}\mathcal{F}[f(t)] = \frac{1}{\mathrm{i}w}F(w).$$

注   如果条件 $t \to +\infty$ 时，$g(t) = \int_{-\infty}^{t} f(\tau)\mathrm{d}\tau \to 0$ 不成立，性质应为

$$\mathcal{F}\left[\int_{-\infty}^{t} f(\tau)\mathrm{d}\tau\right] = \frac{1}{\mathrm{i}w}F(w) + \pi F(0)\delta(w).$$

同样地，傅氏逆变换也有类似的积分性质，即

$$\mathcal{F}^{-1}\left[\int_{-\infty}^{w} F(w)\mathrm{d}w\right] = -\frac{1}{\mathrm{i}t}f(t),$$

换一种表示形式为

$$\mathcal{F}\left[\frac{1}{t}f(t)\right] = -\mathrm{i}\int_{-\infty}^{w} f(w)\mathrm{d}w.$$

例 7.3.3   求 $\mathcal{F}\left[\dfrac{\sin w_0 t}{t}\right]$ $(w_0 > 0)$.

解   因为

$$F(w) = \mathcal{F}[\sin w_0 t] = \mathrm{i}\pi[\delta(w + w_0) - \delta(w - w_0)],$$

由傅氏逆变换的积分性质，得

$$\begin{aligned}
\mathcal{F}\left[\frac{\sin w_0 t}{t}\right] &= -\mathrm{i}\int_{-\infty}^{w} F(W)\mathrm{d}W \\
&= -\mathrm{i}\int_{-\infty}^{w} \mathrm{i}\pi[\delta(W + w_0) - \delta(W - w_0)]\mathrm{d}W \\
&= \pi\int_{-\infty}^{w} [\delta(W + w_0) - \delta(W - w_0)]\mathrm{d}W \\
&= \begin{cases} \pi, & |w| < w_0, \\ 0, & |w| > w_0. \end{cases}
\end{aligned}$$

7.4   卷积与卷积定理

7.3 节介绍了傅里叶变换的一些性质，在工程应用中卷积是常用的一种运算，本节将介绍卷积运算以及傅里叶变换在卷积运算下的性质.

7.4.1 卷积的定义

卷积又称褶积或旋积, 是一种积分变换的数学方法, 在许多方面得到了广泛的应用.

定义 7.4.1 若函数 $f_1(t)$ 与 $f_2(t)$ 在 $(-\infty, +\infty)$ 上可积, 则称积分

$$\int_{-\infty}^{+\infty} f_1(\tau) f_2(t-\tau) \mathrm{d}\tau$$

为函数 $f_1(t)$ 与 $f_2(t)$ 的**卷积**, 记作 $f_1(t) * f_2(t)$, 即

$$f_1(t) * f_2(t) = \int_{-\infty}^{+\infty} f_1(\tau) f_2(t-\tau) \mathrm{d}\tau.$$

卷积的计算较为复杂, 计算过程如下所述.

① 首先将两个函数都用 τ 来表示: $f_1(t) \to f_1(\tau)$, $f_2(t) \to f_2(\tau)$.

② 对其中一个函数做水平翻转: $f_2(\tau) \to f_2(-\tau)$.

③ 加上一个时间偏移量 t, 让 $f_2(t-\tau)$ 沿着 τ 轴滑动.

④ $f_1(t) * f_2(t)$ 是 t 的函数, 如果对某些 t, $f_1(\tau) f_2(t-\tau) = 0$, 则它们的积分值即卷积为 0; 要求非 0 的卷积值, 就要解出使得函数 $f_1(\tau)$, $f_2(t-\tau)$ 同时不为 0 的区间, 再算出这个区间上两函数卷积值 (通常与 t 相关).

例 7.4.1 设 $f_1(t) = \begin{cases} 0, & t < 0, \\ 1, & t \geqslant 0, \end{cases}$ $f_2(t) = \begin{cases} 0, & t < 0, \\ \mathrm{e}^{-t}, & t \geqslant 0, \end{cases}$ 求 $f_1(t) * f_2(t)$.

解 由于

$$f_2(-\tau) = \begin{cases} 0, & \tau > 0, \\ \mathrm{e}^{\tau}, & \tau \leqslant 0, \end{cases}$$

因此

$$f_2(t-\tau) = \begin{cases} 0, & \tau > t, \\ \mathrm{e}^{\tau-t}, & \tau \leqslant t. \end{cases}$$

结合

$$f_1(\tau) = \begin{cases} 0, & \tau < 0, \\ 1, & \tau \geqslant 0, \end{cases}$$

得到仅当 $t \geqslant 0$, $0 \leqslant \tau \leqslant t$ 时, $f_1(\tau) f_2(t-\tau) \neq 0$, 所以

$$
\begin{aligned}
f_1(t) * f_2(t) &= \int_{-\infty}^{+\infty} f_1(\tau) f_2(t-\tau) \mathrm{d}\tau \\
&= \begin{cases} 0, & t < 0, \\ \int_0^t \mathrm{e}^{\tau-t} \mathrm{d}\tau, & t \geqslant 0 \end{cases} \\
&= \begin{cases} 0, & t < 0, \\ 1 - \mathrm{e}^{-t}, & t \geqslant 0. \end{cases}
\end{aligned}
$$

7.4.2 卷积的性质

① 交换律: $f_1(t) * f_2(t) = f_2(t) * f_1(t)$.
② 结合律: $[f_1(t) * f_2(t)] * f_3(t) = f_1(t) * [f_2(t) * f_3(t)]$.
③ 分配律: $f_1(t) * [f_2(t) + f_3(t)] = f_1(t) * f_2(t) + f_1(t) * f_3(t)$.
下面证明交换律.

证明 令 $u = t - \tau$, 则

$$
\begin{aligned}
f_1(t) * f_2(t) &= \int_{-\infty}^{+\infty} f_1(\tau) f_2(t - \tau) \mathrm{d}\tau \\
&= \int_{-\infty}^{+\infty} f_1(t - u) f_2(u) \mathrm{d}u \\
&= \int_{-\infty}^{+\infty} f_2(u) f_1(t - u) \mathrm{d}u = f_2(t) * f_1(t).
\end{aligned}
$$

7.4.3 卷积定理

设 $f_1(t)$ 与 $f_2(t)$ 都满足傅氏积分定理中的条件, 且

$$\mathcal{F}[f_1(t)] = F_1(w), \mathcal{F}[f_2(t)] = F_2(w),$$

则

$$\mathcal{F}[f_1(t) * f_2(t)] = F_1(w) \cdot F_2(w),$$

或

$$\mathcal{F}^{-1}[F_1(w) \cdot F_2(w)] = f_1(t) * f_2(t).$$

证明 令 $u = t - \tau$, 则

$$
\begin{aligned}
\mathcal{F}[f_1(t) * f_2(t)] &= \int_{-\infty}^{+\infty} f_1(t) * f_2(t) \mathrm{e}^{-\mathrm{i}wt} \mathrm{d}t \\
&= \int_{-\infty}^{+\infty} \left[\int_{-\infty}^{+\infty} f_1(t) f_2(t - \tau) \mathrm{d}\tau \right] \mathrm{e}^{-\mathrm{i}wt} \mathrm{d}t \\
&= \int_{-\infty}^{+\infty} \int_{-\infty}^{+\infty} f_1(\tau) \mathrm{e}^{-\mathrm{i}w\tau} f_2(t - \tau) \mathrm{e}^{-\mathrm{i}w(t-\tau)} \mathrm{d}\tau \mathrm{d}t \\
&= \int_{-\infty}^{+\infty} f_1(\tau) \mathrm{e}^{-\mathrm{i}w\tau} \mathrm{d}\tau \int_{-\infty}^{+\infty} f_2(t - \tau) \mathrm{e}^{-\mathrm{i}w(t-\tau)} \mathrm{d}t \\
&= \int_{-\infty}^{+\infty} f_1(\tau) \mathrm{e}^{-\mathrm{i}w\tau} \mathrm{d}\tau \int_{-\infty}^{+\infty} f_2(u) \mathrm{e}^{-\mathrm{i}wu} \mathrm{d}u = F_1(w) \cdot F_2(w).
\end{aligned}
$$

类似可得

$$\mathcal{F}[f_1(t) \cdot f_2(t)] = \frac{1}{2\pi} F_1(w) * F_2(w),$$

或

$$\mathcal{F}^{-1}[F_1(w) * F_2(w)] = 2\pi[f_1(t) \cdot f_2(t)].$$

7.5　小　　结

函数的傅氏变换是本章的一个难点，要解决好这个难点可从以下几个方面入手.

① 熟知傅氏变换的定义，直接用定义求傅氏变换. 这种方法主要用于公式的推导及证明题，由于用定义求傅氏变换，要求函数 $f(t)$ 在 $(-\infty, +\infty)$ 内绝对可积，而满足这个条件的函数并不是很多，因此直接用定义求傅氏变换的计算题很少.

② 大部分计算题是利用傅氏变换的性质，因此必须掌握傅氏变换的基本性质.

③ 记住几个常用函数 (如正弦函数、余弦函数、单位阶跃函数、$\delta(t)$ 函数) 的象函数，因为即使用傅氏变换的性质求一些函数的傅氏变换，也常常要利用这几个函数的象函数.

δ 函数是很重要的一种广义函数，既然是**广义函数**，就不能按照普通函数来理解. 就本书来说，读者要知道 δ 函数的表达式，知道 δ 函数的傅氏变换是什么，知道与 δ 函数有关的一些函数的傅氏变换怎么算.

习　　题　　7

1. 连续周期信号的频谱的特点是_____.

(A) 周期连续频谱　　　　　　　　　　(B) 周期离散频谱

(C) 非周期连续频谱　　　　　　　　　(D) 非周期离散频谱

2. 信号的频谱是周期连续谱，则该信号在时域中为_____.

(A) 连续的周期信号　　　　　　　　　(B) 离散的周期信号

(C) 连续的非周期信号　　　　　　　　(D) 离散的非周期信号

3. 下列变换不正确的是_____.

(A) $\mathcal{F}[\delta(t)] = 1$ 　　　　　　　(B) $\mathcal{F}[u(t)] = \dfrac{1}{\mathrm{i}w} + \pi\delta(w)$

(C) $\mathcal{F}^{-1}[2\pi\delta(w)] = 1$ 　　　(D) $\mathcal{F}^{-1}[\cos w_0 t] = \delta(w - w_0) + \delta(w + w_0)$

4. 下列变换正确的是_____.

(A) $\mathcal{F}[\delta(t)] = 1$ 　　　　　　　(B) $\mathcal{F}[1] = \delta(w)$

(C) $\mathcal{F}^{-1}[\delta(w)] = 1$ 　　　　(D) $\mathcal{F}^{-1}[1] = u(t)$

5. 某周期奇函数的傅里叶级数中_____.

(A) 不含正弦分量　　　　　　　　　　(B) 不含余弦分量

(C) 仅有奇次谐波分量　　　　　　　　(D) 仅有偶次谐波分量

6. 设 $F(w) = 2\pi\delta(w - w_0)$，则 $\mathcal{F}^{-1}[F(w)] = $ _____.

(A) 1 　　　　　(B) $\delta(t - t_0)$ 　　　　(C) $\mathrm{e}^{\mathrm{i}w_0 t}$ 　　　　(D) $\mathrm{e}^{-\mathrm{i}w_0 t}$

7. 设 $F(w) = \mathcal{F}[f(t)]$，则 $\mathcal{F}[f(1 - t)] = $ _____.

(A) $F(w)\mathrm{e}^{-\mathrm{i}w}$ 　　　(B) $F(-w)\mathrm{e}^{-\mathrm{i}w}$ 　　　(C) $F(w)\mathrm{e}^{\mathrm{i}w}$ 　　　(D) $F(-w)\mathrm{e}^{\mathrm{i}w}$

8. 设 $F(w) = \mathcal{F}[f(t)]$，则 $\mathcal{F}[tf(2t)] = $ _____.

(A) $\dfrac{\mathrm{d}}{\mathrm{d}w}\left[\dfrac{\mathrm{i}}{2}F\left(\dfrac{w}{2}\right)\right]$ 　　　　　　　　(B) $\dfrac{\mathrm{d}}{\mathrm{d}w}\left[\dfrac{\mathrm{i}}{2}F(2w)\right]$

(C) $\int_{-\infty}^{w} F\left(\dfrac{w}{2}\right) \mathrm{d}w$ 　　　　　　　　 (D) $\int_{-\infty}^{w} \dfrac{F(w)}{2w} \mathrm{d}w$

9. 积分 $\int_{-\infty}^{+\infty} 2(t^3 + 4)\delta(1 - t)\mathrm{d}t = $ _____.

(A) $2(t^3 + 4)$ 　　 (B) 8 　　 (C) -10 　　 (D) 10

10. 下列命题不正确的是_____.

(A) 设 $F(w) = \mathcal{F}[f(t)]$, 则 $\mathcal{F}[f(1 - t)] = F(-w)\mathrm{e}^{-\mathrm{i}w}$

(B) 设 $\mathcal{F}[f(t)] = F(w)$, 若 $f(t)$ 为奇函数, 则 $F(w)$ 为偶函数

(C) $\mathcal{F}\left[\int_{0}^{1} \mathrm{e}^{-t^2}\mathrm{d}t\right] = 2\pi\delta(w)\int_{0}^{1} \mathrm{e}^{-t^2}\mathrm{d}t$

(D) 设 $\mathcal{F}[f(t)] = F(w)$, 则 $2\pi\mathcal{F}[f^2(t)] = \int_{-\infty}^{+\infty} F(\tau)F(w - \tau)\mathrm{d}\tau$.

11. 设 $f(t) = \begin{cases} 0, & |t| > \pi, \\ \cos t, & |t| \leqslant \pi, \end{cases}$ 则 $\mathcal{F}[f(t)] = $ _____.

12. 设 $\mathcal{F}[f(t)] = F(w)$, 则 $\mathcal{F}[f(t)\cos w_0 t] = $ _____.

13. 设 $\mathcal{F}[f(t)] = \dfrac{1}{a + \mathrm{i}w}$, 则 $f(t) = $ _____.

14. 已知信号的频谱函数 $F(\mathrm{j}w) = \delta(w + \pi) - \delta(w - \pi)$, 该信号为_____.

15. $\mathcal{F}[u(t - 2)] = $ _____.

16. $\mathcal{F}^{-1}[\delta(w - w_0)] = $ _____.

17. $\mathcal{F}[\delta(t + 1) + \mathrm{e}^{-\mathrm{i}t}] = $ _____.

18. $\mathcal{F}[\sin 2t \cos t] = $ _____.

19. $\int_{-\infty}^{+\infty} \cos wt\mathrm{d}t = $ _____.

20. 设 $a > 0$, 则积分 $\int_{-\infty}^{+\infty} \delta(at - t_0)f(t)\mathrm{d}t = $ _____.

21. 已知 $f(t) = \mathrm{e}^{-t}(t \geqslant 0)$:

(1) 求 $f(t)$ 的正弦傅氏积分公式;

(2) 利用 (1) 证明 $\int_{0}^{+\infty} \dfrac{w\sin wt}{1 + w^2}\mathrm{d}w = \dfrac{\pi}{2}\mathrm{e}^{-t}\ (t \geqslant 0)$.

22. 利用傅氏变换解积分方程 $\int_{0}^{+\infty} g(w)\cos wt\mathrm{d}w = \dfrac{\sin t}{t}$.

23. 若单位冲激函数的时间间隔为 T_1, 用符号 $\delta_T(t)$ 表示周期单位冲激序列, 即

$$\delta_T(t) = \sum_{n=-\infty}^{+\infty} \delta(t - nT_1),$$

求单位冲激序列的傅里叶级数和傅里叶变换.

24. 试求矩形脉冲 $f(t) = \begin{cases} A, & 0 \leqslant t \leqslant \tau, \\ 0, & 其他 \end{cases}$ 的傅氏变换.

25. 求 $f(t) = \begin{cases} 1 - t^2, & t^2 \leqslant 1, \\ 0, & t^2 > 1 \end{cases}$ 的傅氏积分，并计算 $\int_0^{+\infty} \dfrac{x \cos x - \sin x}{x^3} \cdot \cos \dfrac{x}{2} \mathrm{d}x$.

26. 求符号函数 $\operatorname{sgn}(t) = \begin{cases} -1, & t < 0, \\ 1, & l > 0 \end{cases}$ 的傅氏变换，提示：$\operatorname{sgn}(t) = 2u(t) - 1$.

27. 已知 $f(t)$ 的傅氏变换为 $F(w) = \dfrac{\sin w}{w}$，求 $f(t)$.

28. 利用位移性质求下列函数的傅氏变换：

(1) $u(t - c)$;　　　(2) $\dfrac{1}{2}[\delta(t + a) + \delta(t - a)]$;　　　(3) $\cos\left(2t - \dfrac{\pi}{3}\right)$.

29. 求函数 $f(t) = \sin\left(5t + \dfrac{\pi}{3}\right)$ 的傅氏变换.

30. 设 $\mathcal{F}[f(t)] = F(w)$，求 $\mathcal{F}[t f'(t)]$.

31. 利用象函数的位移性质求下列函数的傅氏变换：

(1) $\mathcal{F}[f(t) \cos w_0 t]$;

(2) $\mathcal{F}[f(t) \sin w_0 t]$.

32. 分别用象函数的位移性质和卷积定理求下列函数的傅氏变换：

(1) $\mathcal{F}[u(t) \cos w_0 t]$;

(2) $\mathcal{F}[\mathrm{e}^{\mathrm{i}w_0 t} u(t)]$.

33. 证明：$f(t) * \delta(t) = \delta(t) * f(t) = f(t)$.

34. 设 $F(w) = \mathcal{F}[f(t)]$，证明：$\mathcal{F}[F(-t)] = 2\pi f(w)$.

第 8 章　拉普拉斯变换

第 7 章介绍的傅里叶变换在许多领域中发挥了重要的作用, 特别是在信号处理领域, 直到现在它仍然是最基本的分析和处理工具, 甚至可以说信号分析本质上就是傅里叶分析. 但是任何东西都有局限性, 傅里叶变换也是如此, 因而人们针对傅里叶变换的不足进行了各种各样的改进. 这些改进大体分为两个方面, 其一是提高它对问题的刻画能力, 其二是扩大它的适用范围, 本章介绍的是后面这种情况.

8.1　拉普拉斯变换的概念

8.1.1　拉普拉斯变换的定义

定义 8.1.1　设函数 $f(x)$ 当 $t \geqslant 0$ 时有定义, 且积分

$$\int_0^{+\infty} f(t)\mathrm{e}^{-pt}\,\mathrm{d}t \quad (p \text{ 为复参变量})$$

在 p 某一区域内收敛, 记此积分所确定的函数为

$$F(p) = \int_0^{+\infty} f(t)\mathrm{e}^{-pt}\,\mathrm{d}t, \tag{8.1.1}$$

称式 (8.1.1) 为函数 $f(t)$ 的**拉普拉斯变换式**(简称**拉氏变换**), 记作

$$F(p) = \mathcal{L}\left[f(t)\right].$$

$F(p)$ 称为 $f(t)$ 的拉氏变换的**象函数**.

若 $F(p)$ 是 $f(t)$ 的拉氏变换, 则称 $f(t)$ 为 $F(p)$ 的**拉普拉斯逆变换**(简称**拉氏逆变换**), 或称**象原函数**, 记作

$$f(t) = \mathcal{L}^{-1}\left[F(p)\right].$$

由上述分析及拉氏变换的定义可以看出, 傅氏变换的象函数 $F(w)$ 是实变量 w 的复值函数, 而拉氏变换的象函数 $F(p)$ 是复变量 $p = \alpha + \mathrm{i}w$ 的复值函数. 傅氏变换积分区间是 $(-\infty, +\infty)$, 由于拉氏变换实质上是 $f(t)u(t)\mathrm{e}^{-\alpha t}$ 的傅氏变换, 其中 $u(t) = \begin{cases} 0, & t < 0, \\ 1, & t \geqslant 0, \end{cases}$ 因此拉氏变换就成了 $f(t)\mathrm{e}^{-\alpha t}$ 在区间 $[0, +\infty)$ 上的积分.

8.1.2　拉氏变换存在定理

可以看出, 拉式变换存在的条件要比傅氏变换存在的条件弱得多, 但是对一个函数作拉氏变换也要具备一定的条件. $f(t)$ 满足什么条件才能使 $f(t)$ 与指数衰减函数 $\mathrm{e}^{-\alpha t}(\alpha > 0)$ 的

乘积在无穷区间上绝对可积? 实数 $\alpha = \operatorname{Re} p = \operatorname{Re}(\alpha + iw)$ 应该取多大? 以下定理会回答这些问题.

定理 8.1.1　若函数 $f(t)$ 满足条件

① 在 $t \geqslant 0$ 的任一有限区间上连续或分段连续;

② 当 $t \to +\infty$ 时, $f(t)$ 的增长速度不超过某一指数函数, 即存在 $M > 0$ 及 $c \in \mathbb{R}$, 使得

$$|f(t)| \leqslant M \mathrm{e}^{ct} \quad (0 \leqslant t < +\infty)$$

成立 (称满足此条件的函数的增长是**指数级的**, c 为它的**增长指数**), 则 $f(t)$ 的拉氏变换

$$F(p) = \int_0^{+\infty} f(t) \mathrm{e}^{-pt}\, \mathrm{d}t$$

在半平面 $\operatorname{Re} p > c$ 上一定存在, 右端的积分在 $\operatorname{Re} p > c$ 上绝对收敛, 并且 $F(p)$ 在 $\operatorname{Re} p > c$ 的半平面内为解析函数, 它的导数为

$$F'(p) = \int_0^{+\infty} -t f(t) \mathrm{e}^{-pt}\, \mathrm{d}t. \tag{8.1.2}$$

定理 8.1.1 的证明从略. 下面对定理的条件、结论给予说明.

① 存在定理中的条件是比较弱的. 条件① 容易满足, 条件② 大多数物理和工程技术中常见的函数也容易满足, 例如,

$$|u(t)| \leqslant 1 \cdot \mathrm{e}^{0t},\ M = 1,\ c = 0;$$

$$|\cos kt| \leqslant 1 \cdot \mathrm{e}^{0t},\ M = 1,\ c = 0;$$

$$|\sin kt| \leqslant 1 \cdot \mathrm{e}^{0t},\ M = 1,\ c = 0;$$

$$k \geqslant 0 \text{ 时}, \ |\mathrm{e}^{kt}| = 1 \cdot \mathrm{e}^{kt},\ M = 1,\ c = k.$$

尽管这些函数不满足傅氏变换的条件, 它们也没有古典意义下的傅氏变换, 但它们满足拉氏变换存在定理的条件, 这说明拉氏变换的应用范围更加广泛. 下面将给出这些函数的拉氏变换.

② 由于拉氏变换 $F(p)$ 在半平面 $\operatorname{Re} p > c$ 内存在且解析, 即 $f(t)$ 的拉氏变换的存在与 $f(t)$ 的增长指数 c 有关, 因此在求函数的拉氏变换、研究拉氏变换的性质以及 $F(p)$ 的逆变换时都要考虑 $\operatorname{Re} p > c$, 这与求傅氏变换是不一样的.

③ 存在定理中的条件是充分的, 但非必要条件. 例如, $f(t) = \dfrac{1}{\sqrt{t}}$ 在 $t = 0$ 的邻域内无界, 故在任何区间 $[0, a]$ 上都不是分段连续的, 即不满足存在定理的条件, 但是在例 8.1.4 中, 可以求出

$$\mathcal{L}\left[\frac{1}{\sqrt{t}}\right] = \frac{\Gamma\left(\dfrac{1}{2}\right)}{p^{\frac{1}{2}}} = \sqrt{\frac{\pi}{p}}.$$

④ 由于拉氏变换不涉及 $f(t)$ 在 $t < 0$ 时的情况, 故以后约定当 $t < 0$ 时, $f(t) = 0$, 即 $f(t)$ 等同于 $f(t)u(t)$, 例如, 在本章中 $\sin t$ 应理解为 $u(t) \sin t$.

8.1.3　一些常用函数的拉氏变换

例 8.1.1　求函数 $f(t) = 1$ 的拉氏变换.

解

$$\mathcal{L}\left[f(x)\right] = \int_0^{+\infty} f(t)\,\mathrm{e}^{-st}\mathrm{d}t$$
$$= \int_0^{+\infty} \mathrm{e}^{-st}\,\mathrm{d}t,$$

当 $\operatorname{Re} s > 0$ 时，显然

$$\lim_{t \to +\infty} \mathrm{e}^{-st} = 0,$$

所以当 $\operatorname{Re} s > 0$ 时，

$$\mathcal{L}[1] = \frac{1}{s}.$$

例 8.1.2　求指数函数 $f(t) = \mathrm{e}^{kt}$ (k 为实常数) 的拉氏变换.

解

$$\mathcal{L}\left[\mathrm{e}^{kt}\right] = \int_0^{+\infty} \mathrm{e}^{kt}\,\mathrm{e}^{-pt}\mathrm{d}t$$
$$= \int_0^{+\infty} \mathrm{e}^{-(p-k)\,t}\,\mathrm{d}t = \frac{1}{p-k} \quad (\operatorname{Re} p > k).$$

例 8.1.3　求余弦函数 $f(t) = \cos kt$ 的拉氏变换.

解

$$\mathcal{L}\left[\cos kt\right] = \int_0^{+\infty} \cos kt\,\mathrm{e}^{-pt}\mathrm{d}t$$
$$= \left. \frac{\mathrm{e}^{-pt}\left(-p\cos kt + k\sin kt\right)}{p^2 + k^2} \right|_0^{+\infty}$$
$$= \frac{p}{p^2 + k^2} \quad (\operatorname{Re} p > 0).$$

同理可求

$$\mathcal{L}\left[\sin kt\right] = \frac{k}{p^2 + k^2} \quad (\operatorname{Re} p > 0).$$

例 8.1.4　求幂函数 $f(t) = t^m$ (m 为非负整数) 的拉氏变换.

解　设

$$I_m = \mathcal{L}\left[t^m\right] = \int_0^{+\infty} t^m\,\mathrm{e}^{-pt}\mathrm{d}t,$$

当 $m = 0$ 时，$I_0 = \mathcal{L}\left[1\right] = \int_0^{+\infty} \mathrm{e}^{-pt}\,\mathrm{d}t = \frac{1}{p}$ $(\operatorname{Re} p > 0)$. 当 $m > 0$ 时，由分部积分公式得

$$I_m = \int_0^{+\infty} t^m\,\mathrm{e}^{-pt}\mathrm{d}t$$
$$= \left. t^m \frac{\mathrm{e}^{-pt}}{-p} \right|_0^{+\infty} + \frac{1}{p}\int_0^{+\infty} m t^{m-1}\,\mathrm{e}^{-pt}\mathrm{d}t$$
$$= \frac{m}{p} I_{m-1} \quad (\operatorname{Re} p > 0),$$

因此

$$I_m = \frac{m}{p} \cdot \frac{m-1}{p} \cdot \dots \cdot \frac{2}{p} \cdot \frac{1}{p} \cdot I_0 = \frac{m!}{p^m} \cdot \frac{1}{p} = \frac{m!}{p^{m+1}},$$

即

$$\mathcal{L}\left[t^m\right] = \frac{m!}{p^{m+1}} \quad (\operatorname{Re} p > 0).$$

特别地，对实数 $m > -1$，有

$$\mathcal{L}\left[t^m\right] = \frac{\Gamma\left(m+1\right)}{p^{m+1}} \quad (\operatorname{Re} p > 0),$$

其中，$\Gamma\left(\cdot\right)$ 为 Γ(伽马) 函数.

例 8.1.5　设 $f(t)$ 是以 T 为周期的周期函数，即 $f\left(t+T\right) = f\left(t\right)\left(t > 0\right)$，在一个周期上分段连续，证明：

$$\mathcal{L}\left[f\left(t\right)\right] = \frac{1}{1-\mathrm{e}^{-pT}} \int_0^T f\left(t\right)\mathrm{e}^{-pt}\mathrm{d}t \quad (\operatorname{Re} p > 0).$$

证明

$$\mathcal{L}\left[f\left(t\right)\right] = \int_0^{+\infty} f\left(t\right)\mathrm{e}^{-pt}\mathrm{d}t = \sum_{k=0}^{\infty} \int_{kT}^{(k+1)T} f\left(t\right)\mathrm{e}^{-pt}\mathrm{d}t,$$

令 $t = u + kT$，得

$$\begin{aligned}
\mathcal{L}\left[f\left(t\right)\right] &= \sum_{k=0}^{\infty} \int_0^T f\left(u+kT\right)\mathrm{e}^{-p\left(u+kT\right)}\mathrm{d}u \\
&= \sum_{k=0}^{\infty} \int_0^T f\left(u\right)\mathrm{e}^{-pu}\,\mathrm{e}^{-kpT}\mathrm{d}u \\
&= \int_0^T f\left(u\right)\mathrm{e}^{-pu}\mathrm{d}u \sum_{k=0}^{\infty} \mathrm{e}^{-kpT} \\
&= \frac{1}{1-\mathrm{e}^{-pT}} \int_0^T f\left(t\right)\mathrm{e}^{-pt}\mathrm{d}t \quad (\operatorname{Re} p > 0).
\end{aligned}$$

8.1.4　δ 函数的拉氏变换

当 $f(t)$ 满足拉氏变换存在定理的条件，$f(t)$ 在 $t=0$ 的邻域内有界时，积分

$$\mathcal{L}\left[f\left(t\right)\right] = \int_0^{+\infty} f\left(t\right)\mathrm{e}^{-pt}\mathrm{d}t$$

中的下限取 0^- 或 0^+ 积分结果相同. 但当 $f(t)$ 在 $t=0$ 的邻域内无界，特别是 $f(t)$ 在 $t=0$ 的邻域内包含脉冲函数时，拉氏变换的积分下限必须明确指出是 0^- 还是 0^+，这是因为

$$\mathcal{L}_+\left[f\left(t\right)\right] = \int_{0^+}^{+\infty} f\left(t\right)\mathrm{e}^{-pt}\mathrm{d}t,$$

$$\mathcal{L}_-[f(t)] = \int_{0^-}^{+\infty} f(t)\,\mathrm{e}^{-pt}\mathrm{d}t = \int_{0^-}^{0^+} f(t)\,\mathrm{e}^{-pt}\mathrm{d}t + \int_{0^+}^{+\infty} f(t)\,\mathrm{e}^{-pt}\mathrm{d}t.$$

当 $f(t)$ 在 $t=0$ 的邻域内有界时，

$$\int_{0^-}^{0^+} f(t)\,\mathrm{e}^{-pt}\mathrm{d}t = 0,$$

此时

$$\mathcal{L}_-[f(t)] = \mathcal{L}_+[f(t)].$$

但当 $f(t)$ 在 $t=0$ 的邻域内包含了脉冲函数时，

$$\int_{0^-}^{0^+} f(t)\,\mathrm{e}^{-pt}\mathrm{d}t \neq 0,$$

此时

$$\mathcal{L}_-[f(t)] \neq \mathcal{L}_+[f(t)].$$

为了考虑这种情况，需把要进行拉氏变换的函数 $f(t)$ 的定义域变为当 $t>0$ 时及在 $t=0$ 的任意一个邻域内有定义，这样 $f(t)$ 的拉氏变换应为

$$\mathcal{L}_-[f(t)] = \int_{0^-}^{+\infty} f(t)\,\mathrm{e}^{-pt}\mathrm{d}t,$$

但为了书写方便，仍写为

$$\mathcal{L}[f(t)] = \int_0^{+\infty} f(t)\,\mathrm{e}^{-pt}\mathrm{d}t.$$

例 8.1.6　求单位脉冲函数 $\delta(t)$ 的拉氏变换.

解　根据以上讨论，并利用 $\delta(t)$ 函数的筛选性质，

$$\mathcal{L}[\delta(t)] = \int_0^{+\infty} \delta(t)\,\mathrm{e}^{-pt}\mathrm{d}t = \int_{0^-}^{+\infty} \delta(t)\,\mathrm{e}^{-pt}\mathrm{d}t$$

$$= \int_{-\infty}^{+\infty} \delta(t)\,\mathrm{e}^{-pt}\mathrm{d}t = \mathrm{e}^{-pt}\big|_{t=0} = 1.$$

例 8.1.7　求函数

$$f(t) = \mathrm{e}^{-\beta t}\delta(t) - \beta\mathrm{e}^{-\beta t}u(t) \quad (\beta > 0)$$

的拉氏变换.

解

$$\mathcal{L}[f(t)] = \int_0^{+\infty} f(t)\,\mathrm{e}^{-pt}\mathrm{d}t$$

$$= \int_0^{+\infty} \left[\mathrm{e}^{-\beta t}\delta(t) - \beta\mathrm{e}^{-\beta t}u(t)\right]\mathrm{e}^{-pt}\mathrm{d}t$$

$$= \int_0^{+\infty} \delta(t)\,\mathrm{e}^{-(p+\beta)t}\mathrm{d}t - \beta\int_0^{+\infty}\mathrm{e}^{-(p+\beta)t}\mathrm{d}t$$

$$= \mathrm{e}^{-(p+\beta)t}\Big|_{t=0} + \frac{\beta\mathrm{e}^{-(p+\beta)t}}{p+\beta}\Big|_0^{+\infty}$$

$$= 1 - \frac{\beta}{p+\beta} = \frac{p}{p+\beta} \quad (\operatorname{Re}p > -\beta).$$

8.2 拉氏变换的性质

本节将介绍拉氏变换的几个基本性质，它们在拉氏变换的实际应用中都是很有用的. 为了叙述方便，假定在这些性质中，凡是要取拉氏变换的函数都满足拉氏变换存在定理中的条件，并且把这些函数的增长指数统一地设为 c. 在证明这些性质时，不再重复这些条件.

1. 线性性质

设 α，β 为常数，且

$$\mathcal{L}[f_1(t)] = F_1(p)，\quad \mathcal{L}[f_2(t)] = F_2(p)，$$

则有

$$\mathcal{L}[\alpha f_1(t) + \beta f_2(t)] = \alpha F_1(p) + \beta F_2(p)，$$

或

$$\mathcal{L}^{-1}[\alpha F_1(p) + \beta F_2(p)] = \alpha f_1(t) + \beta f_2(t).$$

2. 相似性质

设 $a > 0$，若 $\mathcal{L}[f(t)] = F(p)$，则

$$\mathcal{L}[f(at)] = \frac{1}{a} F\left(\frac{p}{a}\right).$$

类似有

$$\mathcal{L}^{-1}[F(at)] = \frac{1}{a} f\left(\frac{t}{a}\right) \quad (\alpha > 0).$$

以上两条性质的证明与傅氏变换相应的性质的证明是一样的.

3. 微分性质

设 $\mathcal{L}[f(t)] = F(p)$，$\mathcal{L}[f'(t)]$ 存在，则

$$\mathcal{L}[f'(t)] = pF(p) - f(0). \tag{8.2.1}$$

证明

$$\begin{aligned}
\mathcal{L}[f'(t)] &= \int_0^{+\infty} f'(t)\,\mathrm{e}^{-pt}\mathrm{d}t \\
&= f(t)\,\mathrm{e}^{-pt}\Big|_0^{+\infty} + p\int_0^{+\infty} f(t)\,\mathrm{e}^{-pt}\mathrm{d}t \\
&= -f(0) + p\mathcal{L}[f(t)] \\
&= pF(p) - f(0) \quad (\operatorname{Re} p > c).
\end{aligned}$$

推论 设 $\mathcal{L}[f(t)] = F(p)$, $\mathcal{L}[f^{(k)}(t)]$ $(k = 1, 2, \cdots, n)$ 存在, 则

$$\mathcal{L}\left[f^{(n)}(t)\right] = p^n F(p) - p^{n-1}f(0) - p^{n-2}f'(0) - \cdots - f^{(n-1)}(0) \quad (\mathrm{Re}\, p > c). \tag{8.2.2}$$

特别地, 当 $f(0) = f'(0) = \cdots = f^{(n-1)}(0) = 0$ 时, 有

$$\mathcal{L}\left[f^{(n)}(t)\right] = p^n F(p) \quad (\mathrm{Re}\, p > c). \tag{8.2.3}$$

由定理 8.1.1 的结论式 (8.1.2), 可得如下象函数的微分性质.

设 $\mathcal{L}[f(t)] = F(p)$, 则

$$F'(p) = \int_0^{+\infty} -t f(t)\,\mathrm{e}^{-pt}\mathrm{d}t \quad (\mathrm{Re}\, p > c). \tag{8.2.4}$$

更一般地, 有

$$F^{(n)}(p) = \int_0^{+\infty} (-t)^n f(t)\,\mathrm{e}^{-pt}\mathrm{d}t \quad (\mathrm{Re}\, p > c). \tag{8.2.5}$$

例 8.2.1 利用线性性质求函数 $f(t) = \mathrm{ch}\, kt$ 的拉氏变换.

解

$$\mathcal{L}[\mathrm{ch}\, kt] = \mathcal{L}\left[\frac{\mathrm{e}^{kt} + \mathrm{e}^{-kt}}{2}\right] = \frac{1}{2}\{\mathcal{L}[\mathrm{e}^{kt}] + \mathcal{L}[\mathrm{e}^{-kt}]\}$$
$$= \frac{1}{2}\left(\frac{1}{s-k} + \frac{1}{s+k}\right) = \frac{s}{s^2 - k^2}.$$

同理可得

$$\mathcal{L}[\mathrm{sh}\, kt] = \frac{k}{s^2 - k^2}.$$

例 8.2.2 求 $\mathcal{L}[\cos kt]$, 其中 $k \neq 0$.

解 $f(t) = \cos kt$, 则

$$f''(t) = -k^2 \cos kt = -k^2 f(t),$$

且 $f(0) = 1$, $f'(0) = 0$. 由微分性质, 得

$$F(p) = \mathcal{L}[\cos kt] = -\frac{1}{k^2}\mathcal{L}[f''(t)]$$
$$= -\frac{1}{k^2}\left[p^2 F(p) - pf(0) - f'(0)\right]$$
$$= -\frac{1}{k^2}\left[p^2 F(p) - p\right].$$

由上式可解出

$$\mathcal{L}[\cos kt] = F(p) = \frac{p}{p^2 + k^2} \quad (\mathrm{Re}\, p > 0).$$

例 8.2.3 利用微分性质求 $f(t) = t^m (m$ 为非负整数$)$ 的拉氏变换.

解 因为

$$f(t) = t^m, \; f'(t) = mt^{m-1}, \cdots, f^{(m-1)}(t) = m(m-1)\cdots 2t, \; f^{(m)}(t) = m!,$$

$$f(0) = 0, f'(0) = 0, \cdots, f^{(m-1)}(0) = 0, f^{(m)}(0) = m!,$$

而

$$\mathcal{L}\left[f^{(m)}(t)\right] = \mathcal{L}[m!] = m!\mathcal{L}[1] = \frac{m!}{p},$$

由拉氏变换的微分性质式 (8.2.3)，得

$$\mathcal{L}\left[f^{(m)}(t)\right] = p^m \mathcal{L}[f(t)],$$

即

$$\mathcal{L}[t^m] = \mathcal{L}[f(t)] = \frac{m!}{p^{m+1}} \quad (\operatorname{Re} p > 0).$$

这个结果与例 8.1.4 的结果一致.

例 8.2.4 求函数 $f(t) = t\sin kt$ 的拉氏变换.

解 因为 $\mathcal{L}[\sin kt] = \dfrac{k}{p^2 + k^2}$，由象函数的微分性质可得

$$\mathcal{L}[t\sin kt] = -\frac{\mathrm{d}}{\mathrm{d}p}\left(\frac{k}{p^2 + k^2}\right) = \frac{2kp}{(p^2 + k^2)^2}.$$

同理可得

$$\mathcal{L}[t\cos kt] = -\frac{\mathrm{d}}{\mathrm{d}p}\left(\frac{p}{p^2 + k^2}\right) = \frac{p^2 - k^2}{(p^2 + k^2)^2}.$$

4. 积分性质

若 $\mathcal{L}[f(t)] = F(p)$，则

$$\mathcal{L}\left[\int_0^t f(u)\,\mathrm{d}u\right] = \frac{1}{p}F(p). \tag{8.2.6}$$

证明 设 $g(t) = \displaystyle\int_0^t f(u)\,\mathrm{d}u$，则有

$$g'(t) = f(t),$$

且 $g(0) = 0$. 由拉氏变换的微分性质式 (8.2.1)，

$$\mathcal{L}[g'(t)] = p\mathcal{L}[g(t)] - g(0),$$

即

$$\mathcal{L}\left[\int_0^t f(u)\,\mathrm{d}u\right] = \frac{1}{p}\mathcal{L}[f(t)] = \frac{1}{p}F(p).$$

由拉氏逆变换存在定理，可以得到象函数的积分性质.

若 $\mathcal{L}[f(t)] = F(p)$, 则

$$\mathcal{L}\left[\frac{f(t)}{t}\right] = \int_p^\infty F(s) \, \mathrm{d}s, \tag{8.2.7}$$

或

$$\frac{f(t)}{t} = \mathcal{L}^{-1}\left[\int_p^\infty F(s) \, \mathrm{d}s\right]. \tag{8.2.8}$$

特别是当 $\int_0^{+\infty} \frac{f(t)}{t} \, \mathrm{d}t$ 存在时, 在式 (8.2.7) 中, 令 $p = 0$ 可得

$$\int_0^{+\infty} \frac{f(t)}{t} \, \mathrm{d}t = \int_0^\infty F(s) \, \mathrm{d}s. \tag{8.2.9}$$

式 (8.2.9) 提供了一种求反常积分的办法.

例 8.2.5　求 $\mathcal{L}\left[\dfrac{\sin t}{t}\right]$ 和 $\displaystyle\int_0^{+\infty} \frac{\sin t}{t} \mathrm{d}t$.

解　因为 $\mathcal{L}[\sin t] = \dfrac{1}{p^2 + 1}$, 由象函数的积分性质式 (8.2.7), 得

$$\mathcal{L}\left[\frac{\sin t}{t}\right] = \int_p^\infty \frac{\mathrm{d}s}{1 + s^2} = \arctan s \Big|_p^\infty = \frac{\pi}{2} - \arctan p,$$

即

$$\int_0^{+\infty} \frac{\sin t}{t} \mathrm{e}^{-pt} \mathrm{d}t = \mathcal{L}\left[\frac{\sin t}{t}\right] = \frac{\pi}{2} - \arctan p.$$

在上式中令 $p = 0$, 得

$$\int_0^{+\infty} \frac{\sin t}{t} \, \mathrm{d}t = \frac{\pi}{2}.$$

例 8.2.6　求积分 $\displaystyle\int_0^{+\infty} \frac{\mathrm{e}^{-at} - \mathrm{e}^{-bt}}{t} \, \mathrm{d}t \ (a, b > 0).$

解　由式 (8.2.9),

$$\begin{aligned}
\int_0^{+\infty} \frac{\mathrm{e}^{-at} - \mathrm{e}^{-bt}}{t} \, \mathrm{d}t &= \int_0^\infty \mathcal{L}\left[\mathrm{e}^{-at} - \mathrm{e}^{-bt}\right] \mathrm{d}p \\
&= \int_0^\infty \left(\frac{1}{p + a} - \frac{1}{p + b}\right) \mathrm{d}p \\
&= \ln \frac{p + a}{p + b} \Big|_0^\infty = \ln \frac{b}{a}.
\end{aligned}$$

5. 延迟性质

若 $\mathcal{L}[f(t)] = F(p)$, 又 $t < 0$ 时, $f(t) = 0$, 则对任一非负实数 t_0, 有

$$\mathcal{L}[f(t - t_0)] = \mathrm{e}^{-pt_0} F(p), \tag{8.2.10}$$

或

$$\mathcal{L}^{-1}\left[\mathrm{e}^{-pt_0} F(p)\right] = f(t - t_0). \tag{8.2.11}$$

证明　由拉氏变换的定义，

$$\mathcal{L}\left[f\left(t-t_0\right)\right]=\int_0^{+\infty}f\left(t-t_0\right)\mathrm{e}^{-pt}\mathrm{d}t$$

$$=\int_0^{t_0}f\left(t-t_0\right)\mathrm{e}^{-pt}\mathrm{d}t+\int_{t_0}^{+\infty}f\left(t-t_0\right)\mathrm{e}^{-pt}\mathrm{d}t.$$

由 $t<0$ 时 $f(t)=0$，得上式右端的第一个积分为零，对第二个积分，令 $u=t-t_0$，得

$$\int_{t_0}^{+\infty}f\left(t-t_0\right)\mathrm{e}^{-pt}\mathrm{d}t=\int_0^{+\infty}f\left(u\right)\mathrm{e}^{-p(u+t_0)}\mathrm{d}u$$

$$=\mathrm{e}^{-pt_0}\int_0^{+\infty}f\left(u\right)\mathrm{e}^{-pu}\mathrm{d}u$$

$$=\mathrm{e}^{-pt_0}F\left(p\right),$$

因此

$$\mathcal{L}\left[f\left(t-t_0\right)\right]=\mathrm{e}^{-pt_0}F\left(p\right).$$

延迟性质也称**时移性质**. $f\left(t-t_0\right)$ 与 $f(t)$ 相比，$f(t)$ 是从 $t=0$ 开始有非零数值，而 $f\left(t-t_0\right)$ 是从 $t=t_0$ 开始才有非零数值，即延迟了一个时间 t_0.

在 8.1 节中，曾约定 $t<0$ 时，$f(t)=0$，即 $f(t)$ 应理解为 $f(t)u(t)$，这样延迟性质的公式 (8.2.10)

$$\mathcal{L}\left[f\left(t-t_0\right)\right]=\mathrm{e}^{-pt_0}F\left(p\right)$$

应理解为

$$\mathcal{L}\left[f\left(t-t_0\right)u\left(t-t_0\right)\right]=\mathrm{e}^{-pt_0}F\left(p\right).$$

式 (8.2.11)

$$\mathcal{L}^{-1}\left[\mathrm{e}^{-pt_0}F\left(p\right)\right]=f\left(t-t_0\right)$$

应理解为

$$\mathcal{L}^{-1}\left[\mathrm{e}^{-pt_0}F\left(p\right)\right]=f\left(t-t_0\right)u\left(t-t_0\right).$$

例 8.2.7　求函数 $u\left(t-t_0\right)=\begin{cases}0,&t<t_0,\\1,&t>t_0\end{cases}$ 的拉氏变换.

解　因为

$$\mathcal{L}\left[u\left(t\right)\right]=\frac{1}{p},$$

由延迟性质，得

$$\mathcal{L}\left[u\left(t-t_0\right)\right]=\frac{1}{p}\mathrm{e}^{-pt_0}.$$

例 8.2.8　求图 8-1 所示的阶梯函数 $f(t)$ 的拉氏变换.

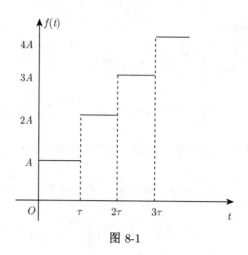

图 8-1

解 利用单位阶跃函数，将 $f(t)$ 表示为

$$f(t) = A\left[u(t) + u(t-\tau) + u(t-2\tau) + \cdots\right] = A\sum_{k=0}^{\infty} u(t-k\tau),$$

两边取拉氏变换，并假定右边的拉氏变换可以逐项进行. 事实上，对满足拉氏变换存在定理条件的函数 $f(t)$ 及 $\tau > 0$，都有

$$\mathcal{L}\left[\sum_{k=0}^{\infty} f(t-k\tau)\right] = \sum_{k=0}^{\infty} \mathcal{L}\left[f(t-k\tau)\right],$$

得

$$\mathcal{L}\left[f(t)\right] = A\sum_{k=0}^{\infty} \mathcal{L}\left[u(t-k\tau)\right]$$

$$= A\sum_{k=0}^{\infty} \frac{1}{p} e^{-k\tau p} = \frac{A}{p}\frac{1}{1-e^{-p\tau}}.$$

例 8.2.9 求 $f(t) = \begin{cases} \sin t, & 0 \leqslant t \leqslant 2\pi, \\ 0, & \text{其他} \end{cases}$ 的拉氏变换.

解 $f(t)$ 可以改写为

$$f(t) = u(t)\sin t - u(t-2\pi)\sin(t-2\pi),$$

而

$$\mathcal{L}\left[u(t)\sin t\right] = \mathcal{L}\left[\sin t\right] = \frac{1}{p^2+1},$$

由线性性质及延迟性质，得

$$\mathcal{L}\left[f(t)\right] = \mathcal{L}\left[u(t)\sin t\right] - \mathcal{L}\left[u(t-2\pi)\sin(t-2\pi)\right]$$

$$= \frac{1}{p^2 + 1} - \frac{e^{-2\pi p}}{p^2 + 1} = \frac{1 - e^{-2\pi p}}{p^2 + 1}.$$

例 8.2.10 设 $f(t) = (t - 1)^2$，试求 $f(t)$ 的拉氏变换.

解 因为 $f(t) = (t - 1)^2 = t^2 - 2t + 1$，所以

$$F(\vartheta) = \mathcal{L}[t^2 - 2t + 1] - \frac{2}{s^3} - \frac{2}{s^2} + \frac{1}{s}.$$

6. 位移性质

若 $\mathcal{L}[f(t)] = F(p)$，则有

$$\mathcal{L}\left[e^{at} f(t)\right] = F(p - a) \quad (\operatorname{Re}(p - a) > c). \tag{8.2.12}$$

证 由定义 8.1.1，

$$\mathcal{L}\left[e^{at} f(t)\right] = \int_0^{+\infty} e^{at} f(t) e^{-pt} dt$$

$$= \int_0^{+\infty} f(t) e^{-(p-a)t} dt = F(p - a) \quad (\operatorname{Re}(p - a) > c).$$

例 8.2.11 求 $\mathcal{L}[e^{-p_0 t} \cos kt]$ 和 $\mathcal{L}[e^{-p_0 t} t^n]$.

解 由

$$\mathcal{L}[\cos kt] = \frac{p}{p^2 + k^2}, \quad \mathcal{L}[t^n] = \frac{n!}{p^{n+1}},$$

利用位移性质，得

$$\mathcal{L}\left[e^{-p_0 t} \cos kt\right] = \frac{p + p_0}{(p + p_0)^2 + k^2},$$

$$\mathcal{L}\left[e^{-p_0 t} t^n\right] = \frac{n!}{(p + p_0)^{n+1}}.$$

例 8.2.12 求 $\mathcal{L}^{-1}\left[\dfrac{2p + 5}{(p + 2)^2 + 9}\right]$.

解

$$\mathcal{L}^{-1}\left[\frac{2p + 5}{(p + 2)^2 + 9}\right] = \mathcal{L}^{-1}\left[\frac{2(p + 2)}{(p + 2)^2 + 3^2} + \frac{1}{(p + 2)^2 + 3^2}\right]$$

$$= 2\mathcal{L}^{-1}\left[\frac{p + 2}{(p + 2)^2 + 3^2}\right] + \frac{1}{3}\mathcal{L}^{-1}\left[\frac{3}{(p + 2)^2 + 3^2}\right]$$

$$= 2e^{-2t} \cos 3t + \frac{1}{3}e^{-2t} \sin 3t.$$

8.3 拉氏逆变换

前面主要讨论了由已知函数 $f(x)$ 求它的象函数 $F(x)$, 但是在实际应用中常常会碰到与此相反的问题, 即已知象函数 $F(x)$ 求它的象原函数 $f(x)$, 本节就来解决这个问题.

8.3.1 拉氏反演积分

函数 $f(t)$ 的拉氏变换实际上是 $f(t)\,u(t)\mathrm{e}^{-\alpha t}$ 的傅氏变换, 当 $f(t)\,u(t)\mathrm{e}^{-\alpha t}$ 满足傅氏积分定理的条件时, 按傅氏积分公式, 在 $f(t)$ 的连续点处有

$$
\begin{aligned}
f(t)\,u(t)\mathrm{e}^{-\alpha t} &= \frac{1}{2\pi}\int_{-\infty}^{+\infty}\left[\int_{-\infty}^{+\infty} f(\tau)\,u(\tau)\,\mathrm{e}^{-\alpha\tau}\mathrm{e}^{-iw\tau}\mathrm{d}\tau\right]\mathrm{e}^{iwt}\mathrm{d}w \\
&= \frac{1}{2\pi}\int_{-\infty}^{+\infty}\mathrm{e}^{iwt}\left[\int_{0}^{+\infty} f(\tau)\,\mathrm{e}^{-(\alpha+iw)\tau}\mathrm{d}\tau\right]\mathrm{d}w \\
&= \frac{1}{2\pi}\int_{-\infty}^{+\infty} F(\alpha+iw)\,\mathrm{e}^{iwt}\,\mathrm{d}w \quad (t>0, \alpha>c).
\end{aligned}
$$

两边乘以 $\mathrm{e}^{\alpha t}$, 由于它与积分变量 w 无关, 则

$$
f(t) = \frac{1}{2\pi}\int_{-\infty}^{+\infty} F(\alpha+iw)\,\mathrm{e}^{(\alpha+iw)t}\,\mathrm{d}w \quad (t>0, \alpha>c),
$$

令 $p=\alpha+iw$, 有

$$
f(t) = \frac{1}{2\pi i}\int_{\alpha-\infty}^{\alpha+\infty} F(p)\,\mathrm{e}^{pt}\,\mathrm{d}p \quad (t>0, \operatorname{Re} p>c). \tag{8.3.1}
$$

这就是由象函数 $F(p)$ 求它的象原函数 $f(t)$ 的一般公式, 称式 (8.3.1) 右端的积分为**拉氏反演积分**, 它和式 $(8.1.1)F(p)=\displaystyle\int_{0}^{+\infty} f(t)\mathrm{e}^{-pt}\mathrm{d}t$ 成为一对互逆的积分变换式, 也称 $f(t)$ 和 $F(p)$ 构成了一个拉氏变换对.

8.3.2 利用留数计算反演积分

反演积分是复变函数的积分, 计算起来比较困难, 但当 $F(p)$ 满足一定条件时, 可以用留数来计算这个反演积分, 特别是当 $F(p)$ 为有理函数时, 计算更为简单.

定理 8.3.1 设 $p_1, p_2, \cdots, p_n$ 是函数 $F(p)$ 的所有奇点 (适当选取 $\alpha>c$, 使得这些奇点全在半平面 $\operatorname{Re} p<\alpha$ 内), 当 $p\to\infty$ 时, $F(p)\to 0$, 则有

$$
\begin{aligned}
f(t) &= \frac{1}{2\pi i}\int_{\alpha-\infty}^{\alpha+\infty} F(p)\mathrm{e}^{pt}\mathrm{d}p \\
&= \sum_{k=1}^{n}\operatorname{Res}[F(p)\mathrm{e}^{pt}, p_k] \quad (t>0).
\end{aligned}
$$

证明从略.

例 8.3.1　已知 $F(s) = \dfrac{5s-1}{(s+1)(s-2)}$，求 $f(t) = \mathcal{L}^{-1}[F(s)]$.

解　$s_1 = -1, s_2 = 2$ 为 $F(s)$ 的 1 级极点，

$$\operatorname{Res}[F(s)\mathrm{e}^{st}, -1] = \left.\frac{5s-1}{s-2}\mathrm{e}^{st}\right|_{s=-1} = 2\mathrm{e}^{-t},$$

$$\operatorname{Res}[F(s)\mathrm{e}^{st}, 2] = \left.\frac{5s-1}{s+1}\mathrm{e}^{st}\right|_{s=2} = 3\mathrm{e}^{2t}.$$

$$\begin{aligned}
f(t) &= \operatorname{Res}[F(s)\mathrm{e}^{st}, -1] + \operatorname{Res}[F(s)\mathrm{e}^{st}, 2]\\
&= 2\mathrm{e}^{-t} + 3\mathrm{e}^{2t}.
\end{aligned}$$

例 8.3.2　求 $F(p) = \dfrac{1}{p(p-1)^2}$ 的拉氏逆变换.

解　$p_1 = 0, p_2 = 1$ 分别是 $F(p)$ 的 1 级极点和 2 级极点，由留数计算方法，

$$\begin{aligned}
f(t) &= \mathcal{L}^{-1}\left[\frac{1}{p(p-1)^2}\right]\\
&= \operatorname{Res}\left[\frac{1}{p(p-1)^2}\mathrm{e}^{pt},\ 0\right] + \operatorname{Res}\left[\frac{1}{p(p-1)^2}\mathrm{e}^{pt},\ 1\right]\\
&= \left.\frac{1}{(p-1)^2}\mathrm{e}^{pt}\right|_{p=0} + \left.\frac{\mathrm{d}}{\mathrm{d}p}\left(\frac{\mathrm{e}^{pt}}{p}\right)\right|_{p=1}\\
&= 1 + (t-1)\mathrm{e}^t \quad (t > 0).
\end{aligned}$$

求有理函数的拉氏逆变换时，有时可以先把有理函数分解为部分分式，把求较复杂的函数的逆变换化为求几个较为简单的函数的逆变换的和.

例 8.3.3　已知 $F(s) = \dfrac{s^2 + 2s + 1}{(s^2 - 2s + 5)(s - 3)}$，求 $f(t) = \mathcal{L}^{-1}[F(s)]$.

解　$s_1 = 3, s_{2,3} = 1 \pm 2\mathrm{i}$ 为 $F(s)$ 的 1 级极点，

$$\operatorname{Res}[F(s)\mathrm{e}^{st}, 3] = 2\mathrm{e}^{3t},$$

$$\operatorname{Res}[F(s)\mathrm{e}^{st}, 1 \pm 2\mathrm{i}] = -\frac{1 \pm \mathrm{i}}{2}\mathrm{e}^{(1 \pm 2\mathrm{i})t},$$

$$f(t) = 2\mathrm{e}^{3t} - \frac{1+\mathrm{i}}{2}\mathrm{e}^{(1+2\mathrm{i})t} - \frac{1-\mathrm{i}}{2}\mathrm{e}^{(1-2\mathrm{i})t} = 2\mathrm{e}^{3t} - \mathrm{e}^t\cos 2t - \mathrm{e}^t\sin 2t.$$

例 8.3.4　求 $\mathcal{L}^{-1}\left[\dfrac{3p+7}{(p+1)(p^2+2p+5)}\right]$.

解　因为

$$\begin{aligned}
\frac{3p+7}{(p+1)(p^2+2p+5)} &= \frac{1}{p+1} - \frac{p-2}{p^2+2p+5}\\
&= \frac{1}{p+1} - \frac{p+1}{(p+1)^2+4} + \frac{3}{2}\frac{2}{(p+1)^2+4},
\end{aligned}$$

所以

$$\mathcal{L}^{-1}\left[\frac{3p+7}{(p+1)(p^2+2p+5)}\right] = \mathcal{L}^{-1}\left[\frac{1}{p+1}\right] - \mathcal{L}^{-1}\left[\frac{p+1}{(p+1)^2+4}\right] +$$

$$\frac{3}{2}\mathcal{L}^{-1}\left[\frac{2}{(p+1)^2+4}\right]$$

$$= e^{-t}\left(1 - \cos 2t + \frac{3}{2}\sin 2t\right).$$

8.4 卷积与卷积定理

第 7 章曾经介绍过傅氏变换的卷积及其性质, 作为傅氏变换的特殊情形, 现在给出拉氏变换的卷积概念.

8.4.1 卷积的概念

由第 7 章可知, 若函数 $f_1(t)$ 与 $f_2(t)$ 在 $(-\infty, +\infty)$ 上可积, 则称积分

$$\int_{-\infty}^{+\infty} f_1(\tau)f_2(t-\tau)\mathrm{d}\tau$$

为函数 $f_1(t)$ 与 $f_2(t)$ 的卷积.

若当 $t < 0$ 时, $f_1(t) = f_2(t) = 0$, 则 $t > 0$ 时,

$$\int_{-\infty}^{+\infty} f_1(\tau)f_2(t-\tau)\mathrm{d}\tau = \int_{-\infty}^{0} f_1(\tau)f_2(t-\tau)\mathrm{d}\tau + \int_{0}^{t} f_1(\tau)f_2(t-\tau)\mathrm{d}\tau +$$

$$\int_{t}^{+\infty} f_1(\tau)f_2(t-\tau)\mathrm{d}\tau = \int_{0}^{t} f_1(\tau)f_2(t-\tau)\mathrm{d}\tau,$$

则有以下定义.

定义 8.4.1 设函数 $f_1(t)$ 与 $f_2(t)$ 满足当 $t < 0$ 时 $f_1(t) = f_2(t) = 0$, 则称积分

$$\int_{0}^{t} f_1(\tau)f_2(t-\tau)\mathrm{d}\tau$$

为 $f_1(t)$ 与 $f_2(t)$ 的卷积, 记作 $f_1(t) * f_2(t)$, 即

$$f_1(t) * f_2(t) = \int_{0}^{t} f_1(\tau)f_2(t-\tau)\mathrm{d}\tau. \tag{8.4.1}$$

例 8.4.1 求 $f_1(t) = t$ 与 $f_2(t) = \sin t$ 的卷积.

解

$$f_1(t) * f_2(t) = t * \sin t = \int_{0}^{t} \tau \sin(t-\tau)\,\mathrm{d}\tau$$

$$= \tau\cos(t-\tau)\Big|_{0}^{t} - \int_{0}^{t} \cos(t-\tau)\,\mathrm{d}\tau$$

$$= t - \sin t.$$

8.4.2　卷积的性质

① **交换律**：$f_1(t) * f_2(t) = f_2(t) * f_1(t)$.

② **结合律**：$[f_1(t) * f_2(t)] * f_3(t) = f_1(t) * [f_2(t) * f_3(t)]$.

③ **分配律**：$f_1(t) * [f_2(t) + f_3(t)] = f_1(t) * f_2(t) + f_1(t) * f_3(t)$.

8.4.3　卷积定理

定理 8.4.1　设 $f_1(t)$ 与 $f_2(t)$ 满足拉氏变换存在定理中的条件，且 $\mathcal{L}[f_1(t)] = F_1(p)$，$\mathcal{L}[f_2(t)] = F_2(p)$，则 $f_1(t) * f_2(t)$ 的拉氏变换存在，且

$$\mathcal{L}[f_1(t) * f_2(t)] = F_1(p) \cdot F_2(p), \tag{8.4.2}$$

或

$$\mathcal{L}^{-1}[F_1(p) \cdot F_2(p)] = f_1(t) * f_2(t). \tag{8.4.3}$$

证明　容易证明 $f_1(t) * f_2(t)$ 满足拉氏变换存在定理中的条件，

$$\begin{aligned}
\mathcal{L}[f_1(t) * f_2(t)] &= \int_0^{+\infty} [f_1(t) * f_2(t)] \, \mathrm{e}^{-pt} \mathrm{d}t \\
&= \int_0^{+\infty} \left[\int_0^t f_1(\tau) f_2(t - \tau) \, \mathrm{d}\tau \right] \mathrm{e}^{-pt} \mathrm{d}t.
\end{aligned}$$

由上式可知，积分区域为图 8-2 所示的阴影部分. 由于二重积分绝对可积，因此可交换积分次序，即

$$\mathcal{L}[f_1(t) * f_2(t)] = \int_0^{+\infty} f_1(\tau) \left[\int_\tau^{+\infty} f_2(t - \tau) \, \mathrm{e}^{-pt} \mathrm{d}t \right] \mathrm{d}\tau.$$

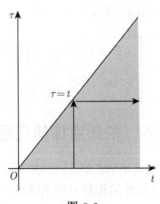

图 8-2

令 $u = t - \tau$，则

$$\int_\tau^{+\infty} f_2(t - \tau) \mathrm{e}^{-pt} \mathrm{d}t = \int_0^{+\infty} f_2(u) \mathrm{e}^{-pu} \cdot \mathrm{e}^{-p\tau} \mathrm{d}u = \mathrm{e}^{-p\tau} F_2(p),$$

于是得到

$$\mathcal{L}[f_1(t) * f_2(t)] = \int_0^{+\infty} f_1(\tau) \mathrm{e}^{-p\tau} F_2(p) \mathrm{d}\tau = F_1(p) \cdot F_2(p).$$

不难推证, 若 $f_k(t)\,(k = 1, 2, \cdots, n)$ 满足拉氏变换存在定理中的条件, 且

$$\mathcal{L}[f_k(t)] = F_k(p) \quad (k = 1, 2, \cdots, n),$$

则

$$\mathcal{L}[f_1(t) * f_2(t) * \cdots * f_n(t)] = F_1(p)\, F_2(p) \cdots F_n(p). \tag{8.4.4}$$

例 8.4.2 若 $F(s) = \dfrac{1}{s^2(1+s^2)}$, 求 $f(t)$.

解 取

$$F_1(s) = \frac{1}{s^2}, F_2(s) = \frac{1}{s^2+1},$$

于是 $f_1(t) = t, f_2(t) = \sin t$, 根据卷积定理得

$$f(t) = f_1(t) * f_2(t) = t * \sin t = t - \sin t.$$

例 8.4.3 求 $\mathcal{L}^{-1}\left[\dfrac{\mathrm{e}^{-bp}}{p(p+\mathrm{a})}\right]\,(b > 0)$.

解 因为

$$\mathcal{L}^{-1}\left[\frac{\mathrm{e}^{-bp}}{p(p+\mathrm{a})}\right] = \mathcal{L}^{-1}\left[\frac{\mathrm{e}^{-bp}}{p}\frac{1}{p+\mathrm{a}}\right],$$

$$\mathcal{L}^{-1}\left[\frac{\mathrm{e}^{-bp}}{p}\right] = u(t-b), \mathcal{L}^{-1}\left[\frac{1}{p+\mathrm{a}}\right] = \mathrm{e}^{-at},$$

所以

$$\mathcal{L}^{-1}\left[\frac{\mathrm{e}^{-bp}}{p(p+\mathrm{a})}\right] = u(t-b) * \mathrm{e}^{-at}$$

$$= \int_0^t u(\tau - b)\,\mathrm{e}^{-a(t-\tau)}\,\mathrm{d}\tau$$

$$= \int_b^t \mathrm{e}^{-a(t-\tau)}\mathrm{d}\tau = \frac{1}{a}\left[1 - \mathrm{e}^{-a(t-b)}\right]u(t-b).$$

8.5 拉氏变换的应用

拉氏变换在现代科学和工程技术中有广泛的应用, 很多实际问题的数学模型可以用线性常微分方程、线性偏微分方程或线性的积分方程来描述. 用积分变换方法, 特别是方程的未知函数是关于时间 t 的函数时, 用拉氏变换方法解这些方程常常是比较方便的. 本节主要讨论用拉氏变换解线性常微分方程、线性常微分方程组、某些积分方程及微分积分方程.

8.5.1 解常系数线性常微分方程

1. 用拉氏变换解初值问题

用拉氏变换解初值问题的步骤如下所述.

① 设方程的未知函数 $y = y(t)$ 的拉氏变换为 $\mathcal{L}[y(t)] = Y(p)$.

② 对方程进行拉氏变换，利用拉氏变换的线性性质、微分性质 (含初始条件) 等，得到一个关于象函数 $Y(p)$ 的代数方程.

③ 解象函数的代数方程，解得 $Y(p)$.

④ 对 $Y(p)$ 求逆变换，得到的 $Y(p)$ 的象原函数 $y(t)$ 就是该初值问题的解.

上述解法的示意图如图 8-3 所示.

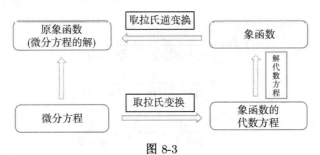

图 8-3

用拉氏变换解其他问题的步骤和上述步骤大体相同.

例 8.5.1　求方程 $y'' + 4y = 0$ 满足初始条件 $y(0) = -2$，$y'(0) = 4$ 的特解.

解　设 $\mathcal{L}[y(t)] = Y(p)$，方程两边取拉氏变换，得

$$\mathcal{L}[y''] + 4\mathcal{L}[y] = \mathcal{L}[0], \tag{8.5.1}$$

由于

$$\mathcal{L}[y''] = p^2 Y(p) - py(0) - y'(0) = p^2 Y(p) + 2p - 4, \mathcal{L}[0] = 0,$$

因此式 (8.5.1) 为

$$p^2 Y(p) + 4Y(p) + 2p - 4 = 0,$$

解得

$$Y(p) = \frac{4 - 2p}{p^2 + 4} = 2\frac{2}{p^2 + 4} - 2\frac{p}{p^2 + 4},$$

上式取拉氏逆变换，得到原方程的解

$$y(t) = \mathcal{L}^{-1}[Y(p)] = 2\mathcal{L}^{-1}\left[\frac{2}{p^2 + 4}\right] - 2\mathcal{L}^{-1}\left[\frac{p}{p^2 + 4}\right]$$

$$= 2\sin 2t - 2\cos 2t.$$

例 8.5.2　求方程 $y'' - 2y' - 3y = 4e^{2t}$ 满足初始条件 $y(0) = 2$，$y'(0) = 8$ 的特解.

解　设 $\mathcal{L}[y(t)] = Y(p)$，对方程两边取拉氏变换，得

$$\mathcal{L}[y''] - 2\mathcal{L}[y'] - 3\mathcal{L}[y] = 4\mathcal{L}[e^{2t}], \tag{8.5.2}$$

由于

$$\mathcal{L}[y''] = p^2 Y(p) - py(0) - y'(0) = p^2 Y(p) - 2p - 8,$$

$$\mathcal{L}[y'] = pY(p) - y(0) = pY(p) - 2,$$

$$\mathcal{L}\left[\mathrm{e}^{2t}\right] = \frac{1}{p-2},$$

将它们代入式 (8.5.2)，得

$$\left(p^2 - 2p - 3\right) Y\left(p\right) = \frac{2p^2 - 4}{p-2},$$

解得

$$Y\left(p\right) = \frac{2p^2 - 4}{\left(p-2\right)\left(p^2 - 2p - 3\right)}$$

$$= \frac{2p^2 - 4}{\left(p-2\right)\left(p-3\right)\left(p+1\right)}$$

$$= \frac{-\dfrac{1}{6}}{p+1} + \frac{-\dfrac{4}{3}}{p-2} + \frac{\dfrac{7}{2}}{p-3}.$$

上式取拉氏逆变换，得到原方程的解

$$y\left(t\right) = \mathcal{L}^{-1}\left[Y\left(p\right)\right]$$

$$= \mathcal{L}^{-1}\left[\frac{-\dfrac{1}{6}}{p+1}\right] + \mathcal{L}^{-1}\left[\frac{-\dfrac{4}{3}}{p-2}\right] + \mathcal{L}^{-1}\left[\frac{\dfrac{7}{2}}{p-3}\right]$$

$$= -\frac{1}{6}\mathrm{e}^{-t} - \frac{4}{3}\mathrm{e}^{2t} + \frac{7}{2}\mathrm{e}^{3t}.$$

从例 8.5.1 和例 8.5.2 中可以看到用拉氏变换求解常微分方程初值问题的方法，8.6 节将对用高等数学中经典的方法解常微分方程初值问题和用拉氏变换方法解同样问题进行简单的比较.

2. 用拉氏变换解常微分方程边值问题

例 8.5.3　求方程 $y'' - 2y' + y = 0$ 满足边界条件 $y(0) = 0, y(1) = 2$ 的特解.

解　设 $\mathcal{L}\left[y\left(t\right)\right] = Y\left(p\right)$，对方程两边取拉氏变换，得

$$\mathcal{L}\left[y''\right] - 2\mathcal{L}\left[y'\right] + \mathcal{L}\left[y\right] = \mathcal{L}\left[0\right], \tag{8.5.3}$$

由于

$$\mathcal{L}\left[y''\right] = p^2 Y\left(p\right) - py\left(0\right) - y'\left(0\right) = p^2 Y\left(p\right) - y'\left(0\right),$$

$$\mathcal{L}\left[y'\right] = pY\left(p\right) - y\left(0\right) = pY\left(p\right),$$

$$\mathcal{L}\left[0\right] = 0,$$

把它们代入式 (8.5.3) 解得

$$Y\left(p\right) = \frac{y'\left(0\right)}{\left(p-1\right)^2}. \tag{8.5.4}$$

由于 $y'(0)$ 为常数，式 (8.5.4) 两端取拉氏逆变换，得

$$y(t) = \mathcal{L}^{-1}[Y(p)] = y'(0)\mathcal{L}^{-1}\left[\frac{1}{(p-1)^2}\right] = y'(0)te^t, \tag{8.5.5}$$

将 $y(1) = 2$ 代入式 (8.5.5)，可解得

$$y'(0) = 2e^{-1},$$

这样就得到所求边值问题的解

$$y(t) = 2te^{t-1}.$$

从例 8.5.3 可以看出，用拉氏变换解边值问题时，可先把该问题看作初值问题求解，得到的解含有未知的初值，如式 (8.5.4) 中的 $y'(0)$，该初值可由已给的边值 (如例 8.5.3 中的 $y(1) = 2$) 求得.

8.5.2　用拉氏变换解线性微分方程组

例 8.5.4　求方程组

$$\begin{cases} y'' - x'' + x' - y = e^t - 2, \\ 2y'' - x'' - 2y' + x = -t \end{cases}$$

满足初始条件

$$\begin{cases} y(0) = y'(0) = 0, \\ x(0) = x'(0) = 0 \end{cases}$$

的解.

解　设 $\mathcal{L}[y(t)] = Y(p)$，$\mathcal{L}[x(t)] = X(p)$，方程组两边取拉氏变换，得

$$\begin{cases} \mathcal{L}[y''] - \mathcal{L}[x''] + \mathcal{L}[x'] - \mathcal{L}[y] = \mathcal{L}[e^t] - 2\mathcal{L}[1], \\ 2\mathcal{L}[y''] - \mathcal{L}[x''] - 2\mathcal{L}[y'] + \mathcal{L}[x] = -\mathcal{L}[t], \end{cases} \tag{8.5.6}$$

由拉氏变换的微分性质及初始条件，有

$$\mathcal{L}[y''] = p^2 Y(p), \mathcal{L}[y'] = pY(p),$$

$$\mathcal{L}[x''] = p^2 X(p), \mathcal{L}[x'] = pX(p),$$

把它们代入式 (8.5.6) 得到

$$\begin{cases} p^2 Y(p) - p^2 X(p) + pX(p) - Y(p) = \dfrac{1}{p-1} - \dfrac{2}{p}, \\ 2p^2 Y(p) - p^2 X(p) - 2pY(p) + X(p) = -\dfrac{1}{p^2}, \end{cases}$$

即

$$\begin{cases} (p+1)Y(p) - pX(p) = \dfrac{2-p}{p(p-1)^2}, \\ 2pY(p) - (p+1)X(p) = -\dfrac{1}{p^2(p-1)}. \end{cases}$$

解此代数方程组, 得

$$
\begin{cases}
Y(p) = \dfrac{1}{p(p-1)^2}, \\
X(p) = \dfrac{2p-1}{p^2(p-1)^2},
\end{cases}
$$

取拉氏逆变换, 得

$$
\begin{aligned}
y(t) &= \mathcal{L}^{-1}[Y(p)] = \mathcal{L}^{-1}\left[\frac{1}{p(p-1)^2}\right] \\
&= \mathrm{Res}\left[\frac{\mathrm{e}^{pt}}{p(p-1)^2}, p=0\right] + \mathrm{Res}\left[\frac{\mathrm{e}^{pt}}{p(p-1)^2}, p=1\right] \\
&= 1 + t\mathrm{e}^t - \mathrm{e}^t.
\end{aligned}
$$

$$
\begin{aligned}
x(t) &= \mathcal{L}^{-1}[X(p)] = \mathcal{L}^{-1}\left[\frac{2p-1}{p^2(p-1)^2}\right] \\
&= \mathcal{L}^{-1}\left[\frac{1}{(p-1)^2} - \frac{1}{p^2}\right] = t\mathrm{e}^t - t,
\end{aligned}
$$

故此线性微分方程组的解为

$$
\begin{cases}
y(t) = 1 + t\mathrm{e}^t - \mathrm{e}^t, \\
x(t) = t\mathrm{e}^t - t.
\end{cases}
$$

8.5.3　用拉氏变换解某些积分方程

例 8.5.5　解积分方程 $y(t) = \sin t - 2\displaystyle\int_0^t y(\tau)\cos(t-\tau)\,\mathrm{d}\tau$.

解　设

$$
\mathcal{L}[y(t)] = Y(p),
$$

方程两边取拉氏变换, 得

$$
\mathcal{L}[y(t)] = \mathcal{L}[\sin t] - 2\mathcal{L}\left[\int_0^t y(\tau)\cos(t-\tau)\mathrm{d}\tau\right].
$$

由卷积定理, 得到象的方程

$$
Y(p) = \frac{1}{1+p^2} - 2Y(p)\frac{p}{1+p^2},
$$

解得象函数

$$
Y(p) = \frac{1}{(1+p)^2},
$$

取拉氏逆变换, 得到方程的解

$$
y(t) = t\mathrm{e}^{-t}.
$$

8.5.4 用拉氏变换解某些微分积分方程

例 8.5.6 求 $y' - 4y + 4\int_0^t y\mathrm{d}t = \dfrac{1}{3}t^3$ 满足 $y(0) = 0$ 的特解.

解 设

$$\mathcal{L}[y(t)] = Y(p),$$

方程两边取拉氏变换, 得

$$\mathcal{L}[y'] - 4\mathcal{L}[y] + 4\mathcal{L}\left[\int_0^t y\mathrm{d}t\right] = \frac{1}{3}\mathcal{L}[t^3],$$

利用拉氏变换的微分性质和积分性质, 得

$$pY(p) - 4Y(p) + 4\frac{Y(p)}{p} = \frac{2}{p^4},$$

解得象函数

$$Y(p) = \frac{2}{p^3(p-2)^2},$$

取拉氏逆变换, 得原方程的解

$$y(t) = \frac{1}{8}t^2 + \frac{1}{4}t + \frac{3}{16} - \frac{3}{16}\mathrm{e}^{2t} + \frac{1}{8}t\mathrm{e}^{2t}.$$

8.6 小　　结

在高等数学中经典的解常系数线性微分方程的步骤是: 先求齐次方程相应的特征方程的根, 得出齐次方程的线性无关的特解, 由此得到齐次方程的通解; 再求非齐次方程的一个特解, 从而得到非齐次方程的通解; 利用给定的初始条件, 解出该初值问题的解. 如果用拉氏变换解同样的问题, 方程 (无论是齐次的还是非齐次的) 两边取拉式变换时是连带初始条件的, 无须先求通解再求特解, "一步到位", 显然比经典的解法便捷得多. 如果初值问题的初始条件全为零, 象函数的代数方程形式更为简单, 解起来更为方便. 当方程中非齐次项因具有跳跃点而不可微时, 用经典的方法求解很困难, 而用拉氏变换求解却不会因此有任何困难〔如习题 8 中的第 31(5) 题〕. 用拉氏变换解线性微分方程组, 也比高等数学中经典的方法简单得多, 特别是用拉氏变换可以单独求出方程组中的每一个未知函数, 而不必知道其余未知函数, 一般来说经典的方法是做不到的.

在 8.1 节中提到由于拉氏变换不涉及 $f(t)$ 在 $t < 0$ 时的情况, 故以后约定 $t < 0$ 时, $f(t) = 0$, 即把 $f(t)$ 理解为 $f(t)u(t)$. 按此约定, 在多数情况下把 $f(t)u(t)$ 写作 $f(t)$ 对求它的拉氏变换不会有影响, 但是利用拉氏变换的延迟性质时, 应该留意把 $f(t)$ 看作 $f(t)u(t)$ 是有条件的, 即 $t < 0$ 时, $f(t) = 0$. 延迟时间 t_0 得到的 $f(t - t_0)$ 是从 $t = t_0$ 开始才有非零数值, 即延迟了一个时间 t_0, 通过例 8.6.1 可以更好地理解如何正确使用拉氏变换的延迟性质.

例 8.6.1 设 $f(t) = (t - 2)^2$, 求 $f(t)$ 的拉氏变换.

解 下面用两种方法来解, 观察会有什么结果.

方法一：把 $f(t) = (t-2)^2$ 看作 $g(t) = t^2$ 的延迟. 由于 $\mathcal{L}[t^2] = \dfrac{2}{p^3}$, 利用延迟性质, 得到 $\mathcal{L}[(t-2)^2] = \dfrac{2}{p^3}\mathrm{e}^{-2p}$.

方法二：

$$\mathcal{L}\left[(t-2)^2\right] = \mathcal{L}\left[t^2 - 4t + 4\right] = \mathcal{L}\left[t^2\right] - 4\mathcal{L}[t] + 4\mathcal{L}[1]$$
$$= \frac{2}{p^3} - \frac{4}{p^2} + \frac{4}{p}.$$

两种解法结果不同, 哪种解法错了呢? 第一种解法是错的. 按拉氏变换的约定, 对于 $f(t) = (t-2)^2$, 当 $t<0$ 时 $f(t)$ 为零, 当 $0<t<2$ 时 $f(t)$ 不为零. 但 $g(t) = t^2$ 的延迟应为 $g(t-2) = (t-2)^2 u(t-2)$, 它在 $1<t<2$ 时等于零, $(t-2)^2$ 与 $(t-2)^2 u(t-2)$ 是不同的. 读者还可以通过习题 8 中的 23 题进一步体会拉氏变换的延迟性质.

习 题 8

1. 已知函数 $f(t) = t^n \mathrm{e}^{-at} u(t)$, 则 $F(p) = \mathcal{L}[f(t)]$ 的收敛域为_____.

(A) $\operatorname{Re} p > a$ (B) $\operatorname{Re} p > -a$ (C) $\operatorname{Re} p > 0$ (D) $\operatorname{Re} p < -a$

2. 下列函数中, 增长不是指数级的是_____.

(A) e^{t^2} (B) $u(t)$ (C) $\sin 2t$ (D) t^n

3. 设 $f(t) = t\mathrm{e}^{at}$, 则 $\mathcal{L}[f(t)] = $ _____.

(A) $\dfrac{1}{p-a}$ (B) $\dfrac{-1}{p-a}$ (C) $\dfrac{1}{(p-a)^2}$ (D) $\dfrac{-1}{(p-a)^2}$

4. 设 $f(t) = 2\delta(t) + \mathrm{e}^{-t} u(t-1)$, 则 $\mathcal{L}[f(t)] = $ _____.

(A) $2 + \dfrac{\mathrm{e}^{-(p+1)}}{p+1}$ (B) $2 + \dfrac{\mathrm{e}^{-(p-1)}}{p-1}$ (C) $2 + \dfrac{\mathrm{e}^{p+1}}{p+1}$ (D) $2 + \dfrac{\mathrm{e}^{p-1}}{p-1}$

5. 设 $F(p) = \dfrac{\mathrm{e}^{-p}}{p(p+2)}$, 则 $\mathcal{L}^{-1}[F(p)] = $ _____.

(A) $\mathrm{e}^{-2(t-1)} u(t-1)$ (B) $u(t-1) - \mathrm{e}^{-2(t-1)} u(t-1)$

(C) $\dfrac{1}{2}\left[1 - \mathrm{e}^{-2(t-1)}\right] u(t-1)$ (D) $\dfrac{1}{2}\left[u(t) - \mathrm{e}^{-(t-2)} u(t-1)\right]$

6. 设 $f(t) = \mathrm{e}^{-2t}\cos 3t$, 则 $\mathcal{L}[f(t)] = $ _____.

(A) $\dfrac{3}{(p+2)^2 + 9}$ (B) $\dfrac{p+2}{(p+2)^2 + 9}$

(C) $\dfrac{3p}{(p+2)^2 + 9}$ (D) $\dfrac{3(p+2)}{(p+2)^2 + 9}$

7. 设 $\mathcal{L}^{-1}[1] = \delta(t)$, 则 $\mathcal{L}^{-1}\left[\dfrac{p^2}{p^2+1}\right] = $ _____.

(A) $\delta(t)\cos t$　　　　　　(B) $\delta(t)-\cos t$

(C) $\delta(t)(1-\sin t)$　　　　(D) $\delta(t)-\sin t$

8. 设 $F(p)=\dfrac{p+1}{p^2+9}$，则 $\mathcal{L}^{-1}[F(p)]=$ _____．

(A) $\cos 3t+\dfrac{1}{3}\sin 3t$　　(B) $\cos 3t+\sin 3t$

(C) $\dfrac{1}{3}\cos 3t+\sin 3t$　　(D) $\cos 3t-\sin 3t$

9. 设 $F(p)=\dfrac{-5}{(p+1)^2+25}$，则 $\mathcal{L}^{-1}[F(p)]=$ _____．

(A) $\mathrm{e}^{-t}\sin 5t$　　(B) $-\mathrm{e}^{-t}\sin 5t$　　(C) $-\mathrm{e}^{-t}\cos 5t$　　(D) $\mathrm{e}^{-t}\cos 5t$

10. 设 $F(p)=\dfrac{2p^2-4}{(p+1)(p-2)(p-3)}$，则 $\mathcal{L}^{-1}[F(p)]=$ _____．

(A) $-\dfrac{1}{6}t\mathrm{e}^{-t}+\dfrac{4}{3}\mathrm{e}^{2t}+\dfrac{7}{2}t\mathrm{e}^{3t}$　　　　(B) $-\dfrac{1}{6}t\mathrm{e}^{-t}-\dfrac{4}{3}\mathrm{e}^{2t}+\dfrac{7}{2}t\mathrm{e}^{3t}$

(C) $-\dfrac{1}{6}t^2\mathrm{e}^{-t}-\dfrac{4}{3}t\mathrm{e}^{2t}+\dfrac{7}{2}\mathrm{e}^{3t}$　　　　(D) $-\dfrac{1}{6}\mathrm{e}^{-t}-\dfrac{4}{3}\mathrm{e}^{2t}+\dfrac{7}{2}\mathrm{e}^{3t}$

11. 设 $f(t)=u(3t-6)$，则 $\mathcal{L}[f(t)]=$ _____．

12. 设 $\mathcal{L}[f(t)]=\dfrac{2}{p^2+4}$，则 $f(t)=$ _____．

13. 设 $F(p)=\dfrac{p+1}{p^2+9}$，则 $\mathcal{L}^{-1}[F(p)]=$ _____．

14. 设 $f(t)=(t-1)^2\mathrm{e}^t$，则 $\mathcal{L}[f(t)]=$ _____．

15. 设 $f(t)=2u(t-1)+3u(t-2)$，则 $\mathcal{L}[f(t)]=$ _____．

16. $\mathcal{L}^{-1}\left[\dfrac{1}{(p-1)^2}\right]=$ _____．

17. 若 $\mathcal{L}[f''(t)]=\operatorname{arccot}p$，且 $f(0)=2$，$f'(0)=-1$，则 $\mathcal{L}[f(t)]=$ _____．

18. 设 $\mathcal{L}[f(t)]=F(p)$，则 $\mathcal{L}\left[t^3\mathrm{e}^{5t}f(t)\right]=$ _____．

19. $\mathcal{L}\left[\displaystyle\int_0^t \tau\mathrm{e}^{-\tau}\mathrm{d}\tau\right]=$ _____．

20. 已知 $\mathcal{L}[f(t)]=F(p)=\dfrac{1}{p^2+p-1}$，则 $\mathcal{L}\left[\mathrm{e}^{-2t}f(3t)\right]=$ _____．

21. 利用定义求下列函数的拉氏变换．

(1) $\cos at$；

(2) $f(t)=\cos t\,\delta(t)-\sin t\,u(t)$；

(3) $f(t)=\begin{cases}\sin t,& 0<t<\pi,\\ 0,& \text{其他.}\end{cases}$

22. 利用拉氏变换的线性性质及常用函数的拉氏变换，求下列函数的拉氏变换．

(1) $\sin^2 \beta t$;   (2) $u(t-1) - u(t-2)$;   (3) $2\sqrt{\dfrac{t}{\pi}} + 4e^{2t}$;

(4) $\sin t \cos t$;   (5) $e^{2t} + 5\delta(t)$;   (6) $\cos \alpha t \cos \beta t$.

23. 已知 $f(t) = \displaystyle\int_0^t t \sin 2t \, dt$, 求 $\mathcal{L}[f(t)]$.

24. 计算 $\mathcal{L}^{-1}\left[\dfrac{1}{s(s-1)^2}\right]$.

25. 已知 $f(t) = \displaystyle\int_0^t \dfrac{e^{-3t} \sin 2t}{t} dt$, 求 $\mathcal{L}[f(t)]$.

26. 计算下列积分.

(1) $\displaystyle\int_0^{+\infty} \dfrac{e^{-t} - e^{-2t}}{t} dt$;   (2) $\displaystyle\int_0^{+\infty} \dfrac{1 - \cos t}{t} e^{-t} dt$;

(3) $\displaystyle\int_0^{+\infty} e^{-3t} \cos 2t \, dt$;   (4) $\displaystyle\int_0^{+\infty} t e^{-2t} dt$.

27. 利用拉氏变换的性质, 求下列函数的拉氏逆变换.

(1) $\dfrac{1}{p^2+1} + 1$;   (2) $\dfrac{2p+3}{p^2+9}$;   (3) $\dfrac{1}{(p+2)^4}$;

(4) $\dfrac{4p}{(p^2+4)^2}$;   (5) $\dfrac{p+2}{(p^2+4p+5)^2}$;   (6) $\dfrac{p+3}{(p+1)(p-3)}$;

(7) $\dfrac{2p+5}{p^2+4p+13}$;   (8) $\ln\dfrac{p^2+1}{p^2}$.

28. 利用留数, 求下列函数的拉氏逆变换.

(1) $\dfrac{1}{p(p-a)}$;   (2) $\dfrac{1}{p(p^2+a^2)}$;   (3) $\dfrac{p+c}{(p+a)(p+b)^2}$;   (4) $\dfrac{1}{p^4-a^4}$.

29. 求下列函数的拉氏逆变换.

(1) $\dfrac{4}{p(2p+3)}$;   (2) $\dfrac{3}{(p+4)(p+2)}$;   (3) $\dfrac{3p}{(p+4)(p+2)}$;

(4) $\dfrac{p^2+2}{p(p+1)(p+2)}$;   (5) $\dfrac{p}{p^4+5p^2+4}$;   (6) $\dfrac{4p+5}{p^2+5p+6}$.

30. 利用卷积定理, 求下列函数的拉氏逆变换.

(1) $\dfrac{a}{p(p^2+a^2)}$ $(a>0)$;   (2) $\dfrac{p}{(p-a)^2(p-b)}$;

(3) $\dfrac{1}{p(p-1)(p-2)}$;   (4) $\dfrac{p^2}{(p^2+a^2)^2}$.

31. 求下列常微分方程的解.

(1) $y' - y = e^{2t}$, $y(0) = 0$;

(2) $y'' + 4y = \sin t$, $y(0) = y'(0) = 0$;

(3) $y'' - y = 4\sin t + 5\cos 2t$, $y(0) = -1$, $y'(0) = -2$;

(4) $y'' + 3y' + 2y = u(t-1)$, $y(0) = 0$, $y'(0) = 1$;

(5) $y'' + w^2 y = a\left[u\left(t\right) - u\left(t - b\right)\right]$,　$y\left(0\right) = 0$,　$y'\left(0\right) = 0$;

(6) $y'' - y = 0$,　$y\left(0\right) = 0, y\left(2\pi\right) = 1$.

32. 求下列常微分方程组的解.

(1) $\begin{cases} x' + y' = 1, \\ x' - y' = t, \end{cases}$　$x\left(0\right) = a$,　$y\left(0\right) = b$;

(2) $\begin{cases} 2x - y \quad y' = 4\left(1 \quad \mathrm{c}^{-t}\right), \\ 2x' + y = 2\left(1 + 3\mathrm{e}^{-2t}\right), \end{cases}$　$x\left(0\right) = 0$,　$y\left(0\right) = 0$;

(3) $\begin{cases} x'' - x - 2y' = \mathrm{e}^{t}, \\ x' - y'' - 2y = t^{2}, \end{cases}$　$x\left(0\right) = -\dfrac{3}{2}, x'\left(0\right) = \dfrac{1}{2}, y\left(0\right) = 1, y'\left(0\right) = -\dfrac{1}{2}$.

33. 解下列微分积分方程.

(1) $y\left(t\right) + \displaystyle\int_{0}^{t} y\left(\tau\right)\mathrm{d}\tau = \mathrm{e}^{-t}$;　　　　　　(2) $y'\left(t\right) + \displaystyle\int_{0}^{t} y\left(\tau\right)\mathrm{d}\tau = 1$;

(3) $y\left(t\right) = t - \displaystyle\int_{0}^{t}\left(t - \tau\right) y\left(\tau\right)\mathrm{d}\tau$;　　　　　(4) $y\left(t\right) = at + \displaystyle\int_{0}^{t} \sin\left(t - \tau\right) y\left(\tau\right)\mathrm{d}\tau$.

34. 设 $\mathcal{L}\left[f\left(t\right)\right] = F\left(p\right)$, a 为正常数, 证明: $\mathcal{L}\left[f\left(at\right)\right] = \dfrac{1}{a}F\left(\dfrac{p}{a}\right)$.

35. 利用卷积证明 $\mathcal{L}^{-1}\left[\dfrac{p}{\left(p^{2} + 1\right)^{2}}\right] = \dfrac{1}{2}t\sin t$.

第9章 希尔伯特变换

本章将讲述希尔伯特变换，它在数学与信号处理领域中有很重要的应用，是一种常用的信号处理手段. 本章将从以下两个方面介绍希尔伯特变换：一是希尔伯特变换的定义及其物理意义；二是希尔伯特变换的基本性质.

9.1 希尔伯特变换的定义

9.1.1 卷积积分

定义 9.1.1 (希尔伯特变换的定义) 在数学上，用实值函数 $s(t)$ 对函数 $h(t) = \dfrac{1}{\pi t}$ 进行卷积：

$$\hat{s}(t) = \mathcal{H}(s(t)) = h(t) * s(t) = \int_{-\infty}^{+\infty} s(\tau) h(t-\tau) \mathrm{d}\tau = \frac{1}{\pi} \int_{-\infty}^{+\infty} \frac{s(\tau)}{t-\tau} \mathrm{d}\tau.$$

从信号处理的角度来看，希尔伯特变换就是连续的实信号 $x(t)$ 通过具有冲激响应 $h(t) = \dfrac{1}{\pi t}$ 的线性系统以后的输出响应 $x_h(t)$.

9.1.2 物理意义

设 $F(w) = \mathcal{F}(s(t))$ 为 $s(t)$ 的傅里叶变换，$\hat{F}(w) = \mathcal{F}(\hat{s}(t))$ 为 $\hat{s}(t)$ 的傅里叶变换，由于 $h(t)$ 的傅里叶变换

$$\mathcal{F}(h(t)) = \mathcal{H}(w) = \mathcal{F}\left(\frac{1}{\pi t}\right) = -\mathrm{i} \cdot \operatorname{sgn}(w) = \begin{cases} -\mathrm{i}, & w > 0, \\ \mathrm{i}, & w < 0, \end{cases} \quad \text{因此可以得到，}$$

$$\hat{F}(w) = \mathcal{F}(\hat{s}(t)) = -\mathrm{i} \cdot \operatorname{sgn}(w) F(w),$$

$-\mathrm{i} \cdot \operatorname{sgn}(w)$ 可以表达为

$$B(w) = -\mathrm{i} \cdot \operatorname{sgn}(w) = \begin{cases} \mathrm{e}^{-\mathrm{i}\frac{\pi}{2}}, & w > 0, \\ \mathrm{e}^{\mathrm{i}\frac{\pi}{2}}, & w < 0, \end{cases}$$

或者

$$B(w) = \mathrm{e}^{-\mathrm{i}\frac{\pi}{2}\operatorname{sgn}(w)},$$

所以 $B(w)$ 是一个 $\dfrac{\pi}{2}$ 的相移系统，即希尔伯特变换相当于一个 $\pm\dfrac{\pi}{2}$ 的相移，对正频率产生 $-\dfrac{\pi}{2}$ 的相移，对负频率产生 $\dfrac{\pi}{2}$ 的相移，因此希尔伯特变换又称 $90°$ 相移器.

9.1.3　解析函数的虚部

为了进一步了解希尔伯特变换的意义，引入解析函数 $Z(t)$，

$$Z(t) = s(t) + \mathrm{i}\hat{s}(t),$$

也可以写成

$$Z(t) = A(t)\mathrm{c}^{-\mathrm{i}\phi(t)},$$

其中 $A(t)$ 被称为 $Z(t)$ 的幅度，$\phi(t)$ 称为 $Z(t)$ 的辐角. 希尔伯特变换的幅度 $A(t)$ 定义为

$$A(t) = \sqrt{s(t)^2 + \hat{s}(t)^2},$$

幅角定义为

$$\phi(t) = \arctan\frac{\hat{s}(t)}{s(t)}.$$

根据傅里叶变换：

$$Z(t) = \mathcal{F}^{-1}[Z(w)] = s(t) + \mathrm{i}\hat{s}(t),$$

$$\begin{cases} s(t) = \mathrm{Re}[Z(t)], \\ \hat{s}(t) = \mathrm{Im}[Z(t)]. \end{cases}$$

为了计算 $Z(w)$，由 $\hat{F}(w) = -\mathrm{i} \cdot \mathrm{sgn}(w)F(w)$ 知：

$$\begin{aligned} Z(w) &= [1 + \mathrm{sgn}(w)]F(w) \\ &= B_1(w)F(w), \end{aligned}$$

其中

$$B_1(w) = \begin{cases} 2, & w > 0, \\ 0, & w < 0, \end{cases}$$

因此可以由 $F(w)$ 简易地得到 $Z(t)$，而 $Z(t)$ 的虚部即为 $\hat{s}(t)$.

9.2　希尔伯特变换的性质

1. 线性性质

若 a,b 为任意常数，且 $\hat{f}_1(t) = \mathcal{H}[f_1(t)]$，$\hat{f}_2(t) = \mathcal{H}[f_2(t)]$，则有

$$\mathcal{H}[af_1(t) + bf_2(t)] = a\hat{f}_1(t) + b\hat{f}_2(t).$$

2. 位移性质

$$\mathcal{H}[f(t-a)] = \hat{f}(t-a).$$

3. 希尔伯特变换的希尔伯特变换

$$\mathcal{H}[\hat{f}(t)] = -f(t),$$

此性质表明两重希尔伯特变换仅使原函数添加了一个负号，由此可得

$$\mathcal{H}^{2n}[f(t)] = \mathrm{i}^{2n} f(t).$$

4. 逆希尔伯特变换

$$f(t) = \mathcal{H}^{-1}[\hat{f}(t)] = \int_{-\infty}^{+\infty} \frac{\hat{f}(t)}{\pi(\tau - t)} \mathrm{d}\tau,$$

$f(t)$ 为 $\hat{f}(t)$ 与 $-\dfrac{1}{\pi t}$ 的卷积，可表示为

$$f(t) = \mathcal{F}^{-1}[\mathrm{i} \cdot \mathrm{sgn}(w) \hat{F}(w)],$$

其中

$$\hat{F}(w) = \mathcal{F}[\hat{f}(t)].$$

5. 奇偶特性

若原函数 $f(t)$ 为奇 (偶) 函数，则其希尔伯特变换 $\hat{f}(t)$ 为偶 (奇) 函数，即

$$\begin{cases} \hat{f}(t)\text{奇} & \longleftrightarrow & f(t)\text{偶}, \\ \hat{f}(t)\text{偶} & \longleftrightarrow & f(t)\text{奇}. \end{cases}$$

6. 能量守恒

根据帕塞瓦尔定理，可以得到

$$\int_{-\infty}^{+\infty} f^2(t)\mathrm{d}t = \int_{-\infty}^{+\infty} |F(w)|^2 \mathrm{d}w$$

和

$$\int_{-\infty}^{+\infty} \hat{f}^2(t)\mathrm{d}t = \int_{-\infty}^{+\infty} |\hat{F}(w)|^2 \mathrm{d}w,$$

进而可以得到

$$\int_{-\infty}^{+\infty} f^2(t)\mathrm{d}t = \int_{-\infty}^{+\infty} \hat{f}^2(t)\mathrm{d}t.$$

7. 正交性质

由于 $f(t)$ 和 $\hat{f}(t)$ 分别为解析函数 $Z(t)$ 的实部和虚部，因此可以得到

$$\int_{-\infty}^{+\infty} f(t)\hat{f}(t)\mathrm{d}t = 0,$$

即正交性.

8. 卷积性质

$$\mathcal{H}[f_1(t) * f_2(t)] = \hat{f}_1(t) * \hat{f}_2(t).$$

另外, 希尔伯特变换具有周期性和同域性, 即希尔伯特变换不改变原函数的周期性, 也不改变域表示, 而傅里叶变换会把信号从时域改变为频域表示.

习　题　9

1. 证明 9.2 节中的每个希尔伯特变换性质.

2. 利用欧拉公式和希尔伯特变换直接证明: 如果 $|w| < W_1$, 则 $\cos wx \cos W_1 x$ 的希尔伯特变换是 $\cos wx \sin W_1 x$.

3. 设 $f(z)$ 在包含单位圆盘 $|z| \leqslant 1$ 的区域内解析, 证明: 对于任意常数 w, $g(x) = f(e^{iwx}) + f(e^{-iwx})$ 的希尔伯特变换是 $-i[f(e^{iwx}) - f(e^{-iwx})]$(提示: 利用麦克劳林级数).

4. 理论物理学家经常用到以下等式:

$$\lim_{\varepsilon \to 0} \frac{1}{x - x_0 - i\varepsilon} = \text{p.v.} \frac{1}{x - x_0} + i\pi\delta(x - x_0),$$

其中 p.v. 表示取函数的柯西主值, $\delta(x - x_0)$ 是狄拉克 δ 函数, 它是一个理想化的函数, 对任意的连续函数 $f(x)$, 具有如下性质:

$$\int_{-\infty}^{+\infty} f(x)\delta(x - x_0)\mathrm{d}x = f(x_0).$$

将原式两边同时乘以 $f(x)$, 并在 $(-\infty, +\infty)$ 上进行积分, 交换极限与积分顺序, 可以得到

$$\lim_{\varepsilon \to 0} \int_{-\infty}^{+\infty} \frac{f(x)}{x - x_0 - i\varepsilon}\mathrm{d}x = \text{p.v.} \int_{-\infty}^{+\infty} \frac{f(x)}{x - x_0}\mathrm{d}x + i\pi f(x_0).$$

严格地说, 后式是对前式的一种细化.

(1) 假设 $f(x)$ 在 $\text{Im } z \geqslant 0$ 时解析, 在无穷远处趋于 0 的速度充分快, 使得它沿上半平面内的半圆周 C_p^+ 上的积分趋于 0, 试推导细化之后的等式;

(2) 求极限 $\lim_{\varepsilon \to 0} \dfrac{1}{x - x_0 + i\varepsilon}$.

参 考 文 献

[1] 李忠. 复变函数 [M]. 北京: 高等教育出版社, 2011.

[2] 钟玉泉. 复变函数论 [M]. 北京: 高等教育出版社, 2005.

[3] 高宗升, 滕岩梅. 复变函数与积分变换 [M]. 北京: 北京航空航天大学出版社, 2006.

[4] 牛少彰. 工程数学: 复变函数 [M]. 北京: 北京邮电大学出版社, 2004.

[5] 西安交通大学高等数学教研室. 工程数学: 复变函数 [M]. 北京: 高等教育出版社, 1996.

[6] Brown J W, Churchill R V. Complex Variables and Applications [M]. Beijing: China Machine Press, 2004.